TODA A FÍSICA DIVERTIDA

TODA A FÍSICA DIVERTIDA

Edição integral, revista e actualizada

CARLOS FIOLHAIS

Ilustrações de José Bandeira
Prefácio de David Marçal

2024

1ª Edição

Direção editorial: Victor Pereira Marinho e José Roberto Marinho

Revisão de texto: Carlos Pinheiro
Capa: Fabrício Ribeiro
Paginação: Fabio Brust
Ilustrações: José Bandeira

Edição em Potuguês de Portugal

Dados Internacionais de Catalogação na publicação (CIP)
(Câmara Brasileira do Livro, SP, Brasil)

Fiolhais, Carlos
Toda a física divertida / Carlos Fiolhais; ilustração José Bandeira; prefácio David Marçal. -- Edição integral, revista e actualizada. – São Paulo: LF Editorial, 2024.

Bibliografia.
ISBN 978-65-5563-501-0

1. Divulgação científica 2. Física - Estudo e ensino 3. Gravidade (Física) 4. Mecânica I. Bandeira, José. II. Marçal, David. III. Título.

24-231217 CDD-530.7

Índices para catálogo sistemático:
1. Física: Estudo e ensino 530.7

Eliane de Freitas Leite - Bibliotecária - CRB 8/8415

LF Editorial
www.livrariadafisica.com.br
www.lfeditorial.com.br
(11) 2648-6666 | Loja do Instituto de Física da USP
(11) 3936-3413 | Editora

Em memória de Rómulo de Carvalho (1906-1997)

«Dona Urraca tem um físico que cura toda a maleita.»
(in O *Físico Prodigioso*, de Jorge de Sena, Lisboa: Edições 70, 1977)

Índice

NOVA FÍSICA DIVERTIDA

PREFÁCIO

QUAL É O SEGREDO DE *FÍSICA DIVERTIDA*?

por David Marçal

Carlos Fiolhais já chegou ao seu livro número 70, tendo agora mais livros do que anos de vida. Mas *Física Divertida* foi o primeiro, saído em 1991 e entregue na Gradiva em disquete (se não souber o que é poderá «googlar», algo que não podia fazer nessa altura). Foi escrito com base em inúmeras palestras dadas em escolas de muitas partes do país, que o autor percorria primeiro num *Renault 5* (pode «googlar» também) e depois numa carrinha *Rover*. Alcançou o topo de vendas rapidamente, tendo sido feitas sucessivas reedições. José Mariano Gago, físico que mais tarde haveria de ser o primeiro e mais marcante ministro da Ciência e Tecnologia em Portugal, escreveu no *Expresso* uma recensão, em que elogiava o editor Guilherme Valente, chamando-lhe «o reitor da Universidade da Gradiva, tão ou mais exigente do que as demais», proclamando a ascensão à cátedra pelo autor com aquela obra. *Física Divertida* ganhou dimensão transatlântica com a tradução para brasileiro, coisa rara num livro publicado em Portugal, surpreendendo o próprio autor com a sua prosa em português do Brasil (os electrões passaram a ser «electrons», mantendo a sua carga negativa, e a impulsão passou a «empuxo», continuando a ser para cima).

Qual é o segredo de *Física Divertida*? Como confessa Carlos Fiolhais, a receita de sucesso «consiste em misturar e mexer bem ingredientes que são conhecidos e que se encontram avulsos por aí». E o que é que se encontra avulso por aí? Para começar o humor, e não só nos «bonecos do José Bandeira», mas também no texto. O sentido de humor de Carlos Fiolhais é omnipresente, descodificando amiúde a realidade com uma *punch line*. Somos amigos há muito e as vezes que lhe vi perder o sentido de humor contam-se pelos dedos de uma mão, cingindo-se a situações em que não consegue encontrar as chaves e outras que tais. Mas logo as encontra, as chaves e a graça no acontecido. A importância das chaves também se explica pela física clássica: ao contrário dos electrões, nós temos de ir de um sítio para o outro passando por todos os pontos intermédios, não podemos dar um «salto quântico» do exterior para o interior, sendo pois conveniente ter chaves para abrir portas. Outro ingrediente da receita é a história. A da ciência e a história em geral, na verdade as duas são apenas uma, pelo menos desde o século VI a.C., quando os gregos Tales e o seu discípulo Anaximandro, ambos de Mileto, formularam os primeiros princípios da ciência (não da moderna, pois ainda haveria um longo caminho até Galileu nascer). Para Carlos Fiolhais, a física não está circunscrita, alastra-se para a vida. Deixamo-nos embalar nas histórias sobre o mundo, o nosso de hoje e os mundos passados e futuros, sem darmos conta da física, que a espaços vai espreitando certeira no livro, como uma personagem que se impõe. Quase sem repararmos, estamos, de repente, a fazer experiências mentais com recurso a princípios físicos recém-aprendidos, aplicados a situações do dia-a-dia, do nosso ou de outras pessoas. Esses são os ingredientes, e a receita não é secreta, pois está aí à vista de todos!

Muitos livros passaram e, em 2007, saiu a *Nova Física Divertida*. Se a *Física Divertida* é sobre física clássica, *Nova Física Divertida* é acerca da física moderna — a paradoxal física quântica, a fantástica teoria da relatividade e as bombásticas físicas atómica e nuclear. Aqui as coisas são um pouco diferentes. A física clássica está alinhada com o senso comum: todos sabemos o que acontece quando largamos uma fatia de piza do topo da Torre de Pisa. A física clássica pode ajudar-nos a calcular que velocidade atinge e quanto tempo permanece no ar, mas, na verdade, ninguém fica surpreendido quando a piza se esmaga no chão nem tem dúvidas de como ela lá chegou.

Já na física moderna as coisas são contra-intuitivas e muito matematizadas, sendo a matemática não só uma ferramenta que proporciona e torna útil a teoria, mas não raras vezes indissociável da sua plena compreensão. Numa entrevista feita em 1979 ao Nobel da Física Richard Feynman, um físico divertido, o entrevistador, a propósito dos avanços da física do século XX, pergunta-lhe se somente um reduzido número de indivíduos seria capaz de entender o que se está a fazer. Feynman responde afirmativamente, «a não ser que descubramos um meio de abordar os problemas que os torne mais facilmente compreensíveis». Esta entrevista está publicada no livro *Uma Tarde com o Sr. Feynman,* recentemente republicado pela Gradiva.

O cepticismo de Feynman quanto à possibilidade de real compreensão pública da física moderna é justificado, face ao seu carácter e à sua complexidade. No mundo do muito pequeno (à escala dos átomos e das partículas que os constituem) e do muito grande (das galáxias, dos buracos negros e do *Big Bang*) as coisas não funcionam como estamos habituados. E não devemos confundir popularidade — Albert Einstein, por exemplo, é uma figura extremamente popular — com compreensão. Mas Feynman também abre uma porta, antevendo a possibilidade de a física moderna se tornar compreensível através de um novo meio de a abordar. É por essa porta que entra Carlos Fiolhais, sem nunca ter perdido as chaves! Com os mesmos ingredientes de antes — o humor e as histórias da vida e do mundo — confeccionou a *Nova Física Divertida.*

Em 1991, quando saiu a *Física Divertida*, não havia exoplanetas (bem, eles já lá estavam a orbitar estrelas longínquas, nós é que não os tínhamos ainda detectado). Nem havia o Telescópio Espacial James Webb, que os permite analisar. Ainda faltavam alguns anos para os telemóveis se generalizarem, e as pessoas tinham em casa tubos em vácuo por onde eram disparados electrões em direcção a ecrãs fluorescentes. No nosso país, famílias inteiras passavam horas, sem medo, no enfiamento desses electrões, podendo escolher entre a RTP1 e a RTP2. Havia quem dispusesse de um videogravador, podendo assistir também a programas previamente gravados ou a filmes que alugava num videoclube. Em 2007, ano da *Nova Física Divertida*, não havia partícula de Higgs (bem, havia, mas ainda não tinha sido encontrada), já todos tinham telemóveis, mas não havia WhatsApp. As famílias dispunham-se de frente a ecrãs de cristais líquidos, LCD (*Liquid Crystal Displays*), que se alinhavam quando era aplicada uma corrente eléctrica, podendo escolher entre vários canais por cabo. Hoje podemos ver televisão em ecrãs de LED (*Light Emission Diode*), graças à invenção do LED azul, que deu origem ao Nobel da Física de 2014, atribuído a dois japoneses e a um norte-americano. São precisos LED de três cores para fazer uma imagem colorida: vermelhos, verdes e azuis. E o sinal televisivo chega por fibras ópticas, que conduzem luz laser, um conceito que Einstein anteviu. Além de uma multidão de canais, o telespectador pode ver séries e filmes *à la carte*, usando serviços como a Netflix ou a Amazon Prime Video.

Mas, na verdade, as coisas não estão assim tão diferentes. Embora o conhecimento e a tecnologia tenham continuado a avançar, não deitámos fora a maior parte do que já sabíamos, pois, a ciência é cumulativa. As leis da física clássica continuam iguais — em 1991 não tínhamos encontrado nenhum planeta a orbitar uma estrela que não o Sol, mas sabíamos, que, se o encontrássemos, a força que o mantinha em órbita seria descrita pela lei da gravitação universal de Newton. Em 2007 já usávamos dispositivos GPS (*Global Positioning System*) para saber onde estávamos no nosso planeta, que só funcionam graças à teoria da relatividade de Einstein formulada no início do século XX. A aventura continua: em breve poderemos usar computação quântica, aproveitando a misteriosa física quântica.

A *Física Divertida* e a *Nova Física Divertida* tornaram-se clássicos. Eles aqui estão juntos pela primeira vez num só volume, para as novas gerações, porque a física moderna continuou a física clássica, mantendo-a na sua maior parte. As leis da física que a humanidade descobriu e descobre continuarão válidas mesmo depois de ter desaparecido o último ser humano, por algum incrível azar ou pelo inevitável falecimento do Sol daqui a cinco mil milhões de anos. A *Física Divertida* e a *Nova Física Divertida* talvez não sobrevivam à humanidade, mas, enquanto cá estivermos, vale a pena deleitarmo-nos com a graça da física, que é como quem diz a graça do mundo.

David Marçal

Cruz-Quebrada,
15 de Fevereiro de 2024

FÍSICA DIVERTIDA

INTRODUÇÃO

ou

A RAZÃO DA *FÍSICA DIVERTIDA*

O título *Física Divertida* parece paradoxal. Não é a física uma ciência maçadora e repulsiva, capaz de fazer meter as mãos pelos pés o mais inocente dos alunos e os pés pelas mãos o mais convencido dos professores?

Este livrinho é a resposta negativa! do autor a essa pergunta. Ele está convencido de que a física pode ser interessante, atraente e até divertida. Não pretende convencer ninguém deste facto, mas acha que o carácter lúdico da física não se encontra ainda suficientemente divulgado.

Há por aí alguns bons livros de divulgação da física moderna. Este é propositadamente um livro de física clássica, seguindo o conselho de Richard Feynman, em *O Que É Uma Lei Física*, de que nada há de mais moderno do que a física antiga. No texto que se segue, «cor» significa, portanto, cor, e «charme» significa, evidentemente, charme... Numa sequência que não é rigorosamente histórica, serão abordados os vários temas da mecânica clássica: os fluidos, a gravidade, os astros, a luz, o magnetismo e a electricidade e, finalmente, o calor. Esses temas não são independentes. Em física, tudo está relacionado, e cabe ao leitor descobrir as relações escondidas. Os três primeiros fenómenos estão no início de toda a física: a Terra, onde a água é abundante e onde os objectos caem rapidamente, é um planeta que gira em volta de uma estrela. Os três últimos fenómenos são talvez mais fantásticos. Para dar conta da magia que se pode associar à luz, ao magnetismo, à electricidade e ao calor, recorre-se à ajuda literária do escritor colombiano Gabriel García Márquez.

De vez em quando, uma pitada de física mais recente testemunha uma preocupação de modernidade. Trata-se de uma preocupação inútil, pois já Salvador Dalí recomendava aos jovens pintores: «Não se preocupem com ser modernos: é a única coisa que não podereis evitar.» A mesma recomendação deve ser feita aos jovens físicos que, preocupados com os enigmas mais modernos, porventura se esqueçam de que eles vêm na tradição de mistérios antigos.

A história é essencial para encadear umas coisas nas outras e para que o trabalho do físico pareça aquilo que afinal é um empreendimento humano. Algumas sugestões de experiências servem para lembrar o tipo de ciência que a física é, uma ciência experimental. Algumas metáforas, embora correndo o risco de personificar objectos e fenómenos, têm a vantagem de tornar para o leitor, que é humano, as coisas da física, que são experimentais, mais familiares. Algumas piadas não têm piada nenhuma, pelo que só são aqui contadas porque ainda há, felizmente, gente que se ri de coisas sem piada. A linguagem é deliberadamente coloquial. A matemática, que é, em rigor, a linguagem da física, está ausente porque ninguém se serve de equações para conversar. A preocupação pelo rigor, embora subjacente, não é, portanto, excessiva. Os bonecos do José Bandeira têm piada, mesmo que o texto a não tenha. Quem não saiba ler veja os bonecos.

A receita, da qual deve resultar um acréscimo assinalável de entropia na mente de alguns leitores, consiste em misturar e mexer bem ingredientes que são conhecidos e que se encontram avulsos por aí. Já foram escritos, com base nesses ingredientes, vários livros de física clássica, uns divertidos e outros sérios, embora a maior parte não esteja acessível em português. O autor confessa ter utilizado bons autores como, por ordem alfabética, Carvalho (Rómulo de Carvalho, professor de Física e Química que, na poesia, assinava António Gedeão) de *Física para o Povo*, Epstein de *Thinking Physics*, Feynman das *Feynman Lectures on Physics*, Holton de *Introduction to Concepts and Theories in Physical*

Sciences, Perelman de *Physics for Entertainment*, Rogers de *Physics for the Inquiring Mind*, e Walkers do *Grande Circo da Física*. Fica aqui um agradecimento geral a todos, porque não é muito claro o que deve ser atribuído a cada um. Eles que não se zanguem, até porque são aqui publicitados.

O autor confessa ainda ter utilizado bons professores, como um que, enquanto explicava a teoria da luz, fazia uns apartes, que expressavam uma inquietação metafísica, «mas isto faz bem a quê?», ou um outro que tinha pendurado um letreiro intimidatório na parede do seu gabinete, «*Physics is good for you*!», dando assim um conselho médico aos seus interlocutores.

O autor quer agradecer a todos os colegas e amigos que o ajudaram a passar o manuscrito inicial a livro («manuscrito» é uma forma de dizer, mais adequado seria «compuscrito»). O seu obrigado dirige-se em particular ao seu irmão Manuel Fiolhais, do Departamento de Física da Universidade de Coimbra, ao João Queiró, do Departamento de Matemática da Universidade de Coimbra, ao Vítor Teodoro, da Secção de Ciências de Educação da Faculdade de Ciências e Tecnologia da Universidade Nova de Lisboa, e ao Vítor Torres, do Departamento de Física da Universidade de Aveiro, que tiveram a maçada de ler o escrito e fazer alguns comentários pertinentes. Como a prosa foi depois remexida, escusado será dizer que eles não são responsáveis pelos eventuais erros que inopinadamente se lembrem de aparecer. Agradece ainda, muito em especial, ao Guilherme Valente e à Maria do Rosário Pedreira, das Publicações Gradiva, que evitaram que a disquete se perdesse e arriscaram a publicação do conteúdo. A revista *Omnia*, do Fernando Ribeiro e do João Paulo Cotrim, publicou em 1990 um dos capítulos da *Física Divertida*, numa versão preliminar. O jornal *Público*, nas páginas de ciência sob a responsabilidade do José Vítor Malheiros, divulgou também excertos que, entretanto, foram revistos. A edição original, hoje difícil de encontrar, incluía também, em apêndice, as descrições de algumas simulações computacionais, mas a prodigiosa evolução tecnológica ocorrida desde então tornou essa parte um pouco obsoleta, razão pela qual ela caiu em edições seguintes.

A física é, como foi dito, uma ciência experimental. A comunicação de alguns dos temas tratados neste livro foi «experimentada» em numerosas escolas secundárias, um pouco por todo o país, em acções promovidas pela Sociedade Portuguesa de Física, tanto para professores como para alunos. O autor, que se divertiu bastante nessas sessões, continuou a «experimentar», na tentativa não só de melhorar o «produto», mas também de tornar a física mais conhecida.

E é tudo. Se o leitor, a meio da leitura, se interrogar, «mas isto faz bem a quê?» —, lembre-se que «a física lhe faz bem» (*«Physics is good for you!»)* e não importa bem a quê. Já Dona Urraca tinha um físico que curava toda a maleita...

Post-Scriptum — Foi divertido actualizar o livro. Muitas coisas mudaram em três décadas; por exemplo, já quase não há lâmpadas de incandescência, nem televisões com tubos de raios catódicos, nem transmissões de TV por antenas... O mundo mudou e continuará a mudar, mas a física clássica continuará a mesma.

Os agradecimentos devem também ser actualizados. É com gratidão que acrescento os nomes de Helena Valente Rafael, recente nova responsável pela Gradiva, e David Marçal, o prefaciador desta nova edição. Os dois são meus amigos e pelos dois tenho sido presenteado com múltiplas atenções.

Praia da Barra, Aveiro, Agosto de 1990
Revisto na Maínça, Coimbra, em Fevereiro de 2024

1 QUESTÕES QUE METEM MUITA ÁGUA E TAMBÉM ALGUM CHUMBO

Eureka!

O escritor Eça de Queiroz, num texto da *Campanha Alegre*, descreveu de maneira assaz hilariante a situação da marinha portuguesa em finais do século XIX. Reza assim a sua crónica:

> É uma marinha inválida. A *D. João* tem 50 anos, o breu cobre-lhe as cãs: o seu maior desejo seria aposentar-se como barca de banhos. A *Pedro Nunes* está em tal estado que, vendida, dá uma soma que o pudor nos impede de escrever. O Estado pode comprar um chapéu no Roxo com a *Pedro Nunes* mas não pode pedir troco. A *Mindelo* tem um jeito: deita-se. No mar alto, todas as suas tendências, todos os seus esforços são para se deitar. Os oficiais de marinha que embarcam neste vaso fazem disposições finais. A *Mindelo* é um esquife a hélice.

A corveta *Mindelo* tem pois dificuldades em flutuar direita. Deita-se logo que é deitada ao mar. Corre, portanto, o risco de se afundar. De nada lhe vale a lei de Arquimedes, que diz que todos os barcos devem flutuar porque, logo que deitados à água, experimentam uma força vertical, dirigida de baixo para cima, que equilibra o peso do barco.

Por que é que os navios, em geral, flutuam? Desde quando se sabe a razão de os navios flutuarem?

Arquimedes, autor da lei com o mesmo nome, era grego. Viveu no século III antes de Cristo na cidade de Siracusa, na Sicília, que então pertencia à Grécia. Foi um dos maiores sábios da Antiguidade. Ocupou-se tanto com os factos concretos da Natureza como com os factos abstractos da geometria e dos números. Isaac Asimov, autor moderno de livros de divulgação e de ficção científica (publicou mais de quinhentos!), quando um dia lhe pediram uma lista dos dez maiores cientistas de sempre, colocou Arquimedes como o único cientista da Antiguidade Clássica nessa lista. Comparou Arquimedes a Darwin, Einstein, Faraday, Galileu, Lavoisier, Maxwell, Newton, Pasteur e Rutherford (por ordem alfabética, para não magoar ninguém). Arquimedes é, de facto, o único sábio antigo cujas conclusões ainda aparecem hoje, tal qual foram formuladas, nos manuais de física para as escolas.

Contam-se várias histórias de veracidade duvidosa sobre Arquimedes, em parte porque ele viveu há muitos anos e em parte porque aos grandes homens se costumam associar relatos mirabolantes.

Uma dessas histórias atribui-lhe uma frase grandiloquente: «Dêem-me um ponto de apoio e eu levantarei o mundo.» Arquimedes queria imodestamente fazer mover o mundo. Dada a massa da Terra, uma certa alavanca, tão comprida como a distância da Terra à Lua, e a força de que eventualmente seria capaz Arquimedes, pode ser um exercício divertido de física saber onde se devia colocar o fulcro de uma tal alavanca para que o nosso planeta se erguesse no espaço...

Outra história confere-lhe a primazia na utilização da física para fins militares: Arquimedes teria incendiado uma esquadra inimiga com poderosos espelhos, reflectores da luz solar, antecipando assim as armas «laser» que um governo norte-americano pretendeu desenvolver com o projecto da «guerra das estrelas». Apesar desse e doutros inventos defensivos, Arquimedes viria mais tarde a ser morto por um soldado do exército romano que ocupou Siracusa (isto mostra que não há defesa absolutamente segura!) A lenda conta que Arquimedes não abandonou, mesmo ameaçado pelo inimigo, os diagramas matemáticos que estava a estudar...

Outra história sobre Arquimedes refere-se a um problema que o rei de Siracusa lhe teria dado para resolver. O monarca tinha encomendado a um ourives uma coroa de ouro maciço. Receando que o ourives o tivesse enganado, o rei resolveu pedir ao sábio para descobrir se a coroa era mesmo e só de ouro. Arquimedes matutou e matutou, até que acabou por descobrir uma solução. Arranjou um pedaço de ouro e um pedaço de prata, ambos com o mesmo peso da coroa (foi, portanto, uma experiência cara, mas como se tratava de uma experiência «real», não era caso para poupar). Com uma balança de pratos, verificou que as três peças tinham o mesmo peso. Depois mergulhou-as, uma a uma, num recipiente cheio de água até à borda, tendo medido a quantidade de água que se entornava de cada vez. A peça de ouro entornava menos água. A peça de prata entornava mais água. A coroa real correspondia a uma situação intermédia entre um caso e outro. Logo, concluiu Arquimedes, o volume da coroa é maior do que o pedaço de ouro maciço e menor do que o pedaço de prata maciça. A coroa não era pois de ouro maciço. O rei tinha sido enganado e, quando o soube, ficou naturalmente furioso.

Dizemos hoje que o ouro é mais denso do que a prata. A densidade é a razão entre a massa e o volume. Um corpo é mais denso do que outro se, tendo uma massa igual, ocupar menor volume, ou, o que é o mesmo, se o mesmo volume tiver maior massa. O valor da densidade do ouro é 19,3 gramas por centímetro cúbico (g/cm^3) e a da prata é 10,5 g/cm^3, em condições normais. Para comparação, a densidade da água é 1,0 g/cm^3 (um valor assim tão certo não aparece por acaso: acontece que o quilograma foi definido para que um litro de água, 1000 cm^3, tenha a massa de um quilo, isto é, 1000 g). Se o leitor quiser ter a certeza de que as suas preciosas jóias de família são mesmo de ouro, basta pesá-las, mergulhá-las em água, vendo de quanto é que esta sobe (não precisa de entornar água, a diferença entre os dois níveis de água, antes e depois da imersão, dá-lhe o volume do objecto) e, finalmente, dividir a massa pelo volume. Se o resultado for menor do que o valor da densidade do ouro, terá de ter paciência, pois alguém foi enganado com o ouro. Se for maior... bem, se for maior, terá de repetir a experiência com mais cuidado porque não é provável que as suas jóias tenham metais mais densos do que o ouro (a platina, por exemplo, é um pouco mais densa, mas também um pouco mais cara!)

A história mais conhecida de Arquimedes é, porém, a do grito de «Eureka!». Conta a lenda, pois que de uma lenda se trata, que estava o sábio grego, um belo dia, a tomar banho numa banheira, porventura entretido com o problema da coroa do rei. De repente, deu-lhe um lampejo súbito e largou a correr, nu, pelas ruas da cidade a gritar: «Eureka, Eureka!», o que significa: «Descobri, descobri!».

Tratou-se, se acaso a lenda é verdade, de um dos primeiros actos de *happening* de que há memória, de teatro improvisado na praça pública. A palavra grega *Eureka* faz parte do vocabulário moderno, tendo até existido um programa europeu de investigação e desenvolvimento com esse nome. Serão porventura muitos os gritos de «Eureka» que hoje se soltam pelos laboratórios europeus, mas, evidentemente, já ninguém sai nu, a correr pelo centro da cidade...

Que impulsionou Arquimedes? O que é que Arquimedes tinha acabado de descobrir? Nada mais nada menos do que a celebrada lei de Arquimedes.

Arquimedes descobre a sua lei

E o que diz a lei de Arquimedes? Esta pergunta costuma ser feita nos exames escolares e há sempre alunos que gostam de dar um ar da sua graça. Houve um que respondeu, metendo, abundantemente, água: «Todo o corpo mergulhado num líquido molha-se.» Houve um outro que afirmou, convicto, numa prova oral: «Todo o corpo mergulhado num líquido, se ao fim de meia hora não voltar à superfície, deve ser considerado perdido.» A este último o professor poderia ter ripostado: «Todo o aluno mergulhado num exame, se ao fim de meia hora não responder nada certo, deve ser considerado chumbado.»

A resposta de que os professores estão à espera, o verdadeiro enunciado da lei de Arquimedes, ilustra o modo como, por vezes, se tenta (e consegue!) contar coisas simples de uma maneira bem complicada. Trata-se de uma lengalenga que antigamente era preciso decorar para papaguear nas provas: «Todo o corpo mergulhado num líquido está sujeito a uma força de direcção vertical, com o sentido de baixo para cima, e cuja grandeza é igual ao peso do volume de líquido deslocado.»

O que significa isto trocado por miúdos?

Arquimedes teria saltado do banho quando descobriu que o seu corpo, pesadote, parecia mais leve dentro de água. O peso era contrariado por uma força que aparecia no acto da imersão. Essa força chama-se hoje «impulsão». Foi a impulsão que impulsionou Arquimedes a correr pelas ruas de Siracusa. Quando o corpo de Arquimedes flutua, a impulsão é igual ao peso. Com qualquer outro corpo que flutua acontece o mesmo. Arquimedes explicou isto tintim por tintim numa obra em dois volumes intitulada *Sobre os Corpos Flutuantes*, que chegou até nós em parte no grego original e em parte numa tradução medieval em latim. Não admira por isso que para muitos alunos a lei de Arquimedes seja grego... e para outros, latim!

O barco descrito por Eça afundar-se-á quando meter muita água. Quando o barco se deita, a água entra rapidamente, tornando o barco cada vez mais pesado. A impulsão não pode então fazer nada para o manter à superfície. Perde na luta com o peso.

O barco afundado

Mas a maior parte dos barcos flutua. Vamos ver, com a ajuda de uma série de experiências simples, como é que a lei de Arquimedes funciona, tanto na água como no ar.

EXPERIÊNCIAS NA ÁGUA E NO AR

Suponhamos que Arquimedes está à beira de um lago e segura, preso por um fio, um saco de plástico cheio de água (com, digamos, 10 kg de água) mergulhado dentro do lago. Qual é a força que Arquimedes tem de fazer para segurar o saco de água?

(Perdoe-se o anacronismo de Arquimedes segurar numa coisa, um saco de plástico, que ainda não existia na época; os plásticos só surgiram, realmente, no século XX).

Se se ignorar o peso do fio e do saco de plástico, essa força é rigorosamente nula. Até o filho mais pequeno de Arquimedes pode com 10 kg de água, desde que esses 10 kg estejam mergulhados em água. E quem diz 10 diz 100, ou mesmo 1000 kg de água. A água dentro de água, graças à impulsão e à lei de Arquimedes, não «pesa» nada! A palavra «pesa» vai entre aspas porque a água continua, evidentemente, a estar sujeita à atracção da Terra — essa força é o peso. A água não «pesa» nada porque a impulsão é igual ao peso do volume de água deslocada. A quantidade de água deslocada pela introdução do saco de plástico dentro de água é precisamente igual à quantidade de água dentro do saco. O peso do líquido deslocado é o mesmo que o do saco cheio de água.

Se, em vez de água, o saco contivesse gasolina (que também não existia na recuada época de Arquimedes), ele subiria até à tona da água, só ficando dentro de água um certo volume: o volume cujo peso, em água, fosse igual ao peso total do saco cheio de gasolina. A densidade da gasolina é 0,66 g/cm^3, portanto, inferior à da água. E, se contivesse glicerina, o saco iria, tal qual o navio deitado que fica «mais pesado do que a água», irremediavelmente para o fundo. A glicerina é mais densa do que a água (a sua densidade é 1,26 g/cm^3).

O que aconteceria se o saco de água inicial estivesse mergulhado em gasolina? A impulsão, que teria o valor do peso de gasolina deslocada, seria então menor do que o peso da água do saco. O saco iria ao fundo! E se o saco estivesse mergulhado em glicerina? O saco, colocado dentro de água, seria empurrado para cima pela impulsão devida à glicerina. É que a impulsão, neste caso de valor igual ao do peso da glicerina deslocada, seria então superior ao peso da água. O saco emergiria da água, só ficando dentro da glicerina um volume cujo peso em glicerina fosse igual ao peso total do saco com água. Até parece complicado, mas é mais simples do que parece.

Se contivesse água doce, o saco ainda flutuaria quando fosse mergulhado em água salgada, porque a água salgada é um pouco mais densa do que a água doce. Por isso é que o casco de um barco no mar alto aparece mais à mostra do que no rio e por isso é que um banhista no salgadíssimo mar Morto fica sempre a flutuar à tona de água, mesmo que não saiba nadar.

Consideremos agora que, em vez de um saco de água, Arquimedes segura uma pedra pesada, com a massa de, por exemplo, 10 kg. Também se pode dizer que o seu peso é 10 kg-força. Os físicos costumam distinguir entre massa, que é uma medida da quantidade de matéria, e peso, que é a força de atracção pela Terra, mas o valor do peso em quilogramas-força é igual ao valor da massa em quilogramas. No caso da pedra, Arquimedes já tem de exercer uma certa força para a segurar. A força por ele exercida é menor do que o peso da pedra porque a impulsão vem em seu auxílio. Se essa força deixar de existir, a pedra irá certamente ao fundo. Afunda-se, como o barco descrito por Eça quando fica «mais pesado» que a água.

Suponhamos, como exemplo, que a pedra de 10 kg está imersa a um metro de profundidade. Arquimedes exerce uma certa força, digamos de 8 kg (isso significa que a água deslocada é 2 kg e que o volume da pedra é 2 litros = 2000 cm^3). Consideremos que a pedra é descida para três metros de profundidade. Será que o sábio grego tem agora de fazer mais ou menos força para aguentar a pedra?

Nem mais nem menos: a mesma. Isto acontece porque a lei de Arquimedes não refere a que profundidade a pedra está imersa. A impulsão é a mesma a qualquer profundidade. A lei de Arquimedes não fala em profundidade da pedra, nem na idade de quem a segura, nem se o experimentador é grego ou romano: só fala do peso do volume de líquido deslocado, e o volume deslocado, quando se mergulha uma pedra dentro de água, é o mesmo qualquer que seja a profundidade.

No entanto, toda a gente sabe que a pressão exercida por um líquido em torno de um objecto é tanto maior quanto maior for a profundidade. Esse efeito é devido ao peso do líquido das camadas superiores sobre as inferiores. Quanto mais líquido existir por cima, mais peso é exercido. É por isso que os mergulhadores têm maior dificuldade em permanecer dentro de águas mais profundas. Não deveria a impulsão sobre um objecto ser maior quanto mais fundo ele estivesse?

Não. A impulsão tem realmente a ver com a pressão exercida pelo líquido sobre o corpo imerso. Ela é o resultado das forças de pressão (sabe-se hoje que estas últimas são devidas, em última análise, a um bombardeamento intenso de moléculas do líquido sobre a superfície do objecto). Contudo, a impulsão é a mesma a qualquer profundidade porque a impulsão resulta da soma das forças de pressão exercida sobre todos os pontos da superfície do objecto. As forças de pressão laterais equilibram-se (o efeito da água do lado direito é igual ao da água do lado esquerdo), enquanto a diferença entre as forças de pressão na parte de baixo e na parte de cima do corpo dá origem a uma força resultante para cima. Trata-se do resultado total, do chamado resultado «líquido»! Um objecto situado a maior profundidade está sujeito a uma pressão maior, tanto na sua parte de cima como na sua parte de baixo. A força de pressão resultante — a impulsão — é, porém, a mesma qualquer que seja a profundidade. Verifica-se que é assim. As leis da física, como a de Arquimedes, resultam da observação repetida e cuidada.

As coisas não são realmente assim, se a observação for muito precisa. Existe uma pequena diferença entre a impulsão experimentada por um objecto a pequena e a grande profundidade, que é devida ao facto de a água a maior profundidade ser ligeiramente mais densa. Isso faz com que o peso de igual volume de água deslocado seja maior a maior profundidade. Esta diferença é pequena porque a densidade da água não varia muito: diz-se que a água é pouco compressível, não pode ser «apertada» (as suas moléculas não «gostam» de se aproximar demasiado).

Um gás, como o ar, é bastante mais compressível do que a água. As suas moléculas estão, em média, mais afastadas umas das outras, podendo por isso ser reunidas com alguma facilidade. Qualquer corpo mergulhado num gás está também sujeito a uma força de impulsão, pelo que a lei de Arquimedes deve ser enunciada papagueando: «Todo o corpo mergulhado num fluido bla-bla-bla» (um fluido tanto é um líquido como um gás). O próprio Arquimedes fora de água está sujeito à força impulsiva que descobriu, uma vez que, quando se coloca numa balança, lê um valor que é um pouco menor do que a força com que a Terra o atrai. Não lê o peso — força de atracção da Terra —, mas sim o peso descontado da impulsão devida ao ar. Nunca lemos o nosso peso certo...

Para fazer subir um balão de ar, basta aquecer o ar lá dentro. O ar quente é menos denso, e o balão sobe porque a impulsão domina o peso. Foi assim que subiu, no início do século XVIII, a «Passarola» do português Bartolomeu de Gusmão dentro do Paço Real em Lisboa. Os balões de ar flutuam no ar devido à impulsão: quando imóveis lá no alto, o seu peso é igual à impulsão, tal como um saco de água dentro de água. Um balão de hidrogénio ou de hélio sobe no ar tal como um saco cheio de água sobe dentro da glicerina ou um saco cheio de gasolina sobe dentro de água. Os balões devem ter um volume muito grande para receberem uma grande impulsão, uma vez que o ar é «pouco pesado» (mais exactamente, a sua densidade é 0,0013 g/cm^3, cerca de mil vezes menor do que a da água). Um balão a pequena altitude sofre uma impulsão ligeiramente maior do que a grande altitude, porque o ar é mais denso perto da Terra do que na alta atmosfera. Tudo se passa como no caso da pedra a maior profundidade, que está sujeita a uma impulsão ligeiramente maior do que uma pedra a pequena profundidade. A impulsão tanto vale na água como no ar.

O BARCO NA BANHEIRA

Considere-se agora um barco, não o que foi descrito por Eça porque esse tem problemas de estabilidade, mas, por exemplo, uma boa e robusta fragata da marinha. Apesar de ser feita de ferro, a fragata flutua no mar alto porque o seu bojo foi construído de modo a ocupar um grande volume. Pode, porém, em vez da imensidão do mar («o mar alto sem ter fundo»), considerar-se uma banheira um pouco maior do que a fragata ou, o que na prática é bem mais simples, uma fragata pequena, do tamanho aproximado de uma banheira normal. Seja uma fragata de brinquedo mergulhada na água contida numa banheira um pouco maior do que o respectivo casco. A escala não interessa para este problema. Consideremos que a banheira está cheia de água e que se coloca devagarinho a fragata lá dentro. Entorna-se, como é evidente, muita água, mas o barco cabe na banheira. Pergunta-se: o barco flutua ou não?

Há quem pense que o barco não pode flutuar porque não tem água suficiente à sua volta. Fica, de facto, muito pouco espaço preenchido com água entre o barco e a banheira. Mas o barco flutua. Para o barco flutuar, a impulsão tem de ser igual ao peso. A impulsão é igual ao peso da água deslocada e não ao peso da água que fica. Se recolhermos toda a água que entornou e a colocarmos numa balança, o respectivo peso equilibra o peso do barco.

Já se fizeram várias perguntas muito fáceis e é agora a altura de fazer uma pergunta menos fácil. Que é que pesa mais: uma banheira cheia de água ou uma banheira cheia de água com um barco?

Pesam exactamente o mesmo. Coloquemos, pois, num dos lados de uma balança de pratos, uma banheira com água e, do outro, uma banheira com água e um barco. De um lado, o esquerdo, por exemplo, tem-se o peso da banheira e da água. Do outro, o direito, tem-se o peso do recipiente, da água (que agora é menos) e do barco. Do lado direito, tem-se menos água e mais barco. Os dois pratos ficam equilibrados, porque o peso da água que está a mais do lado esquerdo é o peso do barco que está a mais do lado direito (a impulsão equilibra o peso, segundo Arquimedes). Podemos, portanto, colocar, num dos pratos da balança, a água que o barco entorna e, no outro, o barco em seco. Verificamos, mais uma vez, a lei de Arquimedes. Deve chamar-se a atenção para o perigo da frase «o barco dentro de água não pesa nada, uma vez que o respectivo peso é equilibrado pela impulsão». Do ponto de vista do barco, o peso é, de facto, equilibrado pela impulsão. Mas o peso do barco é transmitido à água e, portanto, à banheira e ao prato da balança.

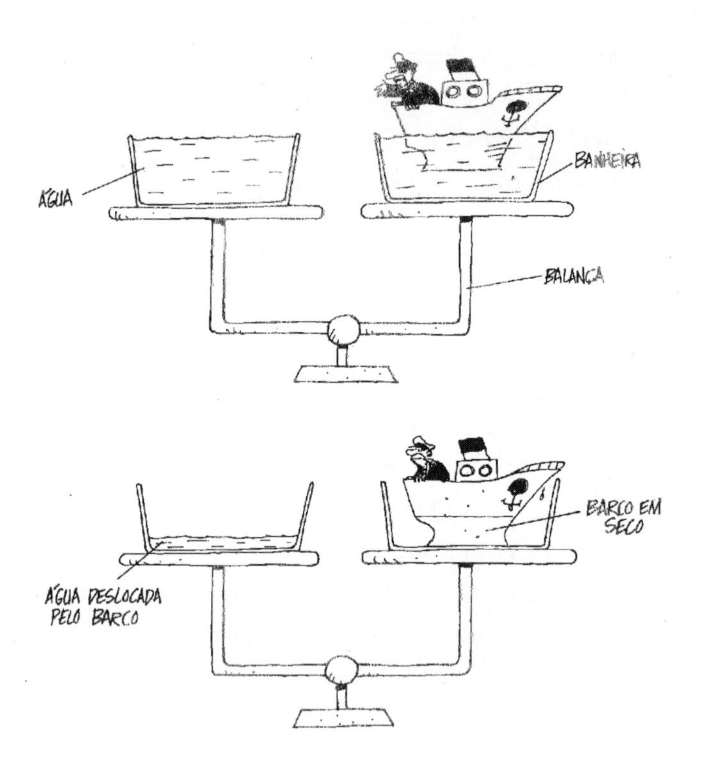

Qual pesa mais: um recipiente de água ou um recipiente de água com um barco?

A seguinte história serve para ilustrar a lei de Arquimedes. Era uma vez um príncipe alemão que queria construir um aqueduto para ligar dois lagos nos Alpes Bávaros, de modo que os barcos pudessem navegar ao longo de um canal sobre o aqueduto, de um lago no cimo de um monte para um outro no cimo de um outro monte próximo. Encomendou a obra ao engenheiro-mor da Corte, com a recomendação expressa de que pretendia uma construção barata. Repetiu várias vezes que não queria gastos supérfluos (não era, pelos vistos, um príncipe rico!). Perante esta ordem, o engenheiro mandou contruir pilares cuja estrutura era apenas suficiente para aguentar o canal cheio de água. Terminada a obra, explicou ao seu patrão como é que tinha conseguido poupar o máximo. O príncipe respondeu, depois de pensar um pouco, que havia engano, pois não tinha sido considerado o peso dos barcos que iam passar no canal. Se passar um barco, logo na inauguração, o aqueduto vai aguentar ou não?

Vai. Quem estava enganado era o príncipe, porque uma banheira com água pesa o mesmo que uma banheira com água e um barco!

O CHUMBO DO COMANDANTE

Podem-se resolver mais problemas divertidos do mesmo género. A física consiste em resolver problemas, não questões abstractas (que são deixadas para a matemática), mas casos bem concretos que ocorrem ou podem ocorrer na prática. Consideremos agora um barco grande e uma banheira também grande. O barco tem um comandante, como todos os barcos grandes que flutuam (os barcos que não flutuam... tinham um comandante!). Suponhamos que o comandante do barco dentro da banheira (a água na banheira está resvés pelo bordo) coloca, devagarinho, uma bola de chumbo (a densidade do chumbo é 11,3 g/cm^3) fora do barco e da banheira. O conjunto fica a pesar mais ou menos? Por outras palavras: se, de um lado de uma gigantesca balança, se tiver simplesmente uma banheira com água e, do outro, uma banheira com água, um barco, um comandante e uma bola de chumbo e, a certa altura, o comandante largar, lentamente (usando, por exemplo, um fio), a bola para fora da balança, para que lado se inclinará esta?

O barco, alijado de alguma carga, sobe (o seu peso fica menor e, para que a impulsão seja menor, tem de ser menor o volume da parte imersa do barco). Subindo o barco, a água do recipiente desce. Não mudou, pois, a quantidade de água dentro da banheira. O conjunto formado pelo barco e pela respectiva carga pesa menos. Logo o fiel da balança inclina-se para o lado onde está a banheira cheia de água.

Suponha-se agora que o comandante larga a bola, sempre devagar, para o prato da balança. E desta vez? O fiel da balança mexe-se ou não?

Não. Mais uma vez, a quantidade de água na banheira não muda. Quando se descarrega a bola, o nível da água desce da mesma quantidade que no problema anterior. Por outro lado, o peso da banheira com água, barco, comandante e bola é o mesmo que o peso da bola mais o da banheira com água, barco e comandante. O peso da bola, que se transmitia à água da banheira e daí ao prato da balança, passou a transmitir-se directamente ao prato da balança. Para o leitor se certificar deste facto, pode colocar, num dos pratos de uma balança, um copo meio de água com um pequeno peso ao lado e, no outro prato, um copo de água que equilibre a carga do lado contrário. Se colocar agora o pequeno peso dentro da água do copo, verifica que a situação inicial de equilíbrio não é alterada.

Considere-se agora um problema ainda mais difícil. O comandante lança a bola de chumbo para a água. A água da banheira entorna ou não? Em que prato o peso fica maior?

A água não entorna, porque o barco alijado da sua carga sobe (como um balão cujo ocupante deita fora um saco de areia). Então, a água desce: quando o barco sobe, a água do recipiente desce necessariamente, embora não tanto como nos dois casos anteriores. Pode-se também ver a questão do seguinte modo: a bola de chumbo em cima do navio deslocava muita água (deslocava um volume de água cujo peso é igual ao peso da bola), mas, dentro de água, desloca muito menos (só desloca o seu volume em água); por outro lado, a bola de chumbo fora de água não desloca água nenhuma (só desloca ar, isto é, desloca o seu volume em ar). O nível de água no recipiente é um pouco menor quando a bola está dentro da água do que quando a bola está dentro do barco.

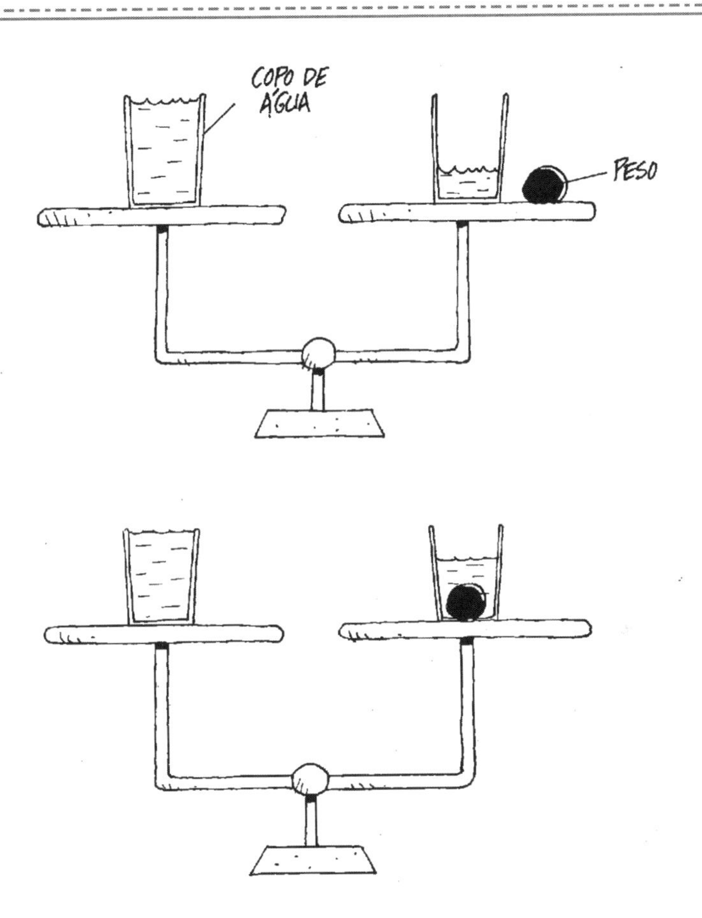

O chumbo pesa mais ou menos dentro de água?

Mais uma vez, o fiel da balança não se mexe. O peso da bola era antes transmitido ao barco (e, portanto, à água e à balança). O seu peso passou depois a ser transmitido directamente à balança, tal como no problema anterior.

Vejamos mais uma pergunta que mete água, a fim de baralhar o leitor que ainda o não esteja. Considere-se, mais uma vez, um recipiente completamente cheio de água. Coloque-se lá um bloco de gelo (a experiência pode ser feita na cozinha: numa bacia cheia com água da torneira, põe-se a flutuar um bloco de gelo feito no frigorífico). O gelo flutua (a densidade do gelo é 0,92 g/cm³). Um alguidar com água até à borda pesa o mesmo que um alguidar com água até cima e gelo a flutuar. A situação é, no fundo, igual à de há pouco, quando se pretendia saber o que pesava mais, se uma banheira cheia de água ou uma banheira cheia de água onde flutua um barco. O gelo é um icebergue pequeno, muito mais pequeno do que aquele que afundou o *Titanic* (será que o navio descrito por Eça encontra sistematicamente, no mar alto, icebergues que o fazem deitar?). Tal como num grande icebergue, a parte imersa do pequeno bloco de gelo é muito maior do que a parte que aparece fora de água (90 por cento e 10 por cento, respectivamente). Um icebergue é um barco especial, com o bojo muito mergulhado.

Deixemos agora o gelo derreter. Não é preciso fazer nada, é só deixar passar o tempo, que o gelo vai derretendo. A água entorna nesse processo ou não?

À primeira vista poderá parecer que a água entorna, porque havia uma parte de água (sob a forma de gelo) acima da superfície livre da água líquida. Mas o gelo, ao derreter, «encolhe». Toda a gente conhece a operação contrária: uma garrafa cheia de água colocada num frigorífico estala porque o gelo, quando solidifica, «alarga». Também nos radiadores dos automóveis, quando a água congela, o motor parte. O gelo da nossa experiência «encolhe» precisamente da mesma quantidade que estava a mais em cima. Porque é que o gelo flutua? O gelo é «esperto»: mergulha apenas a parte necessária para que a impulsão equilibre o peso (isto é o mesmo que dizer que o gelo obedece à lei de Arquimedes). À medida que derrete, o peso do gelo é menor, sendo menor a parte dele que está mergulhada.

Este fenómeno dá-se gradualmente, não ocorrendo nenhuma modificação do nível da água.

A água vai entornar quando o gelo derreter todo?

Consideremos uma última questão que, além de água, tanto líquida como sólida, mete chumbo. Temos o mesmo gelo no alguidar, mas agora com uma diferença: dentro do gelo escondeu-se um objecto pesado, uma pequena bola de chumbo, por exemplo. É fácil conseguir isso: basta preparar um bloco de gelo no congelador com uma bola de chumbo lá dentro. A parte do gelo dentro de água é agora maior do que 90%. Deixa-se derreter o gelo. Pergunta-se: a água entorna ou não? O nível de água mantém-se ou não?

O problema é semelhante ao da banheira, do barco, do comandante e da bola de chumbo que é deitada ao fundo. Atendendo a essa semelhança, a resposta é agora fácil. Os raciocínios por analogia são muito frequentes em física.

O nível de água baixa, de facto. Numa primeira fase, o problema é idêntico ao do alguidar com o bloco de gelo. O gelo derrete, mantendo-se o nível da água. A certa altura, a bola de chumbo cai para o fundo do recipiente. Então, o bloco de gelo levanta-se um pouco, tal como um navio que acaba de alijar a sua carga, ou um balão que acaba de deitar fora um saco de areia ou um barco cujo comandante deitou uma bola de chumbo à água.

E, subindo o gelo, desce obviamente a água. A partir daí, o nível de água mantém-se.

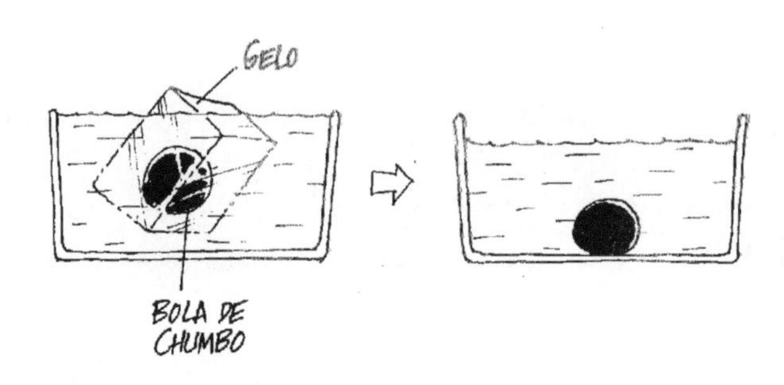

O que acontece ao nível da água?

Este é, portanto, tal como o da banheira com barco, comandante e bola, um problema que não só mete água e chumbo, como pode fazer meter «água» e «chumbo». Nos exames, quem meter «água» em problemas deste tipo mete também obviamente «chumbo». Afunda-se, pois.

Considere-se, pois, «chumbado» um comandante se, no fim de todas estas explicações e aplicações, ainda desconhecer a lei de Arquimedes, velha de 2300 e tal anos, e deixar o seu navio deitar-se e ir ao fundo!

2 DA QUEDA DOS GRAVES À QUEDA DA LUA

A QUEDA DAS PEDRAS

Conta a lenda que, no século XVII, o italiano Galileu Galilei lançou uma pedra grande e uma pedra pequena do cimo da Torre de Pisa, tendo verificado que ambas chegavam ao chão aproximadamente ao mesmo tempo. Trata-se de uma história inventada por um discípulo de Galileu, a qual, apesar da falta de veracidade, tem sido muito útil para o ensino da física.

A Torre de Pisa é um bom lugar para lançar pedras, já que, como está inclinada, uma pedra lançada do cimo cai afastada das paredes. A experiência não pode hoje ser repetida no mesmo local, uma vez que existe o perigo de a pedra cair na cabeça de algum turista, tantos são os que se passeiam pela bela cidade de Pisa. Alguns deles gostam de ser fotografados numa pose exibicionista, em que aparecem a segurar a Torre, para depois contarem aos amigos, comprovando-o com a foto, que, se não fossem eles, o monumento teria já caído... Certo é que aquela Torre está cada vez mais inclinada, tendo até sido fechada ao público no início de 1990 para restauro, reabrindo no final de 2001. Não se sabe exactamente qual era a sua inclinação no século XVII. Mas sabe-se que ficou inclinada logo no seu início e sabe-se também que, se continuasse a «cair» ao ritmo dessa altura, acabaria por ficar horizontal. Seria um prejuízo grande tanto para o turismo como para a história da ciência. Mas a Torre agora foi bem presa ao chão, em trabalhos realizados nessa altura, com uma inclinação de quatro graus, não se esperando que a inclinação cresça nos próximos tempos.

A experiência da Torre de Pisa

Qual é a pedra que, de facto, cai primeiro, se se ignorar a resistência do ar? A pedra grande, ou a pedra pequena? Ignorar a resistência do ar significa que não se imagina a experiência na Terra, mas sim, por exemplo, na Lua, onde não há atmosfera.

Se fizermos a experiência na Terra, deixando cair dois objectos com a mesma constituição, um maior e outro menor, verificaremos que cai primeiro o objecto maior. Se o leitor não puder subir à Torre de Pisa, poderá tentar fazer a experiência do cimo de uma outra torre, como a da Universidade de Coimbra... Somos levados pela intuição a concluir que devia cair primeiro a pedra grande, mesmo que se desligasse a resistência do ar.

A Natureza nem sempre está, porém, de acordo com as nossas intuições mais imediatas. Se ignorarmos a resistência do ar, a pedra grande e a pedra pequena caem ao mesmo tempo!

Uma maneira simples de compreender o fenómeno consiste em dividir a pedra grande em muitas pedras pequenas, agarrá-las todas na mão e deixar cair esse agregado. Haverá alguma razão para a pedra quebrada cair, no vazio, mais devagar do que a pedra inteira, também no vazio? Não! Todas as pedras pequenas caem juntas, isto é, caem como a pedra grande: as partes vão com o todo. Maria vai com as outras. Um fio que eventualmente ligue duas pedras pequenas, próximas uma da outra, não se estica durante a queda. Em vez de quebrarmos a pedra grande em muitos bocadinhos, podemos dividir uma pedra grande num bocadinho e num bocadão. Se agora deixarmos cair, da mesma mão e ao mesmo tempo, o bocadinho e o bocadão, verificamos que caem os dois ao mesmo tempo. Podemos até ligar um fio entre o pedaço pequeno e o pedaço grande e ver que esse fio não se estica enquanto os dois caem.

Este facto pode parecer bastante estranho, e é, de facto, muito estranho. Arranjemos, por exemplo no circo, um elefante e uma pulga. Se deixássemos cair o elefante e a pulga do cimo da torre de Pisa (se é que conseguimos empurrar o enorme elefante até lá cima), eles chegariam cá em baixo (a uma cama de rede — não vamos deixar o pobre elefante nem a inocente pulga estatelarem-se no chão) ao mesmo tempo, para grande espanto do elefante, se acaso fosse possível desligar o efeito da resistência do ar. Ou, uma vez que um elefante é muito difícil de arranjar para experiências de física, podemos lançar apenas uma galinha. Arrancamos uma pena à galinha e deixamos cair galinha e pena. Parece inacreditável, mas, se se ignorar o efeito da resistência do ar, galinha e pena chegam ao mesmo tempo! O caso é semelhante à queda de uma chave isolada e de um molho de chaves, que o leitor pode muito bem tentar. A chave separada chegaria, no caso de existirem condições ideais, ao mesmo tempo que todas as outras chaves juntas. A pena separada chega aproximadamente ao mesmo tempo que as outras penas juntas, ligadas à galinha. A expressão «condições ideais» significa que se considera desligado o efeito da resistência do ar. No chamado «tubo de Newton» (um tubo de vidro onde se faz o vazio com o auxílio de uma bomba) pode-se deixar cair uma chave e uma pena e ver que chegam as duas exactamente ao mesmo tempo. Esse instrumento dever-se-ia antes chamar «tubo de Galileu», pois permite efectuar, em condições ideais, a hipotética experiência de Galileu na Torre de Pisa.

Embora a ciência tenha reconhecidas virtudes e apreciados méritos, tem também o defeito de colocar em linguagem matemática os factos observados, prejudicando, aparentemente, algum do possível divertimento. Mas, na escola, aprende-se não só a ler como a contar. Vamos ver como é que algumas contas simples permitem descrever o movimento.

Neste caso, os físicos dizem que o tempo de queda é determinado por uma grandeza chamada «aceleração», que expressa a taxa de variação da velocidade. A aceleração é a mesma para todos os objectos que caem à superfície da Terra, em Pisa ou em Coimbra: tem o valor de 9,8 metros por segundo quadrado (m/s^2), se se ignorar a oposição do ar ao movimento: isso significa que a velocidade aumenta de 9,8 m/s em cada segundo. Vamos, para facilitar as contas, arredondar o valor da aceleração, tal como faz por vezes um merceeiro, e considerar o valor de 10 m/s^2. Todos os corpos deixados cair do cimo da Torre de Pisa ou da torre da Universidade de Coimbra caem com 10 m/s^2, isto é, a sua velocidade aumenta de 10 m/s em cada segundo. Se uma pedra for deixada cair do repouso, ao fim do primeiro segundo a sua velocidade será de 10 m/s, ao fim do segundo segundo será de 20 m/s, ao fim do terceiro segundo de 30 m/s e assim sucessivamente. Diz-se que a velocidade do calhau é directamente proporcional ao tempo, sendo a aceleração o coeficiente de proporcionalidade, isto é, o resultado da divisão da velocidade pelo tempo.

Existe uma regra simples para saber a distância percorrida por uma pedra, que caia a partir da situação de repouso. Verifica-se que, ao fim do primeiro segundo, a pedra percorreu 5 metros, ao fim do segundo, 20 metros e, ao fim do terceiro segundo, 45 metros (a pedra vai cada vez a andar mais rápido!). Ao contrário da velocidade, a distância não é proporcional ao tempo, mas sim ao quadrado do tempo decorrido desde o início, sendo o coeficiente de proporcionalidade metade do valor da aceleração: 5 m/s^2. O poeta António Gedeão (pseudónimo literário do físico e químico Rómulo de Carvalho) apresenta, no seu «Poema para Galileu», os inimigos de Galileu do seguinte modo:

> caindo,
> caindo,
> caindo sempre,
> e sempre,
> ininterruptamente,
> na razão directa dos quadrados dos tempos.

Ora, de acordo com a lei fundamental da mecânica formulada no século XVII pelo inglês Isaac Newton, a aceleração é o quociente entre o peso e a massa. Uma pedra cem vezes maior do que outra do mesmo tipo tem, por definição, uma massa cem vezes maior. Mas o peso é ele próprio proporcional à massa. É também cem vezes maior, pelo que a aceleração é a mesma para as duas pedras.

A Torre de Pisa tem, aproximadamente, 50 metros de altura. Se não houvesse resistência do ar, é fácil mostrar que uma pedra qualquer, caída do repouso, demoraria cerca de três segundos a chegar ao chão. A velocidade da pedra, quando chegasse ao chão, seria de aproximadamente 30 m/s.

Que acontece realmente quando há resistência do ar? Qual chega primeiro... a pedra grande, ou a pedra pequena? O elefante ou a pulga? A galinha sem pena ou a pena sem galinha? Já se disse que a pedra grande chega antes da pequena. O elefante chega, de facto, antes da pulga. A galinha chega, efectivamente, antes da pena.

Antes de explicarmos a razão desse facto, coloquemos a seguinte questão. Em que caso é maior a resistência do ar: no caso da pedra grande ou no caso da pedra pequena?

É maior para a pedra grande! Se o leitor deu a resposta errada não se preocupe porque não está sozinho. Muita gente erra. Mas veja: a força de resistência do ar — que é uma força dirigida para cima — é, numa aproximação simples, proporcional à secção do objecto, considerada perpendicularmente à direcção do movimento. Uma pedra grande tem uma secção maior do que uma pedra pequena, pelo que a força de resistência do ar é maior para a pedra grande. Então, perguntará o leitor confundido, se a força de resistência do ar é maior para a pedra grande, como é que esta chega primeiro ao chão?

O conceito de aceleração ajuda a explicar o problema. Acontece que, como foi dito, a grandeza que determina o tempo de queda é a aceleração, que é a razão entre força e massa. A força que actua sobre o corpo em queda no ar tem dois termos: um é o peso (que, dividido pela massa, dá o mesmo número para todos os corpos à superfície da Terra: os tais 10 m/s^2); o outro é a força de resistência do ar, que varia proporcionalmente à secção transversa à direcção do movimento. É bem verdade que a secção de um corpo grande é maior do que a de um corpo pequeno, mas a massa do primeiro é também maior (e muito maior!) do que a do segundo. Se se imaginar que a massa de um objecto homogéneo passa para o dobro, o volume passa para o dobro, mas a secção não cresce tanto. Por exemplo, uma bola que tenha o dobro do volume de outra tem uma secção apenas 1,59 maior. A aceleração devida à resistência do ar (que tem o sentido contrário ao da aceleração da gravidade) é a razão entre a força de resistência e a massa. A força de resistência experimentada pela pedra grande é maior do que a experimentada pela pedra pequena. Mas a massa da pedra grande é muito maior do que a da pedra pequena. A aceleração devida à resistência do ar acaba, portanto, por ser menor para a pedra grande. A aceleração total da primeira é maior e esta chega primeiro ao chão.

Para ver se tudo ficou claro, convida-se o leitor a considerar um problema um pouco diferente (e, portanto, um pouco parecido). Considere a queda de duas bolas exteriormente iguais, mas uma mais pesada do que a outra: por exemplo, uma de chumbo e a outra de madeira. Qual chega primeiro ao chão?

As suas secções são iguais, mas a bola de chumbo tem mais massa. A aceleração da gravidade é a mesma para as duas (10 m/s^2). A força de resistência do ar é também a mesma para as duas. Mas, como a aceleração devida à resistência do ar é obtida dividindo a força de resistência pela massa, a aceleração correspondente à resistência do ar é mais pequena para a bola de chumbo. Logo a bola de chumbo cai mais rapidamente, chegando primeiro ao chão. (Recorde-se que a aceleração devida à resistência do ar tem sentido contrário ao da aceleração da gravidade).

Se se descontar o efeito da resistência do ar, o fenómeno da queda dos corpos dá-se da mesma maneira para duas pedras, uma grande e uma pequena, ou para um elefante e uma pulga, ou ainda para uma galinha e uma pena. Pedras, elefantes e outra bicharada obedecem todos, quando em queda, às leis da mecânica, investigadas por Galileu lendariamente no cimo da Torre de Pisa.

O TIRO DO CAÇADOR

Galileu estudou também problemas de tiros de projécteis, que já tinham sido discutidos, embora erradamente, durante a Idade Média. É curioso notar como durante tanto tempo se lançaram tantas pedras e dispararam tantos flechas e obuses sem se perceber praticamente nada de física. Conta a lenda que Guilherme Tell disparou certeiramente numa maçã colocada na cabeça do seu filho.

A «experiência» de Guilherme Tell

Consideremos um caçador num safari em África que dispara uma bala contra um animal distante, por exemplo, um rinoceronte que está a 500 metros de distância. A espingarda está apontada precisamente na horizontal. Será que a bala chega a atingir o animal?

Não. Pode o rinoceronte ficar tranquilo porque a física não se destina a eliminar pobres bichos indefesos. Para ver como é que o animal escapa, consideremos um outro problema. Ao mesmo tempo que carrega no gatilho para disparar a bala, o caçador deixa cair, da mesma mão, uma outra bala. Suponhamos que não há nas redondezas nenhum obstáculo ao caminho da bala. A bala disparada acaba por cair devido à força da gravidade, que a atrai para a Terra (a bala está sujeita ao seu peso). A bala que o caçador largou também cai: cai mesmo por baixo do nariz do caçador. Qual das balas chega primeiro ao chão, se se ignorar o efeito da resistência do ar? A bala que foi lançada do cano da espingarda, ou a bala que foi deixada simplesmente cair?

A intuição diz-nos que cai primeiro a bala que foi simplesmente deixada cair, pois essa cai ao chão ao fim de uma fracção de segundo (cerca de meio segundo). O caçador vê-a cair, mesmo debaixo do seu nariz, enquanto a outra voa em frente e cai longe. No entanto, damos demasiada importância às coisas que se passam mesmo debaixo do nosso nariz. A verdade é que, em condições ideais (isto é, ignorando mais uma vez o efeito da resistência do ar), as duas balas chegam ao chão ao mesmo tempo! Dispomos, portanto, de uma boa maneira de saber quando é que uma bala disparada cai, mesmo que ela caia muito longe do nosso nariz. Deixamos cair uma bala no mesmo instante em que disparamos (é difícil sincronizar a largada das duas balas, mas podemos ligar uma engenhoca qualquer ao gatilho) e, quando ela nos cair aos nossos pés, sabemos que caiu também a outra, embora lá muito longe. Porquê? Donde nos vem essa certeza?

A grandeza que determina o tempo de queda de uma bala, uma vez fixa a velocidade e a posição iniciais, é a aceleração. E, neste caso, não há nenhuma aceleração horizontal, pois a aceleração é proporcional à força e não existe nenhuma força segundo a horizontal. A aceleração é só vertical e tem o valor arredondado de 10 m/s^2. A diferença entre as duas balas reside nas condições iniciais, designadamente nas suas velocidades iniciais. Uma tem velocidade inicial nula, enquanto a outra tem uma certa velocidade inicial segundo a horizontal. Um valor máximo para a velocidade inicial de uma bala é 1 km/s ou 3600 km/h, o triplo da velocidade do som no ar, que é 330 m/s ou 1200 km/h. É esta velocidade inicial que é responsável pela progressão da bala na horizontal. A bala, na melhor das hipóteses, anda 500 metros antes de cair ao chão. Como o rinoceronte está a essa distância, nada tem que recear: a bala cai-lhe inofensivamente aos pés. É certo que não se considerou o efeito da resistência do ar, mas este só diminuiria o alcance do tiro.

Não existe qualquer força misteriosa a acompanhar o objecto, como pretendia o filósofo grego Aristóteles na Antiguidade (ainda antes de Arquimedes, pois Aristóteles viveu no século IV a.C.). Houve, evidentemente, uma força no início que fez mover a bala, que estava imóvel na câmara da espingarda. Mas isto é a «pré-história» do movimento em que estamos interessados. A nossa história só começa quando a bala sai: o que acontece antes não nos interessa, pelo menos de momento. Não podemos querer explicar ao mesmo tempo tudo o que passa no mundo desde sempre. Ou melhor, podemos querer, mas não adiantamos nada com isso. Assim como escolhemos um dado caçador e uma dada bala (os outros caçadores e as outras balas não nos interessam), não queremos saber o que se passou antes de a bala sair, ou o que é que o caçador comeu ao pequeno-almoço ou quem eram a mãe e o pai do caçador. O que sabemos é que num certo instante uma certa bala sai do cano da espingarda com uma certa velocidade. A velocidade na horizontal mantém-se, pois só se existissem forças na horizontal é que ocorreriam mudanças nessa componente da velocidade (a resistência do ar não é aqui considerada). A velocidade na vertical, por sua vez, vai aumentando, em virtude da força de atracção da Terra. A nossa história acaba quando a bala bate no chão, depois de ter descrito uma trajectória parabólica. Uma parábola é uma curva conhecida de toda a gente, pois toda a gente já viu água a sair de uma bica com o cano horizontal: a água percorre uma parábola.

Como o tempo de queda é apenas determinado pela aceleração vertical, tanto faz que a bala saia com uma certa velocidade inicial segundo a horizontal ou com velocidade inicial nula (se a velocidade inicial segundo a horizontal for maior, a bala vai mais longe, mas demora o mesmo tempo a cair). Mas já fará diferença se houver velocidade inicial segundo a vertical: se o caçador disparar para cima, a bala demorará obviamente mais tempo a cair e, se disparar para baixo, demorará menos tempo do que no caso do tiro horizontal.

Suponhamos agora que o caçador dispara a espingarda do cimo de um carro, que é capaz de atingir velocidades extremamente elevadas. Suponhamos ainda que a bala tem na boca da espingarda uma velocidade que, em relação à Terra, é igual à velocidade do carro (podemos imaginar que o tiro foi dado com o carro imóvel e que este acelerou muito para ficar com a velocidade da bala). Tinha de ser mesmo um veículo muito rápido, como só nos escritos de ficção científica pode haver (o leitor deve usar a sua imaginação, pois o recorde de velocidade em Terra é de cerca de 1000 km/h, um valor muito maior do que o conseguido por um qualquer veículo utilitário). O caçador vai, pois, a viajar com a bala, isto é, vai com a ponta do cano encostada à bala. Então, a bala que saiu do cano vai-lhe cair mesmo à frente, tal como acontecia, da outra vez, à bala que partia do repouso. Do ponto de vista de um observador ao longe, a bala disparada percorre uma trajectória parabólica, mas, para o caçador, a bala não avança! Tanto o caçador como o observador imóvel em terra podem medir o tempo de queda da bala, obtendo os dois o mesmo valor.

Se o leitor não conseguir imaginar o tiro feito do carro, pode supor que a história se passa no ar. O tiro é feito a partir de um avião supersónico. Com efeito, o recorde de velocidade em avião é cerca de 3600 km/h (superior ao triplo da velocidade do som, ou «Mach 3»). Um piloto que viaje a essa velocidade vai à velocidade de uma bala. Para ele, a bala está em repouso! Tem-se assim uma aproximação à fabulosa história alemã do barão de Muenchhausen, que dizia que conseguia viajar montado numa bala de canhão...

Uma pergunta mais difícil: se o nosso caçador, outra vez parado, quiser obter o alcance máximo, com que ângulo deve efectuar o tiro? Quem estudou mecânica responde logo que esse ângulo deve ser 45 graus. Essa resposta está, de facto, correcta para um projéctil lançado em certas condições: se o projéctil partir do nível do solo e, como até aqui, se desprezar a resistência do ar. Mas o melhor ângulo de tiro é, na realidade, inferior a 45 graus, embora não muito. O efeito da resistência do ar favorece ângulos um pouco menores do que 45 graus. Porém, o que conta mais é o facto de o caçador lançar o tiro de cerca de dois metros de altura e não do nível do solo. Se o caçador estivesse no interior de um buraco, o ângulo de tiro teria de ser superior a 45 graus. Os bons lançadores de peso ou de dardo conhecem esse facto e lançam o peso ou o dardo com um ângulo levemente inferior a 45 graus. É conveniente saber física, a física de Galileu, quando se pretende bater um recorde do mundo ou, simplesmente, ganhar os campeonatos escolares de atletismo...

O BARCO E A BOLA

Quem ficou confuso com a pergunta do caçador pode ser ajudado com o problema simples da queda de uma bola do cimo do mastro de um barco.

Consideremos que o comandante lança uma bola do seu barco que se encontra ancorado num porto. Não se trata de uma bola de chumbo, como a de que o comandante se serviu nas experiências que exemplificaram a lei de Arquimedes (a queda de uma bola de chumbo faria um rombo na embarcação!), mas de uma pequena e inofensiva bola de madeira. A bola é lançada do cimo do mastro, sem velocidade inicial, isto é, a bola é simplesmente deixada cair. Onde cai a bola? A resposta é imediata. A bola cai na base do mastro, exactamente debaixo do ponto donde foi lançada.

Icemos agora a âncora. Consideremos, para ver bem as coisas, o mesmo barco em movimento, para a direita, com uma pequena velocidade constante. Os marinheiros medem a velocidade em nós, e uma pequena velocidade marítima é dois nós, isto é, cerca de 3,6 km/h ou 1 m/s (como termo de comparação, diga-se que o veleiro português *Creoula* chega a atingir 20 nós com vento favorável). A certa altura, quando o barco vai a andar, a mesma bola é deixada cair do topo do mesmo mastro. Onde é que a bola agora cai? Para a proa (para a frente) ou para a ré (para trás)? Ou no mesmo sítio, na base do mastro?

Cai exactamente no mesmo sítio do barco, se se desprezar a resistência do ar (e outros pequenos efeitos que não vêm agora ao caso, como o que resulta da rotação da Terra). No entanto, muitas pessoas são levadas pela intuição a dizer que a bola cai para a ré. Muita gente pensa que, enquanto a bola cai, o barco avança. É, de facto, verdade que, enquanto a bola cai, o barco avança. Contudo, a bola também avança, uma vez que a bola vai com o barco («pertence» ao barco).

Podemos ver o fenómeno de dois sítios diferentes: de dentro do barco ou do porto. Para quem está dentro do barco, a bola cai verticalmente, porque para esse observador o barco está obviamente parado. Quem está dentro do barco vê que a bola percorre uma trajectória em linha recta, a mesma trajectória que na situação do barco ancorado no porto (nesse caso, tanto fazia o observador estar dentro ou fora do barco). Quem está em terra firme vê o barco avançar, por exemplo, para a direita. A bola avança também para a direita, enquanto está parada no cimo do mastro. A certa altura, a bola é largada. A bola tem, portanto, uma velocidade inicial na horizontal que é igual à velocidade do barco. Como não há forças horizontais, a bola conserva a mesma velocidade horizontal, que é (repetimos!) a do barco. Então, do porto, vê-se a bola sempre na vertical do mastro. A bola acaba finalmente por cair, exactamente na base do mastro, nem para a proa nem para a ré. Claro que, se o barco tivesse acelerado, isto é, aumentado de velocidade, a bola teria caído para a ré e, se tivesse travado, teria caído para a proa. Mas o barco nem acelerou nem travou.

Vista do porto, a bola descreve uma parábola. O movimento da bola assemelha-se ao da bala disparada pela espingarda, com a diferença de que a velocidade horizontal da bola (e do barco) é muito menor do que a de uma bala. O barco acompanha a bola, da mesma maneira que o atirador pode acompanhar a bala, se o seu veículo for suficientemente rápido. A bola demora o mesmo tempo a cair, quer o barco esteja parado, quer este se mova com velocidade constante, da mesma maneira que a bala demorava o mesmo tempo a cair quer partisse do repouso, quer tivesse uma grande velocidade inicial.

Vamos pensar com números. Suponhamos um veleiro com um mastro de cinco metros de altura que navegue a 1 m/s. A bola demoraria então um segundo a cair e, durante esse tempo, o barco, com o mastro e a bola, teria andado um metro na horizontal.

Galileu (sempre ele!) identificou correctamente este fenómeno, que foi mais tarde designado por «princípio da relatividade». Disse que é impossível saber se um barco se está a mover com velocidade constante ou está parado, a partir apenas de experiências mecânicas efectuadas no seu interior. Ou, dito de outra maneira: as leis da mecânica são as mesmas (e escrevem-se da mesma forma) para um certo número de sistemas de referência ou referenciais. Chamam-se referenciais de inércia aqueles nos quais as leis da mecânica são válidas. Tudo parece bem e bonito se não se acrescentar uma verdade cruel: não se conhece em rigor na Natureza um verdadeiro referencial de inércia... Mas isso é uma outra história, que não é para aqui chamada, porque, se o fosse, só serviria para baralhar o leitor.

Galileu, no seu notável livro *Diálogo sobre os Dois Principais Sistemas do Mundo,* descreve peixes a nadar num aquário, pássaros a voar, bolas a cair, tudo isso na cabina fechada de um barco. Os peixes, os pássaros e as bolas comportam-se exactamente da mesma maneira, quer o barco esteja parado, quer ande com velocidade constante. Assim, olhando para esses animais e objectos, não se pode saber se o barco está parado ou a andar com velocidade constante. Pode parecer estranho que um pássaro, por exemplo uma gaivota entrada dentro de um cacilheiro, vá com o barco, porque a ave paira no meio da cabina, isolada das paredes. Mas a verdade é que vai. Do mesmo modo, uma mosca que entra numa carruagem do metro numa estação e que, quando o metro arranca a grande velocidade, não fica para trás e vai com a carruagem. Acontece que nem o pássaro nem a mosca estão, de facto, isolados das paredes! O pássaro só voa porque existe ar à sua volta, ar esse que é arrastado pelas paredes. Também o peixe só nada porque tem água no aquário e o aquário vai com o barco. Se o pássaro pudesse pairar, ignorando o barco, seria bem divertido... Isso significaria, por exemplo, que algumas viagens intercontinentais seriam fáceis e baratas. Bastava o eventual passageiro entrar dentro de um balão, ascender na vertical, esperar que a Terra girasse e, quando o sítio pretendido (à mesma latitude) estivesse por baixo, baixar simplesmente o balão. Essa viagem não é possível porque o balão e a atmosfera giram com a Terra. O balão parte com a velocidade da Terra.

O malabarista acelerado

De acordo com o princípio da relatividade de Galileu, um malabarista de circo que seja exímio num circo parado será também exímio num circo a bordo de um transatlântico que navegue com velocidade constante. As habilidades que aprendeu, por meio de treino prolongado em terra, fazem-se da mesma maneira a bordo do navio, no alto mar. Um campeão de bilhar em terra é também campeão de bilhar no mar, desde que o navio não acelere ou sofra turbulência por efeito de alguma tempestade (o que não dá jeito para jogar bilhar...). Um físico treinado num certo sistema de referência inercial é também um físico num outro sistema inercial. As habilidades e astúcias de física que aprendeu num sítio aplicam-se no outro. E ainda bem: se a física fosse diferente conforme o referencial considerado seria uma boa confusão, os físicos não se entenderiam e a física não poderia de todo existir!

Apesar de a Terra se deslocar em volta do Sol com uma grande velocidade (o seu valor, 30 km/s, é grande quando comparado com a velocidade de um carro — 0,03 km/s ou 100 km/h — ou de uma bala — 1 km/s ou 3600 km/h), os terrestres não se apercebem facilmente desse facto. Acontece que, para intervalos de tempo pequenos (em comparação com um ano), o movimento da Terra no espaço é aproximadamente rectilíneo, efectuando-se com velocidade constante. A Terra pode então ser considerada um referencial de inércia. Assim, a Terra é um barco e, nesta analogia, a Torre de Pisa é uma espécie de pequeno mastro donde se podem lançar coisas.

A teoria da relatividade de Galileu foi modificada pelo físico de origem alemã e naturalizado primeiro suíço e depois norte-americano Albert Einstein, no início do século XX. Einstein afirmou que não só as leis da mecânica, mas também todas as outras leis da física (isto é, as leis do electromagnetismo, da óptica, etc.) são as mesmas em todos os referenciais de inércia. Assim, um físico em todas as matérias num dado referencial de inércia continua a ser um físico em qualquer uma dessas matérias num outro referencial, imóvel ou com velocidade constante em relação ao primeiro. Os custos da universalidade da física consistiram na revisão das velhas noções de espaço e tempo. Por exemplo, o tempo de queda de um corpo varia, ainda que pouco, com o estado de movimento do observador.

Galileu estava afinal errado por um bocadinho de nada.

O AVIÃO E A BOMBA

Passemos agora do mar para o ar. Os pacifistas que não levem a mal (o autor também é!), mas o problema seguinte é um problema de guerra. Vamos considerar um bombardeamento aéreo, que infelizmente continua a acontecer em certos sítios do mundo. Se o leitor ainda não compreendeu o princípio da relatividade de Galileu, vai compreendê-lo decerto agora, com o auxílio do avião.

Suponhamos que o leitor é um piloto-aviador que pretende bombardear uma determinada cidade do inimigo. O seu avião desloca-se, com uma certa velocidade constante (um *Airbus A320* comercial tem uma velocidade máxima de cerca de 1000 km/h e a velocidade de um grande avião-bombardeiro não é muito diferente desse valor), ao longo de uma trajectória em linha recta que passa sobre a referida cidade. Pergunta-se: onde é que o leitor deve premir no botão e lançar a bomba? Antes, por cima ou depois de passar sobre a cidade?

A resposta é evidente para toda a gente, ou pelo menos para quem já tenha visto filmes de guerra. O leitor deve largar a bomba antes.

Quem não acreditar nesse facto é favor marcar um ponto no chão no corredor lá em casa. O corredor, como o próprio nome indica, pode servir para correr. Segure uma bola na mão, desate a correr, com velocidade constante, e procure acertar com a bola na marca, deixando-a simplesmente cair. Para a bola acertar no alvo é preciso que seja lançada antes de o leitor passar sobre ele. Se a velocidade de corrida for maior, a bola terá de ser lançada antes. A mesma coisa se passa com o avião: a bomba é a bola, e o ponto no chão é a cidade.

O bombardeamento aéreo

Vejamos o modo como um verdadeiro bombardeamento é relatado pelas duas partes em confronto (convém comparar as duas perspectivas, por uma questão de imparcialidade). A televisão do país que ataca mandou um repórter a bordo do avião. Esse repórter filma o lançamento da bomba a partir do alçapão que, de repente, se abre para a bomba cair. O filme mostra a bomba sempre na vertical, se o avião não acelerar (normalmente os aviões aceleram, ou dão meia-volta para fugir da defesa antiaérea, mas suponhamos que o avião desta história não acelera). No fim vê-se a explosão correspondente à queda da bomba. Nessa altura, o avião está precisamente por cima do ponto atingido. Vejamos agora o acontecimento filmado por um repórter do país atacado. O filme é realizado à distância: o repórter de guerra, apesar de temerário, não se arrisca a permanecer na cidade bombardeada. O filme mostra a bomba a descrever um percurso parabólico com o avião sempre por cima da bomba. A queda da bomba do avião e a da bola do barco são exemplos do mesmo fenómeno físico, observado em circunstâncias diferentes. A mesma física tanto se pode estudar na água, num barco, como no ar, num avião.

O tempo de queda da bomba do avião é o mesmo, quer as observações sejam feitas de dentro ou de fora da aeronave, tal como o tempo de queda da bola do barco era o mesmo quer medido de dentro ou de fora. O tempo é absoluto, isto é, decorre da mesma maneira para todos os observadores. Pelo menos, considerava-se que era assim antes de Einstein, e as pequenas modificações introduzidas por este último não vêm aqui ao caso.

Quanto tempo demora a bomba a cair? Será que o inimigo tem tempo de se refugiar num abrigo?

Se a bomba for lançada de 5000 metros, demora 30 segundos a cair. Um avião que vá a 1000 km/h percorre aproximadamente 300 metros em cada segundo. O piloto desse avião deve, pois, disparar a bomba 9000 metros antes (um antigo manual português de defesa civil do território era explícito demais e dava instruções ao inimigo: dizia que se um avião, vindo do norte, quisesse acertar com uma bomba no Terreiro do Paço devia largá-la por cima do Lumiar).

Embora os números mudem, as contas são as mesmas para o avião e para o atleta no corredor. O *sprinter* mais rápido do mundo faz 100 metros em cerca de 10 segundos, com uma velocidade média de 10 m/s. Se ele, durante a corrida, largar um objecto da altura de um metro, este demorará meio segundo a cair. Em meio segundo o atleta anda cinco metros, pelo que tem de largar a bola que leva na mão cinco metros antes do sítio escolhido.

De acordo com o princípio da relatividade, o repórter fechado a bordo do avião não pode saber se o avião está parado ou a andar com velocidade constante (bem, até pode: basta pensar um bocadinho para concluir que os aviões, ao contrário dos helicópteros e dos balões, não podem permanecer imóveis no ar).

Se o leitor quiser saber às quantas anda, se está parado ou a andar com velocidade constante, ou se o seu estado de movimento é outro qualquer, basta deixar cair um objecto da ponta do nariz. Se cair mesmo por baixo do nariz, ou está parado ou vai com velocidade constante (não se podem distinguir estas duas situações). Se o objecto cair à frente ou atrás do nariz, está a travar ou a acelerar. Na Terra, os objectos que largamos parecem cair mesmo por baixo do nosso nariz. Poder-se-á pensar que a Terra está parada. Mas não: um observador imóvel no espaço (imóvel relativamente ao Sol e a outras estrelas próximas) não tem dúvidas que a Terra se desloca a 30 km/s, como já foi referido. Esse extraterrestre vê um objecto, por exemplo uma bola, que demora meio segundo a cair, descrever uma trajectória parabólica e aterrar 15 quilómetros mais à frente (mais à frente, do ponto de vista desse observador hipotético). De facto, os objectos não nos caem exactamente debaixo do nariz porque a Terra tem uma aceleração relativamente às estrelas ditas fixas (existe um movimento de revolução em torno do Sol e, além disso e principalmente, a Terra gira em torno do seu eixo). Por exemplo, embora o efeito da rotação da Terra sobre a queda dos corpos seja muito pequeno, foi comprovado por experiências delicadas efectuadas por cientistas engenhosos. O pêndulo de Foucault, que deu o título a um romance do italiano Umberto Eco, serviu, no século XIX, para confirmar que a Terra roda em torno do seu eixo.

Galileu viu-se um dia, perante a perspectiva de experimentar alguns instrumentos de tortura, obrigado a renegar a ideia de um sistema solar centrado no Sol. Mas ele tinha razão: a Terra move-se não só em torno de si mesma, como também em torno do Sol.

A LUA E A MAÇÃ

Existem em física muitas histórias tão lendárias como a da queda das pedras da Torre de Pisa. Uma das lendas mais famosas é a da maçã de Newton, que, ao que parece, foi inventada pelo próprio para assegurar a prioridade da sua descoberta da gravitação universal.

Isaac Newton teve um dia de se refugiar na sua região natal de Lincolnshire, no coração de Inglaterra (tinha-se declarado a peste — a covid-19 daquela época, embora muito pior — na cidade universitária de Cambridge, e era melhor proteger-se no isolamento no campo). Estava Newton sentado debaixo de uma macieira, talvez a amadurecer as suas ideias, quando lhe caiu inopinadamente uma maçã em cima da cabeça. Certamente que a maçã estava demasiado madura. Ao mesmo tempo, a Lua brilhava poeticamente nos céus. Fez-se então luz no espírito de Newton, que compreendeu nesse preciso momento (quando balbuciou «ah-ah!») que a força causadora da queda da maçã na sua cabeça era do mesmo tipo da que fazia a Lua mover-se em volta da Terra.

Nascia assim a física, tal como hoje a conhecemos, como uma tentativa de unificar vários fenómenos naturais aparentemente distintos. Pergunta: porque é que a Lua não caiu na cabeça de Newton? Ou melhor, para tornar a questão mais interessante e actual, porque é que a Lua não cai nas nossas cabeças?

Em primeiro lugar, é oportuno um comentário para expressar satisfação: ainda bem que a Lua não caiu porque nesse caso teria sido não apenas o princípio, mas também o fim da física. Newton criou a física nesse instante de inspiração, em que a maçã lhe fez compreender que os fenómenos do céu eram regidos pelas mesmas leis que os fenómenos da Terra. A física começou, pois, com uma maçã, à semelhança do pecado, que, segundo o relato bíblico, começou também com uma maçã. A lenda só não conta se Newton comeu a sua maçã tal como Adão...

O facto de a Lua não cair nas nossas cabeças explica-se facilmente invocando as condições iniciais. O movimento de um qualquer objecto é determinado, como já foi dito, não apenas pela força que sobre ele actua, mas também pelas condições no início do movimento. E a Lua é um objecto como outro qualquer: como uma pedra, uma galinha, uma pena, uma bola, uma bomba ou até uma maçã.

Não há nada como uma analogia, mesmo que grosseira, para entender a situação: se dermos uma palmada nas costas a alguém, duas coisas podem acontecer, conforme a «condição inicial» da pessoa que foi importunada. Ou a pessoa está bem-disposta (a sua «condição inicial» é estar bem-disposta), e não responde, limitando-se a sorrir. Ou está maldisposta (a sua «condição inicial» é estar maldisposta), e responde com outra palmada de volta. Uma força igual teve, portanto, efeitos diferentes...

Analogamente, a força da gravidade sobre a Lua pode fazê-la cair apressadamente nas nossas cabeças ou fazê-la girar tranquilamente à volta da Terra. Ninguém sabe muito bem como é que a Lua surgiu. Quando a humanidade apareceu já a Lua cá estava há muito tempo... Actualmente, cada cabeça científica escolhe a sentença mais convincente. Existem três hipóteses clássicas. Há quem diga que a Lua foi companheira da Terra, desde os mais remotos primórdios do sistema solar. Há quem diga que uma parte da Terra (talvez onde é hoje o oceano Pacífico) se separou a certa altura para formar a Lua. E há quem afirme que a Lua foi um corpo estranho que colidiu com uma Terra existente anteriormente.

As amostras de rochas lunares trazidas pelos astronautas norte-americanos foram datadas com suficiente rigor, usando a sua radioactividade natural. As mais velhas têm mais de quatro mil milhões de anos. Sabe-se hoje que a Lua tem aproximadamente a idade da Terra, cerca de 4,5 mil milhões de anos, remontando ambas às origens do sistema solar (quer isto dizer que o Sol tem também, mais ou menos, essa idade). Contudo, a Terra e a Lua nem sempre foram vizinhas como são hoje. A teoria actualmente mais plausível é a indicada pela terceira hipótese. A Lua teria resultado de um violento choque da Terra com um astro vindo de fora, ficando os dois corpos a mover-se nas órbitas que hoje conhecemos. Embora não se saiba muito sobre o início da Lua, sabe-se de certeza uma coisa: a Lua teve uma condição inicial que a levou a permanecer em órbita da Terra desde há muitos milhões de anos. Teve, pois, uma condição inicial «feliz». Há planetas que têm condições iniciais «infelizes», porque acabam por colidir e desaparecer. E há outros que «sobrevivem». A Lua teve uma condição inicial que a levou a «sobreviver», mantendo-se em órbita em torno da Terra.

Que aconteceria se um ser muito poderoso, parado, pegasse na Lua e depois simplesmente a largasse? Não existem dúvidas: então a Lua cairia mesmo sobre a Terra. É um problema simples de física (embora alguns estudantes de Física Geral o achem complicado) calcular quanto tempo é que a Lua demoraria a cair sobre as nossas inteligentes cabeças. Demoraria cerca de cinco dias. Podemos imaginar uma macieira gigantesca, cujos frutos sejam luas. Se o pé da nossa Lua cedesse (no caso, a macieira tem um único fruto, mas há planetas com muitas luas, como Saturno, que tem pelo menos 146), ela cairia, madura, sobre a Terra.

Newton considerou o movimento de um projéctil para várias condições iniciais (o projéctil tanto pode ser um obus de um canhão como uma maçã). Esses desenhos mostram como é que se «transforma» uma maçã numa Lua. É simples. Em vez de se esperar que a maçã caia de podre, dá-se-lhe um piparote, comunicando-lhe uma pequena velocidade inicial na horizontal. Então a maçã já não cai na cabeça de Newton, mas um pouco à frente do seu nariz. Se se transmitir à maçã um impulso ainda maior, ela cairá ainda mais longe, uns metros à frente de Newton. Dispare-se a maçã com uma boa espingarda (se se conseguir arranjar uma espingarda de disparar maçãs), que ela irá cair meio quilómetro à frente (um bocadinho chamuscada pelo tiro, mas cai). Lance-se depois um foguete de mandar maçãs e a maçã poderá muito bem, já que a Terra é redonda, dar a volta à Terra e voltar por detrás de Newton. Regressa ao ponto de partida com a mesma velocidade inicial. Esse fenómeno é possível em princípio, mas impossível na prática, em virtude da resistência do ar, das montanhas da Terra, etc. Suponhamos, portanto, uma situação ideal. O pobre Newton veria, atónito, a maçã aparecer-lhe por detrás...

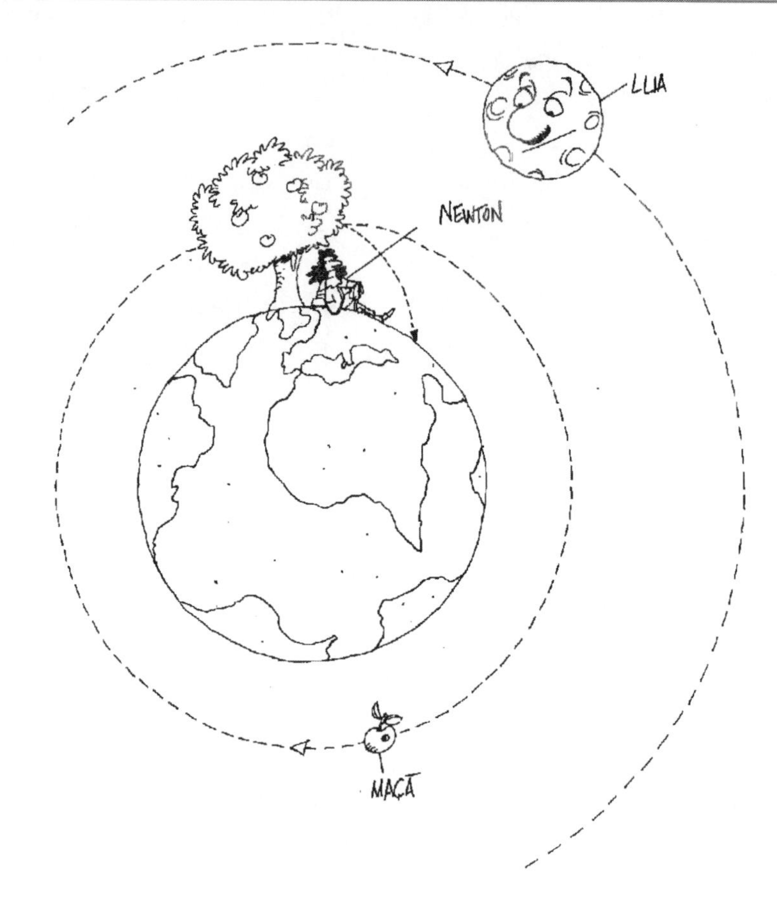

Newton, a maçã e a Lua

É um exercício da disciplina de Física Geral, que costuma sair nos exames, saber qual tem de ser a velocidade inicial para a maçã ficar em órbita circular da Terra e quanto tempo é que ela demora a dar uma volta completa. A resposta à primeira pergunta é 8 km/s: a maçã teria de ser muito mais rápida do que uma bala, pelo que não há espingardas capazes de a disparar assim tão rápida. A resposta à segunda questão é 1h23. Por vezes, sai nos exames um exercício um pouco diferente (e, portanto, um pouco parecido!) que consiste em saber qual é a velocidade da nossa Lua e quanto tempo demora a dar uma volta completa. As respostas são respectivamente 1 km/s, ou, se se preferir, 3600 km/h, — que é, como vimos, a velocidade de uma bala — e 28 dias — quase um mês). A Lua corre, veloz como uma bala, em torno da Terra.

A minhoca-astronauta

Se a maçã ficasse em órbita, a Lua teria ganhado uma companheira, isto é, passariam a existir dois satélites em volta do nosso planeta. Uma minhoca que existisse dentro da maçã (as maçãs podres têm minhocas, como toda a gente sabe) seria assim a primeira minhoca astronauta... A Terra teria, neste caso, duas luas (de facto, já tem muitas luas artificiais: os satélites de comunicações são uma espécie de maçãs que se lançaram no espaço). Do ponto de vista da mecânica de Newton, a única diferença entre a Lua e a maçã é o raio da respectiva órbita circular e, portanto, a velocidade de revolução — os corpos em órbita mais perto da Terra andam com maior velocidade e têm menor período (o período é o tempo que um corpo demora a dar uma volta completa). A Lua não é mais do que uma maçã grande, que está a «cair» sobre a Terra, de uma maneira muito peculiar. Dizemos que cai, porque, se não existisse a Terra, a Lua iria em frente, em linha recta (despreza-se, para o caso, a acção dos outros corpos do sistema solar). Mas cai pouco: cai só 1,5 milímetros em cada quilómetro percorrido. Podemos também dizer que demora um tempo infinito a cair e que, portanto, nunca chega de todo a cair na Terra. Não há razões para ter medo da queda da Lua.

Newton mostrou que a força entre Terra e Lua ou entre maçã e Terra varia na razão inversa do quadrado da distância. Deduziu isso no seu livro *Princípios Matemáticos de Filosofia Natural*, publicado há mais de 300 anos. É essa expressão matemática que garante a estabilidade da órbita, tanto à maçã como à Lua. Pode mostrar-se que, se a força variasse com o inverso do cubo da distância, a Lua descreveria uma espiral, acabando mesmo por cair sobre a Terra. Mas, antes disso, já teria caído a Terra sobre o Sol. O sistema solar aguenta-se, no seu conjunto, porque a força é inversamente proporcional ao quadrado da distância.

Tem-se discutido bastante a possibilidade de os corpos em queda não obedecerem exactamente à lei da gravitação universal de Newton. Há razões, tanto teóricas como práticas (a observação da chamada «matéria escura» nas galáxias, matéria que não emite luz, mas exerce atracção gravitacional), para introduzir pequenas modificações da descrição newtoniana da queda. Voltaram, por isso, a ser realizadas experiências de queda de objectos, agora com maior precisão. Equipas de cientistas, que deixaram cair corpos de torres especiais, com cerca de 500 metros de altura, não obtiveram qualquer prova para uma gravitação não newtoniana, isto é, nenhum desvio à lei do inverso do quadrado da distância. As antigas ideias de Newton continuam, assim, a ser modernas.

As ideias de Newton, baseadas na observação e na matemática, chegaram a Portugal com bastante atraso. Passados cerca de cem anos sobre os *Princípios*, ainda se discutia entre nós a razão de as pedras e os astros caírem. No século XVIII, teve lugar uma polémica entre os Antigos (os seguidores de Aristóteles) e os Modernos (os seguidores de Galileu e Newton), na qual só lenta e dificilmente os segundos triunfaram. Os portugueses foram dos primeiros europeus a usar técnicas apuradas de navegação, a ver as estrelas dos mares do Sul, a trazer rinocerontes para a Europa (ofereceram um ao papa!), mas depressa deixaram de estar na crista da onda. No século XVIII discutia-se, com atraso, Newton. Quando se chega ao tempo de Eça de Queiroz, a marinha era uma sombra do que tinha sido. No século XIX, já não se encontram grandes cientistas como, por exemplo, Pedro Nunes, no século XVII. De Pedro Nunes apenas se guardou o nome numa embarcação periclitante.

À guisa de conclusão, pode dizer-se que a Lua foi essencial para o princípio da física. Pode até dizer-se mais: sem Lua, não só não haveria física como não haveria físicos, nem sequer... habitantes da Terra. Com efeito, hoje suspeita-se que existe vida inteligente na Terra porque existe uma Lua. Foi a particularidade de a Terra ter um único satélite natural, relativamente grande, que provocou e provoca o fluxo regular de marés nos oceanos. E foi esse fluxo regular de marés que permitiu à vida sair, um dia, do mar, onde terá nascido, para a terra, onde viria a tomar a forma inteligente, a forma, por exemplo, de um Galileu ou de um Newton.

3 DA ORDEM AO CAOS NO SISTEMA SOLAR

As leis dos planetas

Desde o tempo de Galileu e Newton que o sistema solar tem sido considerado um sistema ordenado, um sistema obediente às leis da física que vêm escarrapachadas nos livros escolares. Todo o comportamento, tanto de maçãs e luas como de planetas e estrelas, pode ser explicado invocando a lei da gravitação universal de Newton, segundo a qual a força entre dois corpos celestes varia proporcionalmente ao inverso do quadrado da distância, e a segunda lei de Newton, que diz que um corpo responde a uma força mudando a sua velocidade.

No século XVIII, o século das luzes, julgava-se que já se tinha feito totalmente luz sobre o sistema solar. O rei francês Luís XV, sucessor do Rei-Sol Luís XIV e antecessor do guilhotinado Luís XVI, mandou construir no Palácio de Versalhes uma nova ala e no meio dela mandou colocar um mecanismo de relógio muito sofisticado. Esse relógio reproduzia bastante bem o movimento dos vários planetas conhecidos na altura em torno de um sol central e majestático. Incluía também algumas luas, a girar pacatamente em torno dos respectivos planetas. O Sol impunha a ordem à sua volta, tal como o rei, afinal, impunha a ordem em França (ou, pelo menos, procurava impor; o reinado de Luís XV foi um tanto ou quanto atribulado). O planetário do rei ia girando devagar, no palácio, numa imitação que se pretendia perfeita do movimento do mundo.

Como se move então o mundo? As leis que regem o movimento dos planetas tinham ficado estabelecidas no século anterior. Essas leis foram descobertas pelo astrónomo alemão Johannes Kepler, contemporâneo de Galileu. Newton apoiou-se nas leis de Kepler para obter a sua lei da gravitação universal. As leis de Kepler são três:

1) As órbitas dos planetas são elipses (uma elipse é uma figura «cónica», uma vez que resulta, por exemplo, de se efectuar uma talhada num cone).
2) Os planetas «varrem» áreas iguais em intervalos de tempo iguais (isto é, uma linha que vai do Sol ao planeta cobre, ao mover-se, áreas iguais em tempos iguais).
3) Os quadrados dos períodos das órbitas são directamente proporcionais aos cubos dos tamanhos das órbitas (por tamanho da órbita entende-se o comprimento do eixo maior da elipse).

Além de estudar os movimentos dos astros nos céus, Kepler dedicou-se a analisar o mecanismo da vista humana. É curioso referir que Kepler, que era um pouco fraco da vista, não observou muita coisa nos céus: limitou-se — o que não foi pouco! — a aproveitar uma grande quantidade de informação que lhe foi legada pelo seu mestre dinamarquês Tycho Brahe. Não é preciso, portanto, ter boa vista para se ser muito bom astrónomo. Actualmente, por exemplo, se o leitor se achar com vocação para astrónomo, mas tem muitas dioptrias em cada olho, lembre-se de que a astronomia já se faz por meio de registos fotográficos digitais automatizados, sendo os dados interpretados com o auxílio de computadores.

Kepler viveu obcecado com a regularidade e a harmonia no mundo. Escreveu mesmo um livro intitulado *Harmonia do Mundo*.

Um problema que o ocupou durante muito tempo foi a explicação das distâncias entre os vários planetas. Já Arquimedes tinha considerado essa questão, tentando estabelecer uma relação entre as notas musicais e as distâncias dos corpos celestes à Terra, com base em ideias de Pitágoras. Kepler procurou encaixar figuras geométricas (os cinco sólidos regulares, ditos platónicos, e esferas de diferentes diâmetros) umas nas outras, tal como num jogo de bonecas russas, para dar conta dessas distâncias. A certa altura julgou que tinha descoberto, por esse meio, uma ordem escondida. O esquema era o seguinte: uma superfície esférica conteria a órbita de Mercúrio; nessa esfera estaria circunscrito um octaedro (sólido de oito faces iguais) à volta do qual viria uma nova superfície esférica contendo a órbita de Vénus; depois ter-se-ia um icosaedro (sólido de 20 faces iguais) e logo a seguir uma esfera com a órbita da Terra, etc., etc. Tudo isto parece muito confuso, apesar de a ideia de encaixotar as órbitas umas nas outras parecer a Kepler o cúmulo da simplicidade.

Era tudo, afinal, produto da imaginação do artista. Kepler tinha-se apenas deslumbrado com uma ou duas coincidências fortuitas. Apesar disso, relatou todas as suas tentativas e fracassos. Desculpou-se com o facto de os Portugueses, na época dele, fazerem o mesmo. Atente-se na seguinte citação de Kepler:

> as ocasiões nas quais os homens adquiriram um conhecimento dos fenómenos celestes não são menos admiráveis que as próprias descobertas... Se se desculpa a Cristóvão Colombo, a Magalhães, aos Portugueses que eles narrem as suas divagações, se desejamos mesmo que essas passagens não sejam omitidas e perderíamos todo o prazer se o fossem, não me acusem de fazer o mesmo.

Os físicos ainda hoje funcionam um pouco à maneira dos antigos portugueses e de Kepler: fazem muitas divagações, procuram alguma harmonia, deslumbram-se com coincidências. Acontece-lhes também, por vezes, o mesmo que a Kepler, isto é, nem sempre têm razão quando julgam que a têm. A ordem, quando existe, não está logo à mão de ser colhida.

As leis de Kepler estão certas, ao contrário da aplicação dos sólidos regulares à astronomia. Kepler resistiu muito a abandonar a ideia antiga de órbitas circulares, mas, um belo dia, teve mesmo de aceitar o facto de as órbitas serem elipses. A primeira lei (a das elipses) não é, porém, suficiente para especificar o tipo de força responsável pelo movimento planetário. Existe uma outra força que origina a mesma trajectória: a força elástica, ou força de Hooke, que varia na razão directa da distância. Isaac Newton e Robert Hooke foram físicos ingleses contemporâneos e rivais. Os dois confrontaram-se sobre a prioridade da lei do inverso do quadrado da distância para a força da gravitação. Hooke teria sugerido essa forma a Newton, mas este nunca reconheceu tal facto. O mau génio de Newton fez, de resto, que se metesse em muitas disputas, sendo bem conhecida a polémica que manteve com o alemão Gottfried von Leibniz sobre a invenção do cálculo infinitesimal (Newton era tão ruim de torcer que chegou a escrever artigos, não assinados, a atacar Leibniz). Há quem atribua o mau feitio de Newton a problemas de infância: o pai morreu antes de ele nascer e a mãe casou pouco depois, abandonando a pobre criança nos braços da avó... Os freudianos têm aí abundante assunto para análise.

Um matemático francês do século XIX, Joseph Bertrand, conseguiu provar, muito depois de Newton e de Hooke, um teorema notável, segundo o qual as forças de Newton e de Hooke são as únicas forças centrais (forças centrais são aquelas que só variam com a distância ao centro de força) que conduzem a órbitas fechadas, quaisquer que sejam as condições iniciais. Exclui-se, bem entendido, o caso de um corpo não ligado, isto é, de um corpo que se afasta indefinidamente do centro de força. É, sem dúvida, curioso o facto de as órbitas serem elipses tanto para a força de Newton como para a força de Hooke. Mas existe uma importante diferença: enquanto no caso da força de Hooke o centro da força coincide com o centro da elipse, no caso da força de Newton, o centro da força situa-se num foco. Para os planetas do sistema solar, a diferença foi difícil de estabelecer, porque as elipses dos planetas são praticamente circunferências, mal se distinguindo centro e foco; por exemplo, no caso da Terra, se representarmos, numa folha de papel, a órbita da Terra com o eixo menor exactamente de 4 cm, o eixo maior terá então 4,0006 cm. Dizemos que as órbitas dos planetas são, em geral, pouco excêntricas. A trajectória elíptica e a posição do centro de força determinam univocamente o tipo de força. Poder-se-ia também lá chegar por considerações mais qualitativas: seria surrealista pensar que a força gravitacional aumentava com a distância e que existia uma força infinita entre objectos infinitamente afastados. É muito mais simples supor que o que acontece num certo sítio tem pouco ou nada a ver com o que acontece num outro sítio lá muito longe, no cabo do mundo.

A segunda lei de Kepler devia ser designada por primeira, porque foi descoberta antes desta. Trata-se de uma manifestação de um princípio fundamental, que tem o nome moderno de «conservação do momento angular». Não interessa aqui o que é esse momento angular, mas sim que os corpos têm de andar mais depressa quando estão mais perto do centro para «varrerem» a mesma área em intervalos de tempo iguais. Talvez nem toda a gente saiba que, quando é Inverno em Portugal e no resto do hemisfério norte, o centro da Terra se encontra mais perto do Sol e, portanto, a velocidade da «nave espacial» em que viajamos é maior. O Inverno num certo ponto da Terra é causado pela maior ou menor inclinação do eixo de rotação da Terra relativamente ao plano da órbita. No ano de 2023, o dia em que a Terra esteve mais próxima do Sol foi 4 de Janeiro e o dia em que esteve mais afastada foi 6 de Julho. Esses dias variam pouco de ano para ano.

A igualdade das áreas «varridas» durante o mesmo intervalo de tempo aplica-se tanto ao caso da força de Newton como ao da força de Hooke. É verdade, de resto, para qualquer outra força central. Também continua a ser verdade para o caso de ausência de força: se não houvesse força, não havia modificação da velocidade inicial e o corpo continuaria em linha recta.

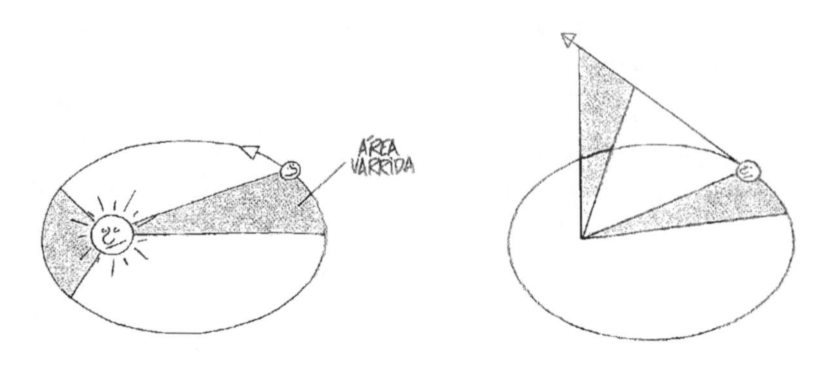

A segunda lei de Kepler

Se não há força, não há evidentemente centro de força. Mas pode tomar-se um ponto qualquer e desenhar segmentos desde esse centro até ao planeta. Verifica-se facilmente que esse segmento varre então áreas iguais em intervalos de tempos iguais. As áreas são triângulos com bases iguais e alturas iguais. A segunda lei de Kepler não é, portanto, suficiente para deduzir a lei da gravitação universal.

A terceira lei de Kepler é a mais forte das três. Ela chega, sozinha, para obter a fórmula concreta da força de Newton. Por exemplo, se a força entre os planetas e o Sol fosse elástica, os períodos seriam constantes e Júpiter demoraria o mesmo tempo a descrever uma volta completa em torno do Sol que a Terra. O ano jupiteriano, que de facto demora doze anos terrestres, seria então igual ao nosso ano, que demora doze meses.

Uma lei física, para provar a sua excelência, não deve só descrever o que já se conhece, mas também ser capaz de dar conta de factos novos. Foi enorme o êxito da terceira lei de Kepler quando foi aplicada às quatro luas mais interiores de Júpiter — Io, Europa, Ganímedes e Calisto —, que tinham sido descobertas por Galileu no início do século XVII, logo que apontou a sua luneta aos céus.

O escritor português Vitorino Nemésio num poema intitulado «Júpiter (1901)», incluído no seu livro *Limite de Idade*, deu nomes femininos aos satélites descobertos por Galileu:

> Nasci no ano em que se descobriu a Grande Perturbação de Júpiter.
> Minha Mãe não deu por nada, meu Pai não era astrónomo (...)
> E Júpiter, assim mimado, com pai por ele, saiu poeta,
> Com seus doze satélites, quatro deles principais:
> Serafina, Lourdes, Lídia, Isaura.

Galileu escreveu *O Mensageiro das Estrelas* para relatar ao mundo as suas primeiras observações dessas luas. Na altura, chamavam-se estrelas a todos os astros. Nesse panfleto, eram anunciadas coisas tão diversas e tão espectaculares como a existência de montanhas na Lua, de manchas no Sol, de uma protuberância ainda pouco nítida no equador de Saturno que mais tarde se viria a identificar com os anéis, da proliferação de estrelas pela imensidão do espaço, etc.

Os quadrados dos períodos dos satélites de Júpiter são, de facto, proporcionais aos cubos dos eixos, embora a constante de proporcionalidade seja diferente da que se encontra no caso dos planetas centrados no Sol. Galileu, quando descobriu os satélites hoje conhecidos por galileanos, que ele, numa homenagem à famosa família nobre de Florença, designou por «estrelas de Medici», mandou uma carta a Kepler onde contava que havia em Itália alguns astrónomos que não só não acreditavam na existência desses novos corpos no sistema solar, como se recusavam terminantemente a espreitar pela luneta. Tratava-se, segundo esses astrónomos, de astros inúteis, que, por isso, não deviam existir. O êxito da terceira lei de Kepler quando aplicada aos satélites de Júpiter, os galileanos e os outros todos, ou de qualquer outro planeta mostrou a inutilidade desses astrónomos. Se se descobrir um outro satélite de Júpiter, conhecendo-se a distância a este planeta, saber-se-á imediatamente o tempo que a nova lua demora a dar a volta. E as leis de Kepler aplicam-se também aos numerosos exoplanetas, em sistemas planetários como o sistema solar, que se começaram a descobrir em 1995.

Kepler via harmonia em tudo. Assim, se a Terra tinha um satélite natural e Júpiter tinha quatro, conjecturou logo que Marte tinha dois (tem, de facto, dois, mas é mera coincidência!) e que Saturno tinha oito (tem, tal como Júpiter, muitos mais!).

Não admira por isso que Kepler tenha sido, além de astrónomo, um astrólogo (também Newton foi, além de físico, alquimista). Kepler chegou até a relacionar o aparecimento dos cometas com as desgraças na Terra. A vinda do cometa Halley estaria, segundo ele, relacionada com o desastre em Alcácer Quibir do nosso rei D. Sebastião. Hoje sabe-se que, em vez de uma desventura dos astros, a derrota no deserto do jovem monarca foi apenas um caso perdido de delinquência juvenil...

O astrónomo alemão encontrou, pois, três leis certas e muitas leis erradas.

As condições iniciais

No início eram as condições iniciais. A forma circular das órbitas dos planetas do sistema solar e a sua posição no mesmo plano resultam das condições iniciais existentes na época da formação do sistema solar. Supõe-se hoje que o sistema solar se formou pela condensação de uma grande nuvem estelar, proveniente, pelo menos em parte, da explosão de uma supernova anterior ao Sol. Uma supernova é um evento da vida de uma estrela de grande massa que, a certa altura da sua vida, depois de engordar muito, isto é, de aumentar de tamanho, explode (houve uma supernova que explodiu em 1987 na Grande Nuvem de Magalhães, uma galáxia bem próxima da Via Láctea, cujo nome deriva no navegador português Fernão de Magalhães).

A forma quase circular das órbitas planetárias no sistema solar admite excepções: o planeta mais excêntrico é Mercúrio, cuja órbita abaulada serviu para confirmar observacionalmente a teoria da relatividade geral de Einstein. Por outro lado, as órbitas de todos os planetas situam-se no mesmo plano. Quando o longínquo Plutão, descoberto nos anos de 1930, ainda era considerado planeta (hoje considera-se um «planeta-anão»), era o único planeta fora do plano comum aos outros.

O facto de os planetas descreverem aproximadamente circunferências, concêntricas e espaçadas, que se situam no mesmo plano, acarreta evidentes vantagens. Se, porventura, eles se movessem ao longo de órbitas muito excêntricas, poderiam com maior facilidade influenciar-se uns aos outros e, eventualmente, chegar a colidir.

As condições iniciais são essenciais para definir as trajectórias. Voltemos à lenda de Newton e da maçã. Diferentes velocidades iniciais conduzem a diferentes tipos de trajectória. Todas essas trajectórias se fecham, em obediência estrita ao teorema de Bertrand, se não aparecerem obstáculos pela frente e se a velocidade inicial não for excessivamente grande. Podemos imprimir à maçã de Newton uma velocidade horizontal de 8 km/s para a obrigar a descrever uma circunferência, que é um caso particular da elipse. Se lhe imprimirmos uma velocidade maior, a maçã descreverá uma elipse normal, um pouco elongada. Porém, para um certo valor da velocidade, a maçã afasta-se indefinidamente da Terra. Esse valor (11 km/s) chama-se velocidade de escape, e a trajectória que lhe corresponde é uma parábola. Valores ainda maiores para a velocidade conduzem a trajectórias abertas, com a forma de hipérboles, ao longo das quais um objecto se afasta indefinidamente. Parábola e hipérbole são também «cónicas», curvas que resultam de cortes num cone.

Se comunicarmos à maçã uma velocidade menor do que 8 km/s, a sua trajectória ainda será elíptica, apesar de ser interrompida pela queda no chão. Neste caso, a trajectória não se fecha porque a Terra aparece no caminho; se considerarmos toda a massa da Terra concentrada no centro do planeta, a órbita elíptica fecha-se mesmo.

Afirmou-se que a velocidade de escape, 11 km/s, conduz a uma trajectória parabólica. No capítulo anterior, discutiram-se, porém, parábolas descritas por objectos com velocidades iniciais menores. Como é que, em ambos os casos, aparece uma parábola? A descrição do movimento dos graves por uma parábola, tal como foi efectuada no capítulo anterior, corresponde à suposição de uma aceleração gravitacional constante. Essa suposição não é, em rigor, verdadeira, apesar de vir em todos os livros que tratam o assunto: a força diminui sempre com o inverso do quadrado da distância e, portanto, a aceleração também. A aproximação da aceleração constante é também chamada «aproximação da Terra plana», pois seria adequada se a superfície terrestre se estendesse indefinidamente no plano. Um segmento parabólico representa bem um troço pequeno de elipse, o que é o mesmo que dizer que a «aproximação da Terra plana» é boa para pequenas distâncias (para pequenas distâncias ninguém se preocupa com a curvatura da Terra). É também boa para exames, pelo menos a avaliar pelo facto de estar sempre a aparecer em provas. Por paradoxal que pareça, nos exames aparece sempre o mundo simplificado. E convém acrescentar que esta «Terra plana» como modelo simplificado da realidade pouco tem a ver com a«Terra plana» real defendida pelos terraplanistas.

Os valores das distâncias (que determinam, em virtude da terceira lei, os períodos) dos planetas ao Sol são também uma consequência das condições iniciais. Um dos maiores enigmas do sistema solar é a validade da chamada «lei de Titius-Bode», que é uma regra simples para descrever as distâncias dos vários planetas ao Sol. Os astrónomos germânicos Johann Titius e Johann Bode tentaram, no século XIX, prosseguir o projecto de Kepler de encontrar uma receita que forneça as distâncias dos planetas ao centro de força. A regra de Titius-Bode é a seguinte: a cada um dos números 0, 3, 6, 12, 24 (depois do 3, vem sempre o dobro do anterior) soma-se 4 e divide-se o resultado por 10. A sucessão que aparece de acordo com esta regra (0,4, 0,7, 1,0, 1,6, 2,8 etc.) é a distância do Sol a Mercúrio, Vénus, Terra, Marte, asteróides, etc. em unidades astronómicas (uma unidade astronómica astronómica, 1 UA, é a distância média do Sol à Terra). Existe, porém, um mistério grande associado a estes números. O mistério reside no facto de ninguém ter conseguido ainda descobrir se a lei de Titius-Bode se trata de pura numerologia, como as contas que Kepler fez com os sólidos perfeitos ou como as contas que alguns esoteristas ainda hoje fazem com medidas da pirâmide de Gizé, no Egipto, para determinar a distância da Terra ao Sol, ou se ela tem alguma causa profunda. Há quem tente prever a existência de um hipotético nono planeta, com base nessa hipotética lei. Há ainda quem tenha aplicado essa lei ao sistema de satélites dos grandes planetas (Júpiter, Saturno, Úrano e Neptuno), para mostrar que ela caracteriza qualquer sistema planetário, independentemente da sua escala, ainda que as constantes sejam diferentes de caso para caso. A ideia é a mesma que presidiu à aplicação da terceira lei de Kepler às luas de Galileu. A lei de Titius-Bode levanta a questão de ser ou não possível fazer remontar certas condições iniciais a outras condições ainda mais iniciais. Não contentes com a galinha, os físicos pretendem descobrir o ovo donde a galinha surgiu.

A lei de gravitação de Newton e as condições iniciais do sistema solar constituem o segredo para explicar a grande regularidade do sistema solar e o facto de a física ter surgido tão cedo, logo no século XVII, possibilitando, logo no século seguinte, a colocação no palácio real do relógio-planetário.

Com efeito, se a força fosse outra, não haveria órbitas fechadas (de acordo com o teorema de Bertrand) e, portanto, regularidades para observar tão facilmente, a menos que se tratasse da força elástica de Hooke.

Há autores que levam a sua imaginação um pouco mais longe e falam de vários mundos alternativos: uns «possíveis», como o nosso, onde existe a conhecida lei da gravitação universal de Newton, e outros «impossíveis», porque não conduzem à existência de vida e de físicos que expliquem o funcionamento do mundo. De acordo com esse «princípio antrópico», que privilegia o observador, o mundo é como é porque alguém está cá para o ver. Se fosse de outra maneira, ninguém cá estaria e, por exemplo, o leitor não teria neste momento este escrito diante de si... Para alguns defensores do princípio antrópico, não só vivemos no melhor dos mundos, como pretendia Voltaire (note-se que Voltaire foi um dos grandes divulgadores das ideias de Newton), como também vivemos no único dos mundos viáveis. O princípio antrópico não é apreciado pela maioria dos físicos, que não gostam de pôr os carros à frente dos bois.

Por outro lado, se as condições iniciais fossem outras, a regularidade que a expressão da força permite estaria bem escondida, podendo haver muito mais catástrofes astronómicas do que as que já ocorrem. Por exemplo, planetas com órbitas muito excêntricas poderiam embater nos colegas que encontrassem pelo caminho — o sistema solar poderia ser uma autêntica pista de «carrinhos de choque». Talvez tivesse existido na época inicial do sistema solar uma enorme embrulhada e depois tivessem sobrevividos só alguns astros, aqueles cujas órbitas eram particularmente favoráveis. A acreditar nessa tese, a actual regularidade dos astros seria uma consequência do facto de ter decorrido muito tempo desde o início do sistema solar. A ordem que vemos corresponderia, de certo modo, a um estado de equilíbrio, que só foi atingido ao fim de bastante tempo.

Tal como, no processo de selecção natural, alguns animais sobreviveram (por exemplo, girafas e rinocerontes) e outros não (por exemplo, trilobites e dinossauros), também no processo de evolução planetária alguns planetas teriam sobrevivido, enquanto outros teriam sucumbido. Os primeiros tiveram condições iniciais felizes, como as da nossa Lua, que conduziram a órbitas aproximadamente circulares, regulares e estáveis. Os outros, como a maçã que caiu sobre a Terra, teriam começado com condições iniciais desfavoráveis, acabando por chocar com algum planeta que lhes saiu ao caminho ou por se precipitar sobre esse «grande atractor» que é o Sol.

O conjunto de condições iniciais, que denominámos de «felizes», dos planetas que observamos e das respectivas luas conduziu, felizmente, a um sistema solar ordenado, que pode ser bem imitado por um mecanismo de relógio. No fundo, os nossos relógios, os nossos calendários, a sucessão dos nossos acontecimentos quotidianos, são regulados por esse grande relógio que é o sistema solar. O segundo dos relógios, como aquele mandado construir pelo rei francês, é definido afinal como uma fracção do ano, o tempo que a Terra demora a dar uma volta completa em torno do Sol.

O tempo da Terra reproduz o tempo dos céus. O tempo do rei é, em última análise, o tempo do Sol.

Dois, três e mais corpos

Os ecologistas têm repetido muitas vezes que há só uma Terra. Têm razão no sentido de que este é o único sítio realmente habitável que conhecemos. Não há planeta B. Contudo, ninguém repete suficientemente duas outras verdades fundamentais: que há só uma Lua e que há só um Sol.

A Terra tem só uma Lua. Não é de mais referir a importância para o destino da Terra do facto de haver uma só Lua. O movimento regular dos oceanos no planeta Terra tem a ver com a proximidade de uma Lua relativamente grande. Se existissem várias luas, o fenómeno das marés não seria tão facilmente previsível como é hoje. Basta comprar um jornal diário ou consultar a Internet para encontrar as horas das marés e escolher a melhor hora do banho: se alguma maré não coincidir com o anunciado, pode o leitor ter a certeza de que se trata simplesmente de uma gralha e não de uma falha nas leis de Newton. Se, tal como em Júpiter e em Saturno, existisse à volta da Terra uma pequena multidão de luas, dar-se-ia constantemente um confuso fluxo e refluxo de águas, que não teria sido outrora favorável, como já foi dito, à passagem lenta da vida das águas para a terra. E, mesmo que os veraneantes chegassem a existir, não conseguiriam encontrar no jornal as horas exactas das marés. Um número excessivo de luas complicaria a vida a toda a gente.

Há só um Sol. O facto de haver um só Sol foi e é essencial para a nossa Terra. Se o grande planeta Júpiter fosse maior (ele, de facto, já é muito grande: tem uma massa que é maior do que a dos outros planetas do sistema solar todos juntos), ter-se-ia eventualmente iniciado no seu interior uma reacção termonuclear. Júpiter é, tal como o Sol, constituído pelos dois elementos químicos mais leves — hidrogénio e hélio —, bastando apenas existir mais combustível para o fogo nuclear, dentro de Júpiter, se acender. O Sol teria então uma outra estrela por companheira, devendo nós, nesse caso, falar, em vez de sistema solar, de sistema solar-jupitereano. Essa situação de dois sóis pode ser criada num computador. Simulações computacionais revelam que as órbitas num sistema desse tipo são irregulares. Não se fecham sequer, em geral. Os planetas acabam amiúde por cair sobre um dos sóis. Os astrónomos já encontraram milhares de planetas fora do sistema solar, os chamados exoplanetas. Eles existem, com poucas excepções, em torno de estrelas simples e não duplas. Mas a maior parte das estrelas são duplas e não solitárias como o nosso Sol. Para não ir mais longe, logo a estrela mais próxima do Sol, chamada Próxima do Centauro, é dupla... Mas mesmo aí também já se encontraram planetas, um deles com semelhanças à Terra.

Mas será que Júpiter, que é um planeta enorme, não altera mesmo a órbita da Terra? Ou será que a órbita da Terra é fechada e perfeita? Acontece que o efeito de Júpiter sobre o movimento da Terra é muito pequeno, muito mais pequeno do que o que pretende a astrologia e os astrólogos. A massa de Júpiter é, apesar de grande, insignificante comparada com a do Sol (não passa de um ridículo milésimo da massa solar). Além disso, Júpiter encontra-se a uma distância do astro-rei que é cerca de cinco vezes a distância média da Terra ao Sol, como se pode ver da aplicação da lei de Titius-Bode (Júpiter vem a seguir aos asteróides). A órbita da Terra não é, de facto, exactamente fechada. No entanto, as leis de Kepler são válidas aproximadamente. Se a massa de Júpiter fosse bastante maior, as leis de Kepler não seriam válidas em tão boa aproximação.

Que sorte, pois, em haver um único Sol! Que sorte Júpiter ser relativamente pequeno, comparado com o Sol, e estar longe!

Mas então, perguntará inquieto o leitor, as leis de Kepler, nas quais assentou a dedução da lei de Newton, não são válidas rigorosamente? Será que a lei de Newton é mesmo válida? Uma lei não é para ser lei e ser cumprida à risca? Será que os físicos são uns aldrabões, que ora dizem uma coisa, ora dizem outra?

Boas perguntas que merecem respostas. Sucede que as leis de Kepler descrevem a situação simples de um sol e um planeta, o chamado problema de dois corpos, que só existe no papel. Não descrevem a situação complicada, desordenada, de dois planetas em torno de um sol ou de um só planeta em torno de dois sóis — o famoso problema de três corpos. Também não descrevem a situação complicadíssima de mais de três corpos. No entanto, a lei de Newton é, tanto quanto sabemos, válida sempre e em todo o lado. Há, pois, leis e leis. Os físicos não são uns aldrabões, embora umas vezes digam uma coisa e outras outra.

A ligação das leis de Kepler e da lei da gravitação universal constituiu um exemplo do raciocínio de indução, tão comum em física. A partir da observação pormenorizada dos planetas alcançaram-se as leis de Kepler, que são exactas no problema ideal de dois corpos, mas que apenas são válidas aproximadamente numa situação como a que existe no sistema solar. Daí chega-se a um resultado geral — a lei da gravitação universal — que se aplica a todo o Universo, em muitas ordens de grandeza. Newton teve de subir aos ombros de Kepler para ver mais alto. Einstein, pelo contrário, preferia o raciocínio dedutivo ao indutivo. A partir de alguns axiomas simples — o princípio da relatividade é uma regra que reconhece a universalidade da física — chegou a toda uma série de consequências que foram magistralmente confirmadas pela experiência. A própria lei de gravitação de Newton, que tão boa parecia e parece, foi um pouco corrigida pela lei da gravitação de Einstein, que é fruto da sua teoria da relatividade geral (a relatividade geral é uma extensão da relatividade restrita, no sentido em que todos os referenciais, e não apenas os de inércia, são, de uma certa maneira, bons para formular as leis da física).

A primeira lei de Kepler não é, de facto, válida na prática. As órbitas dos planetas, quando se entra em conta com as perturbações de outros, não são elipses.

A segunda lei também não é válida para cada planeta. Uma generalização simples continua, porém, a ser válida: a soma das áreas varridas por todos os planetas em relação a um mesmo ponto é constante.

Finalmente, a terceira lei deixa também de ser válida quando se consideram as influências recíprocas entre dois ou mais planetas de um sistema solar.

A astronomia de Kepler não estava completamente certa. Mas, para se mostrar que estava errada, foi preciso primeiro estar certa.

Continuando a especulação atrás avançada de que a regularidade no sistema solar é resultado da sua história, pode dizer-se que o sistema solar evoluiu de maneira a serem válidas as leis de Kepler em boa aproximação e a permitir o aparecimento de físicos e da física há cerca de 300 anos. No início do sistema solar, a proliferação de corpos planetários teria impedido com certeza o reconhecimento das leis de Kepler. Mas não impediu porque, nessa altura, não havia vida...

Caos e catástrofes

O sistema solar não é um sistema completamente ordenado, dominado com mão de ferro pelo Sol e pela lei da gravitação de Newton. Apesar da força de Newton se exprimir por uma fórmula simples — a fórmula onde aparece o inverso do quadrado da distância —, as consequências dessa lei para um sistema de mais de dois corpos — bastam três — podem ser assaz complicadas. O problema de dois corpos, embora difícil (nomeadamente para os alunos de Física), é solúvel com papel e lápis. Por sua vez, o problema geral de três corpos é irremediavelmente insolúvel com esses meios rudimentares, sendo inevitável o recurso a métodos computacionais para o resolver. Como no sistema solar não existe, em rigor, regularidade, a maquinaria do rei não consegue reproduzir bem os movimentos planetários. Existem afinal movimentos do sistema solar que não podem ser descritos por um dispositivo mecânico, tal como o que está no palácio dos espelhos em Versalhes. O mundo do rei não é o mundo real.

Actualmente, quando dispomos de sondas espaciais e de computadores electrónicos, sabemos que o sistema solar é desordenado e não regular como porventura julgava o mestre-relojoeiro que construiu o pequeno planetário real. A sonda *Voyager 2*, por exemplo, passou perto de uma lua de Saturno, Hiperião, que tem uma forma estranha (uma batata achatada) e cujo movimento não pode ser completamente previsto, ainda que recorrendo aos melhores computadores do mundo. O movimento de rotação dessa lua é imprevisível ou caótico. Tal como um barco que rodopia num oceano tumultuoso, a lua Hiperião é uma jangada de pedra que voga, um pouco à toa, pelo vazio espacial.

A lua maluca de Saturno

As condições iniciais, a sua forma não esférica, a proximidade de outras luas e do planeta Saturno fazem com que o seu movimento não possa ser rigorosamente previsto. Esta foi a primeira confirmação de que o sistema solar não é tão ordenado como se supunha (julgava-se que só os sistemas humanos e sociais, na Terra, eram desordenados, mas concluiu-se que os sistemas físicos, nos céus, também o podem ser). A exótica lua Hiperião mostra que há pelo menos um canto do sistema solar onde nada se pode saber sobre o futuro, mesmo acreditando piamente na validade da força de Newton e da lei do movimento em que ela entra. Há assim pelo menos um sítio do reino do Sol onde reina o caos. O caos, que é uma das modas da ciência contemporânea, significa impossibilidade de previsão ou, por outras palavras, falha do princípio físico da causalidade, segundo o qual causas semelhantes produzem efeitos semelhantes. Num sistema caótico, causas um pouco diferentes podem ter efeitos bem opostos. Por exemplo, uma roleta do Euromilhões é totalmente caótica porque o resultado da extracção de bolas é imprevisível: um pequeno tremelique na máquina faz com que a sorte grande em vez de ir parar ao estimado leitor vá parar a um idiota qualquer. A sorte grande, como é sabido pela experiência acumulada de muita e boa gente, sai sempre aos outros...

A lua Hiperião será, pois, meio maluca, semelhante a uma bola do Euromilhões. E o resto?, perguntará o leitor. Será que tudo o resto é previsível e ordenado?

Hoje, constroem-se computadores destinados apenas a simular o sistema solar e a prever o seu futuro (trata-se de uma espécie de relógio do rei dos tempos modernos). Esses computadores estão construídos de forma a resolver rapidamente as equações de Newton. Efectuados os cálculos, chega-se à conclusão de que, por exemplo, a órbita de Plutão é imprevisível a longo prazo. Ninguém sabe nem ninguém poderá saber o futuro de Plutão. E se, tal como o da lua Hiperião, Plutão tem um movimento imprevisível, não há nada a fazer, a não ser aceitar o facto de o sistema solar ser imprevisível. Resultados recentes indicam que até os grandes planetas exteriores têm um comportamento caprichoso. Nada se poderá saber sobre eles a muito, muito longo prazo. Agora só falta saber o destino da nossa querida Terra. Sairá ela da órbita actual?

Resultados também recentes indicam que até os pequenos planetas interiores, como a Terra, têm um movimento imprevisível. Pequenas modificações nas condições iniciais ocasionam grandes desvios nas condições futuras. Como nada se pode saber sobre o futuro longínquo, pode esperar-se tudo: até a queda da Terra sobre o Sol ou a sua partida para fora do sistema solar. Descansem, porém, todos os que têm medo desses possíveis efeitos do inenarrável caos planetário. Antes de isso acontecer, o Sol extinguir-se-á ou o nosso planeta deixará de ter actividade geológica... Não vale a pena ser pessimista. De resto, a diferença entre um optimista e um pessimista é que o primeiro pensa que o Sol *só* se extinguirá daqui a cinco mil milhões de anos, enquanto o pessimista pensa que isso *já* vai acontecer daqui a cinco mil milhões de anos.

Actualmente, vemos o sistema solar não como um relógio mecânico, regular e previsível, mas como um sítio onde tudo pode acontecer e onde, de facto, acontece um pouco de tudo. Basta ler os jornais para chegar a essa conclusão. Por exemplo, alguns meteoróides, de vez em quando, passam perto da Terra. No ano da graça de 1989, os jornais noticiaram que passou um, bem grande, relativamente perto de nós. Um jornal sensacionalista publicou mesmo em letras garrafais: «Ai, foi por pouco! Uma enorme massa de rocha passou a zumbir pela Terra». Passam outras pedras maiores ou menores, pelos céus da Terra, mais perto ou mais longe, nos outros anos todos. Os jornais também noticiaram que um asteróide de três quilómetros de diâmetro, com o nome de código de MU 1990, iria cair na Terra. De facto, não vai cair: prevê-se que passe, em Junho de 2027, a 4,6 milhões de quilómetros do nosso planeta. Este lugar do cosmos — o sistema solar —, onde, no passado, se deram grandes impactos, é, ainda hoje, palco de perigosas aproximações. Até um jornal de referência já pôs em título «O sistema solar vive em caos e completa desordem». Em face dos esporádicos perigos de colisão planetária, houve até quem propusesse que armas nucleares fossem usadas para pulverizar meteoróides que tivessem a veleidade de se aproximar de mais.

Falemos dos impactos que têm ocorrido no nosso próprio planeta. A Terra tem como escudo protector a atmosfera, que não só a livra de perigosas radiações como minimiza o efeito dessas pedradas que são as quedas de meteoritos. A Terra evoluiu geologicamente de um modo que fez apagar os vestígios dos impactos mais primitivos, que foram numerosos quando a Terra era jovem. Eventualmente, ter-se-ão evaporado mares primitivos e extinto nichos ecológicos primordiais. A vida teria começado e recomeçado, sob um bombardeamento intenso. Já depois de a vida ter vingado, a chuva de pedras, embora amainada, prosseguiu. De quando em quando, caíram do céu algumas pedras maiores que o normal: testemunhos disso são a imensa cratera do Arizona (um buraco com 4 km de diâmetro), nos Estados Unidos, ou a região, ainda hoje envolta em mistério, de Tunguska, na Sibéria, União Soviética, onde, no início do século XX, caiu, com grande estrondo, algo que ainda se está para saber ao certo o que foi. É curioso que as duas maiores potências tenham direito aos maiores impactos! Portugal só teve direito, no século XX, a um modestíssimo meteorito, que caiu no Alandroal, Alentejo, em 1968. Há quem diga, porém, que a «montanha de Kole», que delimita uma grande depressão no fundo do Atlântico, mesmo em frente da costa ocidental portuguesa, foi originada pela queda de um grande meteorito. A ser assim, é caso para dizer que Portugal apanhou com uma grande pedrada mesmo à porta. O chefe da aldeia gaulesa de Astérix, que receia que o céu lhe caia na cabeça, tem afinal alguma razão...

Mas, mais do que na Terra, alguns outros sítios do sistema solar têm sido palco de carambolagens violentas.

Mercúrio tem uma órbita excêntrica e uma grande densidade (existe um núcleo de ferro que quase chega à superfície) em virtude, muito provavelmente, de uma grande colisão ancestral. O bombardeamento que sofreu por parte de pequenos meteoritos é bem evidente à superfície.

Vénus, que permanece escondida por espesso manto de nuvens, apresenta um movimento de rotação que, além de ser anormalmente lento, tem um sentido anormal. Enquanto as nuvens dão uma volta completa em quatro dias, o planeta demora 243 dias a completar um giro sobre si próprio. Essa rotação dá-se no sentido contrário à dos outros planetas do sistema solar. Logo que sondas permitiram explorar, por meio de radar, a superfície oculta de Vénus, verificou-se também que havia numerosas crateras na sua superfície. A sonda *Magellan* (do nome do navegador português Fernão de Magalhães, que comandou a expedição que haveria de ser a primeira a dar a volta à Terra) permitiu, nos anos de 1990, uma cartografia de Vénus bastante mais pormenorizada do que as existentes do fundo dos mares terrestres.

Já se disse que, de acordo com a teoria hoje mais generalizada, a Lua terá sido capturada num processo de colisão de dois protoplanetas, um maior (que é hoje a Terra) e outro menor (que é hoje a Lua). Tudo se terá passado rapidamente, numa questão de horas, tal como os desastres de automóvel que acontecem numa questão de segundos. A própria Lua tem a face desfigurada, devido ao impacto de muitos corpos cósmicos, já depois de ter sido capturada pela Terra. Não há registo confirmado de observação directa desse fogo de rajada na superfície lunar. Porém, um grupo de monges medievais afirmou, sob juramento, que viu, numa noite de luar, um clarão na Lua o qual, ao que se pensa, podia muito bem resultar da queda de um meteorito. Ao contrário da Terra, cuja evolução geológica fez apagar os vestígios dos antigos impactos, num processo de recomposição plástica permanente, a Lua apresenta uma cara coberta de grandes buracos provenientes de antigos impactos. A ausência de atmosfera na Lua contribui também para que aí os impactos tenham sido mais violentos do que aqui na Terra.

As duas luas de Marte, Fobos e Deimos, têm uma forma esquisita, talvez em resultado de possíveis impactos no passado. Essas pequenas luas devem ser meteoritos aprisionados. Espera-se que Fobos caia sobre Marte dentro de uns 30 milhões de anos.

Na cintura de meteoritos, existe uma confusão de pequenos planetas, semelhantes ao planeta do «pequeno príncipe» que o escritor francês Antoine de Saint-Exupéry imortalizou. Esses pequenos planetas são curiosíssimos: se o pequeno príncipe correr (e não é preciso correr muito), corre o risco de levantar voo e escapar do planeta, já que a velocidade de escape é relativamente pequena. Num planetazinho de 64 m de raio (isto é, um raio dez mil vezes menor que o da Terra) e com a mesma densidade que na Terra (a densidade da Terra é 5,5 g/cm^3, o que significa que a Terra deitada numa banheira gigante iria ao fundo), a velocidade de escape seria só 0,1 m/s! O melhor ainda é atar o pequeno príncipe ao pequeno planeta para ele não fugir sem querer. Esses pequenos planetas não podem ter atmosfera, pelo mesmo motivo que a Lua a não tem (a força da gravidade não é suficiente para aguentar o ar ou outros gases atmosféricos). Do pequeno planeta do pequeno príncipe, vêem-se outros pequenos planetas por perto. Se o pequeno príncipe disparar sobre um pássaro que se encontra no planeta vizinho, é bem possível que a bala entre em órbita e que o próprio príncipe, perante o espanto do pássaro, seja atingido. Moral da história: nunca devem os pequenos príncipes matar os pequenos pássaros que se encontram nos pequenos planetas próximos. Vejamos o resultado das contas: para uma bala entrar em órbita à superfície do planetazinho, basta uma velocidade de 8 cm/s e, para escapar do asteróide, 11 cm/s. O príncipe, se andasse a uma velocidade de 8 cm/s, entraria em órbita, ao passo que, se andasse a uma velocidade de 11 cm/s ou superior, bem podia dizer adeus ao seu lar.

Para certas distâncias na cintura de asteróides, existem intervalos, isto é, anéis de coisa nenhuma. Esse facto deve-se à influência de Júpiter, que enviou os planetazinhos que aí se encontravam para a região interior do sistema solar. Pode ser essa a origem de alguns meteoritos, dessas pedras que caem do céu no Arizona ou no Alentejo.

Do lado de lá dessa cintura, moram os grandes planetas fluidos, com anéis (os anéis parecem ser uma característica de todos os planetas grandes; se a Terra fosse um planeta grande também deveria ter uma bonita pista à volta), e com muitas luas (só os grandes planetas têm direito a muitas luas; se a Terra fosse maior, teria com certeza vários satélites naturais). Os planetas com anéis e muitas luas são Júpiter, Saturno, Úrano e Neptuno.

O estudo da dinâmica dos anéis, dos quais os mais espectaculares são os de Saturno, está ainda em curso. Os anéis são afinal agrupamentos numerosos de luazinhas, que são, por sua vez, pedaços ambulantes de gelo. Existem na cintura de anéis de Saturno espaços sem nada, tal como na cintura de asteróides.

As viagens das duas naves *Voyager* acrescentaram bastantes luas às que já se conheciam. Por exemplo, hoje conhecem-se muito mais luas de Júpiter do que as quatro descobertas por Galileu (ao contrário do que pensavam os cépticos da altura, essas luas não foram inúteis de todo, uma vez que serviram, entre outras coisas, para o sábio italiano aumentar um pouco os seus parcos rendimentos). Muitas outras existirão porventura, à espera de serem descobertas. No tempo de Galileu, colocou-se a questão de saber se as luas galileanas já existiam antes de terem sido descobertas... Claro que antes de terem sido descobertas não se sabia que existiam, mas é decerto uma hipótese boa admitir a existência do mundo macroscópico mesmo sem observação (já do mundo microscópico não se pode dizer o mesmo). É até realista pensar que existem outras luas com movimentos caóticos, além de Hiperião. Não há qualquer razão para que esta seja a única lua tola.

O planeta Úrano apresenta o seu eixo de rotação disposto quase horizontalmente, o que significa que vai rolando sobre a «barriga». É provável que esse curioso fenómeno seja o resultado de alguma primitiva colisão cósmica. Uma das luas de Neptuno, Miranda, está completamente fracturada e amassada. Parece que andou a jogar à porrada.

Por último, o planeta mais distante do Sol: Neptuno. Neptuno, descoberto no século XIX com papel, lápis e a mecânica de Newton, foi bisbilhotado pela sonda *Voyager 2*. Este bicharoco, com as suas antenas indiscretas, chegou além do sistema solar, a mais de 120 UA do Sol, conseguindo identificar uma série de novas luas neptunianas e observar pormenorizadamente a já conhecida lua Tritão. Suspeita-se que Tritão vá desabar sobre Neptuno daqui por uns cem milhões de anos. Vai ser triturada, acabando provavelmente por originar uma pista de anéis que fará decerto as invejas de Saturno. O fim das luas pode ser o princípio dos anéis.

O sistema solar é, portanto, uma galeria de aberrações e irregularidades e não o império da lei e da ordem que dantes se supunha. Falta, para que o quadro fique completo, referir os caprichosos cometas, que, existentes aos magotes na longínqua nuvem de Oort (o sistema solar tem na periferia uma cintura cometária, como as grandes cidades têm uma cintura industrial), são atirados, por obra e graça de Júpiter, para as imediações do Sol.

O fim dos dinossauros

Nas catástrofes cósmicas, verifica-se a «lei do mais forte»: alguns corpos celestes sobrevivem e outros, coitados, não. Um pouco como os dinossauros morreram, há planetas que morrem. É bastante provável que a morte de um meteorito, ao colidir com a Terra há 66 milhões de anos, tenha acarretado a morte dos dinossauros. A ser assim, o processo de evolução planetária estaria relacionado de perto com o processo de evolução biológica. Os espertos mamíferos teriam triunfado quando os estúpidos dinossauros morreram, em virtude da colisão de um corpo celeste. Nesse caso, os «mais aptos» teriam sido o resultado puro e simples de um golpe de sorte.

Somos uns felizardos... alguém a quem saiu a sorte grande na grande lotaria dos planetas!

4 DA LUZ VISÍVEL À LUZ INVISÍVEL

O QUE É A LUZ

A luz é o princípio de toda a ciência porque é a luz que nos permite ver o mundo. Sem luz não existiria a relação íntima entre sujeito observador e objecto observado, que é essencial à observação. É a luz que permite ver tanto o que está perto como o que está longe. Foi um holandês obscuro quem construiu a primeira luneta, mas foi Galileu quem primeiro se lembrou de virar uma luneta para o céu, para ver melhor a luz que vem de longe, dos planetas próximos de nós e das estrelas muito distantes.

Existe uma relação curiosa entre astronomia e literatura. O desenvolvimento das lentes e dos óculos teve a ver com a introdução da imprensa. A partir do momento em que se começaram a fabricar vários tipos de lentes, não demorou muito até se verificar que uma combinação especial de duas lentes permitia ver ao perto o que estava muito longe nos céus.

No romance do colombiano Gabriel García Márquez *Cem Anos de Solidão* é descrita uma trupe de saltimbancos que utilizam a luneta para impressionar o povo de Macondo:

> Em Março, os ciganos voltaram. Desta vez traziam um óculo de longo alcance e uma lupa do tamanho de um tambor, que exibiram como a última descoberta dos judeus de Amesterdão. Sentaram uma cigana num extremo da aldeia e instalaram o óculo de longo alcance na entrada da tenda. Mediante o pagamento

> de cinco reais, o povo aproximava-se do óculo e via a cigana ao alcance da mão. «A ciência eliminou as distâncias», apregoava Melquíades. «Dentro em pouco o homem poderá ver o que acontece em qualquer lugar da Terra, sem sair de sua casa.»

A física permite, de facto, eliminar as distâncias e ver objectos longínquos, como se tivessem próximos. Pode o povo de Macondo olhar a cigana pelo óculo e, em vez de gritar, falar-lhe em surdina, porque ela parece estar ali próxima. Podem também os astrónomos devassar a intimidade dos outros planetas, das estrelas, das galáxias, apanhados na mira dos seus telescópios.

Conhecendo novas estrelas

Mas o que vem a ser a luz?

Esta é uma pergunta cuja resposta é fácil e difícil. Fácil porque um físico pode sempre dizer que a luz é a «oscilação do campo electromagnético» (já se sabe isso há bem mais de um século: a luz já não se reveste hoje do mistério de tempos antigos). Difícil, porque um leigo não entende essa definição. As explicações não só devem explicar como também, se possível, explicar a toda a gente interessada em ouvir a explicação. O conceito de «campo electromagnético» é complicado. De resto, ele não foi preciso para analisar, ao longo de muitos anos, as propriedades da luz. Algumas dessas propriedades são bem estranhas. A luz, não obstante ter já sido decifrada pelos físicos, mostra algumas propriedades que perturbam um pouco toda a gente, incluindo os próprios físicos.

Mais misterioso que o poder do óculo é o poder do olho. O olho humano é um instrumento sofisticado que permite ligar directamente o cérebro ao mundo. Hoje sabemos que não existe só a luz que o nosso olho capta, mas muitas e várias luzes que escapam à nossa vista. Existe a luz que vemos e as luzes que não vemos. A luz que vemos chama-se, apropriadamente, luz visível. Há, além dessa, luzes invisíveis, como a luz gama, a luz X, a luz ultravioleta, a luz infravermelha, a luz de microondas, a luz do rádio, que podem ser captadas por meio de instrumentos adequados. Existem, pois, várias maneiras de ver, e os vários objectos, visíveis ou invisíveis a olho nu, são vistos de maneiras diferentes. Os retratos variam conforme as máquinas que os capturam.

O Sol é a nossa fonte principal de luz e, quando nos falta essa iluminação, o melhor é ir dormir. Embora o Sol seja fonte de todos os tipos de luz, é-o com maior intensidade de luz visível. Por isso é que vemos tão claramente o astro-rei, com a sua cor amarelo-alaranjada, a percorrer um caminho semicircular entre o nascente e poente. O leitor não precisa de ser muito curioso para perguntar porque vê a luz visível, isto é, porque é que essa luz afinal se chama assim. A resposta é fácil. Com certeza que não foi o poderoso Sol que se adaptou aos nossos frágeis olhos, mas antes os olhos dos seres vivos que, ao longo do lento e gradual percurso da evolução biológica, se adaptaram ao vizinho Sol. Se estivéssemos próximos de uma outra estrela que emitisse preferencialmente, por exemplo, raios X (supondo que a vida pode de todo crescer e desenvolver-se debaixo dessa luz penetrante), os olhos humanos, em vez de câmaras fotográficas especializadas na recolha e tratamento de luz visível, seriam talvez detectores de raios X. A pergunta de saber, em pormenor, como os olhos se adaptaram à luz do Sol já é de resposta difícil e, por isso, é aqui evitada.

Mas, para termos luz do Sol na Terra, é preciso que ela primeiro parta e depois chegue. Acontece não apenas que o Sol emite predominantemente luz visível, mas também que a atmosfera se deixa atravessar por essa luz. A atmosfera permite a passagem abundante de luz visível, alguma luz infravermelha (que ajuda os banhistas a corarem-se na praia) e a luz das emissões de rádio (que pode ser aproveitada pelos banhistas para ouvir rádio na areia). Para que a lista da luz coada pela atmosfera fique completa, convém referir ainda a luz ultravioleta que o famoso «buraco de ozono» deixa incidir nos pinguins (o problema foi mitigado com a proibição de alguns gases que atacavam o ozono). Praticamente, toda a restante luz fica retida no ar, mais acima ou mais abaixo. Na Lua não há ar e, por isso, a superfície do nosso satélite natural recebe todos esses tipos de luz. Os fatos dos astronautas que pisaram a Lua foram feitos de modo a proteger os seus portadores de radiações perigosas.

Tanto a luz visível como as ondas de rádio são formas de luz úteis para a comunicação à superfície da Terra: a luz visível serve para comunicar ao perto, enquanto as ondas de rádio servem para comunicar ao longe. O homem tornou útil toda a luz que a atmosfera deixa passar.

Sem luz nada se veria no cosmos. Não se veria o Sol amarelo--alaranjado no céu azul (o céu é azul porque as pequenas poeiras da alta atmosfera espalham principalmente a luz azul de toda a luz visível proveniente do Sol). Não se veriam de noite os planetas, as estrelas e as galáxias a pintalgar o céu escuro. Mas a luz passa, antes de chegar à atmosfera, pelo nada. Hoje sabe-se que a luz atravessa o vazio sideral, proveniente dessas grandes «fogueiras» alimentadas a hidrogénio e hélio que são as estrelas. Chega até luz do tempo em que não existiam estrelas: a luz de microondas, por exemplo, resultante da união dos electrões com os núcleos para formar os átomos, enche todo o espaço e vem de todo o lado. O satélite COBE permitiu medir cuidadosamente a luz de microondas e confirmar muito bem as previsões teóricas da teoria da Grande Explosão Inicial, o *Big Bang*. Os vários tipos de luz permitem-nos conhecer as várias faces que o universo teve no passado porque a luz, devido à sua velocidade finita (300 000 km/s), demora algum tempo a chegar. A luz demora um só segundo a chegar da Lua. A luz do Sol demora a chegar oito minutos, e a luz das outras estrelas muito mais: anos e anos-luz. A luz chega sempre atrasada, donde quer que venha.

PARTÍCULAS E ONDAS

A pergunta do início permanece, porém, por responder. O que vem a ser, no fundo, essa luz múltipla que passa pelo nada e que nos permite conhecer tudo? A esta pergunta sobre a natureza da luz procurou Isaac Newton responder. O cientista inglês, depois dos *Princípios Matemáticos de Filosofia Natural*, onde abordou principalmente os fenómenos mecânicos, escreveu um tratado sobre a luz, intitulado concisamente *Óptica* e subintitulado pedantemente *Tratado das reflexões, refracções, inflexões e cores da luz e também sobre as espécies e grandezas de figuras curvilineares* (uf!). O mesmo físico que primeiro penetrou nos mistérios das luas e das maçãs também tentou perceber o que era essa coisa omnipresente — a luz — que permitia ver tanto maçãs como luas. Segundo Newton, a luz tinha, na sua constituição, algo de parecido com uma maçã ou uma lua. Assim como a maçã e a lua são corpúsculos, também a luz era constituída por pequeníssimos corpúsculos que preenchem o espaço. A luz seria formada por partículas.

O padre português Teodoro de Almeida escreveu, na segunda metade do século XVIII, uma obra em dez volumes intitulada *Recreação Filosófica*, onde as ideias de Newton eram defendidas (Almeida, embora tivesse algum cuidado, pertencia ao grupo dos chamados Modernos). Aí resume a doutrina newtoniana da luz ao dizer que «o fogo consta de umas partículas de matéria muito subtis, as quais de sua natureza se movem com um movimento vibratório, e trémulo, porém muito rápido, veloz e muito forte». A luz era evidentemente uma forma de fogo: «A luz é fogo muito puro.» Não tinha a luz solar, graças ao engenho de Arquimedes, incendiado a esquadra inimiga?

Newton, além de ter proposto a teoria corpuscular da luz, efectuou uma outra descoberta notável sobre a luz. A luz branca visível é composta por luzes de várias cores, que podem ser separadas com o auxílio de um prisma de vidro. Este facto foi o princípio da explicação de toda a diversidade das cores que hoje reconhecemos nos objectos à nossa volta. O Sol surge-nos amarelo-alaranjado porque a sua emissão de luz tem um pico na luz verde e porque a luz é coada pela atmosfera terrestre. Uma papoila é vermelha porque, de toda a luz que recebe, só reenvia a luz vermelha, absorvendo a restante. A luz infravermelha tem uma «cor» que não vemos porque está para além da cor vermelha. As ondas de rádio têm uma «cor» ainda mais distante. Newton, quando colocou o seu prisma à frente de um raio de luz, desvendou o segredo do arco-íris. Sabe-se hoje, passados mais de 300 anos, que existe um enorme arco-íris invisível, com «cores» invisíveis, para além daquele que enfeita os nossos dias chuvosos e ensolarados, com cores que vão do violeta ao vermelho.

Ao arco-íris de toda a luz chama-se «espectro electromagnético». A palavra «espectro», que significa fantasma e vem do tempo de Newton, mostra como os primeiros estudiosos da óptica ficaram um pouco assustados com o que viram.

Vários fenómenos mostram que a luz pode, realmente, ser vista como um conjunto de partículas. Dois dos fenómenos luminosos mais antigos são a reflexão e a refracção. A reflexão é o que acontece à luz quando encontra um espelho. A luz não passa, como a pequena Alice, para o outro lado do espelho, mas ressalta para trás, tal como uma bola numa parede. Reflecte-se. A refracção, por sua vez, é o que acontece à luz, por exemplo, quando vinda do ar encontra uma superfície de água e aí mergulha. A luz continua o seu caminho, mas ao longo de uma outra direcção. Refracta-se.

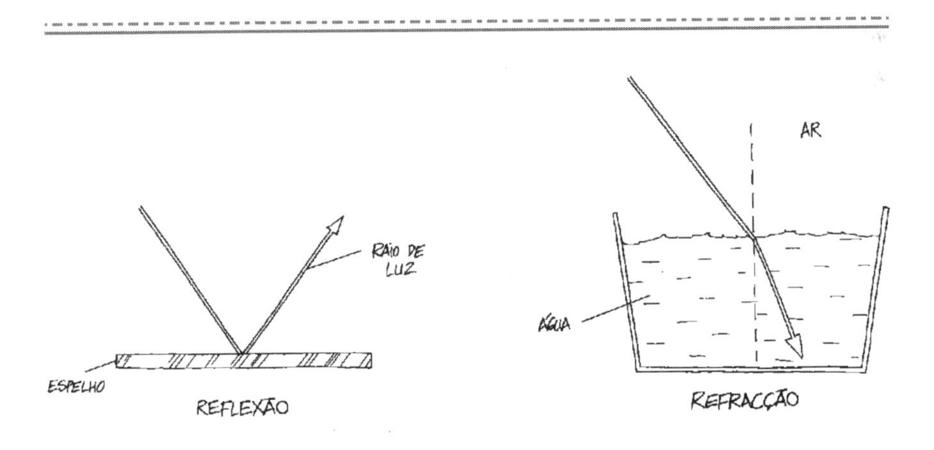

Reflexão e refracção da luz

Os espelhos são superfícies muito planas que devolvem a luz, tal como uma parede lisa devolve uma bola de *squash* ou uma tabela devolve uma bola de bilhar. A óptica tem, portanto, algo a ver com jogos de bola. As leis da reflexão são as mesmas do jogo de bilhar, se o bilharista não der efeitos na bola para a fazer rodopiar sobre si mesma e impressionar os mirones. Tudo se passa como se uma partícula de luz, movida por uma tacada, embatesse num espelho e neste sofresse uma forte força repulsiva. O ângulo de entrada é igual ao ângulo de saída. É assim que o leitor consegue ver atrás de si um carro que o pretende ultrapassar ou que o marinheiro de um submarino consegue ver os barcos à superfície. A refracção, por seu lado, embora seja um pouco mais complicada do que a reflexão, pode também ser interpretada como uma mudança de direcção experimentada por uma partícula de luz quando esta encontra um meio diferente. Quando uma partícula de luz, proveniente do ar, embate na água, muda de direcção. O ângulo de entrada é maior do que o ângulo de saída. Segundo Newton, essa mudança dever-se-ia a uma força atractiva, que fazia com que a partícula se aproximasse da perpendicular à superfície no ponto de incidência. Em virtude dessa força atractiva adicional, a luz viajaria na água a uma velocidade superior à que tem no ar. Em vez da água, pode-se ter vidro: a luz, ao bater no vidro, muda de direcção e, ao sair do vidro, muda outra vez de direcção. Foi isto o que aconteceu no prisma de Newton, quando o autor da *Óptica* dissecou o arco-íris. Algumas miragens são refracções da luz nas várias camadas de ar quente do deserto (outras são simplesmente miragens, que podem naturalmente ser explicadas pelo facto de a pessoa em causa estar com muita sede!).

Reflexão num jogo de bilhar

O arco-íris não é nenhuma miragem de um só indivíduo, pelo que tinha de ser explicado de uma maneira aceitável por todos. As bolinhas correspondentes às luzes das diferentes cores do arco-íris teriam, segundo Newton, velocidades diferentes na água. O seu processo de refracção numa simples gota de água de chuva seria, por isso, diferente, acabando por aparecer o espectáculo do arco-íris.

Newton, que foi o primeiro grande estudioso da luz, viveu muitos anos. Morreu velho, solteiro e rico, tendo alcançado todas as famas e glórias a que um físico pode aspirar (chegou até a director da Casa da Moeda britânica, um cargo a que normalmente um físico não aspira ou, se aspira, não consegue alcançar). Ofuscou a grande maioria dos seus opositores. Um dos cientistas a quem ele não conseguiu fazer sombra (e por quem ele tinha especial consideração, apesar de as respectivas posições científicas serem diversas) foi o holandês Christiaan Huygens. Para Huygens, a luz não era um conjunto de partículas. A luz propagava-se de modo bastante semelhante a uma onda no mar. A luz era uma onda.

Da discussão entre Newton e Huygens nasceu a luz. Newton, apesar de aceitar que as partículas de luz pudessem vibrar, não achava aceitável a teoria ondulatória porque ela exigia um meio para as ondas se apoiarem. Esse meio, chamado éter, era uma espécie de geleia universal que deveria travar o movimento dos planetas. Ora Newton sabia bem que os planetas orbitavam regularmente sem qualquer oposição. Quando falamos, lançamos uma onda ao ar, que este se encarrega de transmitir à distância. Mas, ao contrário dos planetas que não sentem o éter, sentimos bem a presença do ar. Ele opõe-se aos nossos movimentos. Sentimos vento, se corrermos, mesmo que parados não notemos a presença de vento nenhum. A luz seria, segundo Huygens, uma onda no éter, apesar desse éter ser tão leve que não causa oposição aos planetas quando eles correm por ele adentro. Hooke, assumido oponente de Newton, defendia também a ideia das ondas.

A teoria de Huygens, exposta no seu livro *Tratado da Luz* (o seu subtítulo não ficava atrás do de Newton: *onde são explicadas as causas do que acontece na reflexão e na refracção e particularmente na estranha refracção do cristal da Islândia*), era também capaz de explicar tanto a reflexão como a refracção. Se uma onda do mar bater num quebra-mar volta para trás: é reflectida. Se bater num molhe, fazendo um certo ângulo com a perpendicular, «sairá» do outro lado segundo um ângulo igual. Por outro lado, a refracção também pode ser explicada com a ajuda da teoria ondulatória.

Embora a explicação seja um bocadinho mais difícil, pode ser tentada por meio de uma analogia.

Suponhamos que uma fila horizontal de militares em marcha representa uma frente de onda. A fila avança paralelamente a si própria, porque todos os indivíduos caminham com a mesma velocidade. Imaginemos agora que a coluna militar se dirige obliquamente para a água. Então, um dos militares chega primeiro à água do que os outros. Nesse caso, a fila roda, porque o fulano que chegou primeiro começa a andar mais lentamente, enquanto os outros continuam a caminhar em terra firme, com o mesmo passo que traziam. A certa altura, ficam todos os membros da fila dentro de água, pelo que ela segue em frente, paralelamente a si própria, com uma direcção diferente da de incidência.

De acordo com a teoria ondulatória, é fundamental que a velocidade da onda de luz na água seja inferior à da onda de luz no ar. Pelo contrário, Newton supunha que a luz caminhava mais depressa na água do que no ar, por efeito de uma hipotética força atractiva na água. Só um deles podia ter razão. Foram os franceses Hippolyte Fizeau e Jean Bernard Foucault (este o construtor do grande pêndulo) quem deu razão a Huygens, ao medirem, a meio do século XIX, em experiências independentes, a velocidade da luz da água.

A luz é uma onda que se propaga na água mais lentamente do que no ar (ao contrário do som, que no ar viaja a 330 m/s, enquanto na água vai a cerca de 1500 m/s). O efeito é bem visível porque a velocidade da luz na água é cerca de três quartos da velocidade da luz no ar. Por sua vez, a luz propaga-se no ar mais lentamente do que no vazio, embora a diferença seja muito pouco significativa.

O vazio substituiu, entretanto, o antigo meio etéreo, que foi mandado para o museu das ideias (nos fins do século XIX os norte-americanos Albert Michelson e Edward Morley não detectaram nenhum «vento de éter», apesar de o terem procurado com o máximo de rigor). A onda de luz não precisa do éter, de permeio, para chegar a todo o lado.

Poupar tempo

Existe uma maneira engenhosa de explicar o fenómeno da reflexão e da refracção. O francês Pierre de Fermat propôs, no século XVII, que a luz caminha em linha recta para demorar o mínimo tempo a ir de um sítio para outro. A linha recta é a trajectória mais curta entre dois pontos. As leis da reflexão são bem conhecidas dos alunos (pelo menos de alguns). Recita-se na escola que «o raio incidente, o raio reflectido e a normal no ponto de incidência estão no mesmo plano» e que «o ângulo de incidência é igual ao ângulo de reflexão». A luz, para ir de um certo sítio A para um outro sítio B, passando por um espelho C, demora o mínimo tempo ao longo do caminho especificado por essas leis. Pode-se marcar um ponto A, um ponto B e ver, com a ajuda de um fio de costura, qual é a trajectória de A para B, passando por C, que gasta menos linha. Como a velocidade da luz no mesmo meio é constante, falar de trajectória mais curta ou de tempo mínimo resulta no mesmo. A luz não efectua percursos inúteis. Não anda a dar voltas desnecessárias para ir de um sítio para outro. Vai direitinha e porta-se bem.

E a refracção? Também esta se deixa reger pelo princípio do tempo mínimo. Consideremos, para ver isso, uma situação típica numa praia.

Uma jovem turista com bastante charme, que se encontra num certo ponto B, começa a afogar-se na maré alta e a gritar por socorro. Um nadador-salvador, que se encontra no ponto A, em terra, vê a cena e corre a salvá-la (diz o *slogan* de Alexandre O'Neill: «Há mar e mar, há ir e voltar»). Deve o nosso corajoso homem ir em linha recta na direcção da infeliz turista, correndo na areia e nadando na água? Ou será que deve escolher um outro caminho?

Em socorro da banhista

É claro que não deve ir em frente, sem pensar. Se pensar um bocadinho (desde que não seja muito, porque se pensa muito, a banhista, entretanto, afoga-se), poupa tempo. Esta é uma regra fundamental em física: quem pensa um bocadinho poupa tempo. O facto é que toda a gente corre mais depressa do que nada. O próprio campeão do mundo de natação corre mais depressa do que nada (a velocidade máxima que o homem consegue, pelos seus próprios meios, em terra é cerca de cinco vezes maior do que dentro de água). Qualquer pessoa, incluindo o estimado leitor, desde que em plena posse das suas capacidades físicas, consegue ganhar ao campeão do mundo de natação, se correr ao lado da piscina, enquanto ele nada. Assim, para poupar tempo e salvar a banhista (que, não o esqueçamos, se está a afogar!), o melhor ainda é correr mais e nadar menos. O nadador-salvador deve ir, em linha recta, até mais adiante do que iria se fosse a direito ao encontro da senhora aflita. Deve, depois, nadar ao longo de uma trajectória, também em linha recta, para salvar a turista e ganhar uma medalha do Instituto de Socorros a Náufragos. A luz faz exactamente a mesma coisa, embora não vá salvar ninguém.

A velocidade da luz na água é, como vimos, menor do que a velocidade no ar. Assim, a luz nem precisa de pensar para ir de um sítio a outro, do ar para a água: muda de direcção no sítio certo como o salvador inteligente. É por isso que, se se mandar um raio de luz (por exemplo, luz laser, que não é mais do que um raio de luz forte e concentrado, geralmente visível, com um só comprimento de onda) para cima de um recipiente com água, se verá perfeitamente a luz mudar de direcção na superfície da água (cuidado com os olhos: não se deve espreitar directamente para a fonte do laser!). A luz faz o cálculo rapidamente, tal como o planeta faz depressa o cálculo da lei de Newton.

Existe, pois, na óptica, um princípio do tempo mínimo. A luz, o que tem a fazer, fá-lo rapidamente.

Esse admirável princípio foi generalizado para toda a física: as leis físicas, incluindo as leis de Newton da mecânica, correspondem sempre a um mínimo de qualquer coisa, a que se dá o nome sugestivo de «acção» (a expressão «acção mínima» faz lembrar o princípio do menor esforço bem conhecido de alguns estudantes e professores). Os matemáticos vieram mais tarde dizer que o princípio de mínimo não era para admirar (nada, de resto, faz admirar os matemáticos, acostumados a tudo!). Como as leis da física se exprimem por certas equações, pode-se sempre arranjar uma quantidade cujo cálculo do mínimo corresponda à resolução das equações em causa. Esse princípio tem vantagens evidentes porque, muitas vezes, se pode adivinhar, sem se conhecerem as equações, qual é a quantidade que deve ser minimizada. É o que fazem os modernos físicos de altas energias que não conhecem as leis físicas que reinam nessas escalas, mas adivinham, muitas vezes por razões estéticas (o que é, sem dúvida, admirável!), a «acção» que devem minimizar. Começam com uma «boa acção» e esperam que tudo o resto venha daí!

O TRIUNFO DAS ONDAS

Durou muito tempo o confronto entre as ideias de Newton e de Huygens, muito mais do que o tempo de vida desses dois sábios. Um dizia que a luz era, em última análise, constituída por partículas, enquanto o outro dizia que a luz era, afinal, uma onda. A teoria de Newton era local, e a de Huygens era global. Newton foi um monstro sagrado da ciência e isso fez com que fosse minimizada a acção de outros cientistas que de alguma forma o enfrentaram. Mas os dados experimentais pareceram, nos tempos seguintes, confirmar Huygens em detrimento de Newton. As experiências de medida da velocidade da luz na água foram cruciais para esse desfecho. Os grandes sábios também se enganam: pode dizer-se que Newton perdeu em favor de Huygens a discussão sobre a luz assim como se pode dizer que Einstein perdeu, já no nosso século, em favor de Bohr, a polémica sobre o significado da mecânica quântica. Os monstros sagrados não o são ao ponto de ganhar tudo... embora às vezes sejam sagrados ao ponto de, quando perdem, virem a desforrar-se mais tarde.

Newton começou a perder, ainda antes das experiências de Fizeau e Foucault, logo que se tratou de descrever os fenómenos da difracção e da interferência. Tudo funcionou muito bem até alguém se ter lembrado de «agarrar um raio de luz».

Considere-se, portanto, o fenómeno que consiste em tentar apanhar, devagarinho, um raio de luz. Um raio de luz real, como o moderno raio laser atrás referido, não é bem um raio geométrico, semelhante a uma recta matemática. Tem uma certa espessura. Pode-

-se colocar um obstáculo com um orifício à frente e, por meio de um dispositivo adequado, tentar fechar esse buraco progressivamente. Verifica-se que o raio fica cada vez mais fino. Será que não se pode tornar infinitamente fino? Não, a acreditar em Newton. A mínima espessura que se poderia obter corresponderia ao diâmetro de uma partícula de luz. Mas, como o «átomo de luz» seria extraordinariamente pequeno, o mínimo raio físico seria praticamente um raio geométrico, uma linha recta quase ideal.

Vamos, pois, fechar um buraco por onde passa a luz. Quando se fecha uma torneira, saem menos moléculas de água, no mesmo intervalo de tempo. Fechando o buraco de luz, deveriam passar menos partículas de luz no mesmo intervalo de tempo. O que vemos, porém? Vemos que a luz se nos escapa, como que por artes de magia. É certo que, de início, o raio vai ficando cada vez mais fino, mas, quando o apertamos ainda mais para o obrigar a ficar minúsculo, ele não está pelos ajustes e, em vez de se encolher, como esperávamos, espalha-se! A este fenómeno de espalhamento da luz em várias direcções dá-se o nome de difracção. A difracção consiste simplesmente no facto de não se conseguir apanhar um único raio de luz. Este efeito não pode ser explicado mantendo a ideia dos corpúsculos de luz. A acreditar na existência de grãos de luz, deveriam sair cada vez menos grãos quando se fechava o buraco. Estes deveriam, no entanto, continuar a direito, em vez de entortarem para todo o lado. Vê-se, pois, que a luz chega onde não devia chegar e que dobra, de uma maneira bem estranha, as esquinas. Newton sabia isso, mas não ligou muita importância ao fenómeno: atribuía-o à mesma força atractiva que causava a refracção.

Se quisermos que a luz de uma lâmpada atinja um ponto do alvo que não está na linha recta de um buraco à frente, mas um pouco ao lado, a solução é fácil. Apenas se tem de apertar o buraco para que a luz, embora em pequena quantidade, acabe por chegar lá. A luz não viaja apenas em linha recta, como diziam Fermat e outros defensores do princípio da acção mínima, porque chega a pontos que não estão rigorosamente em frente.

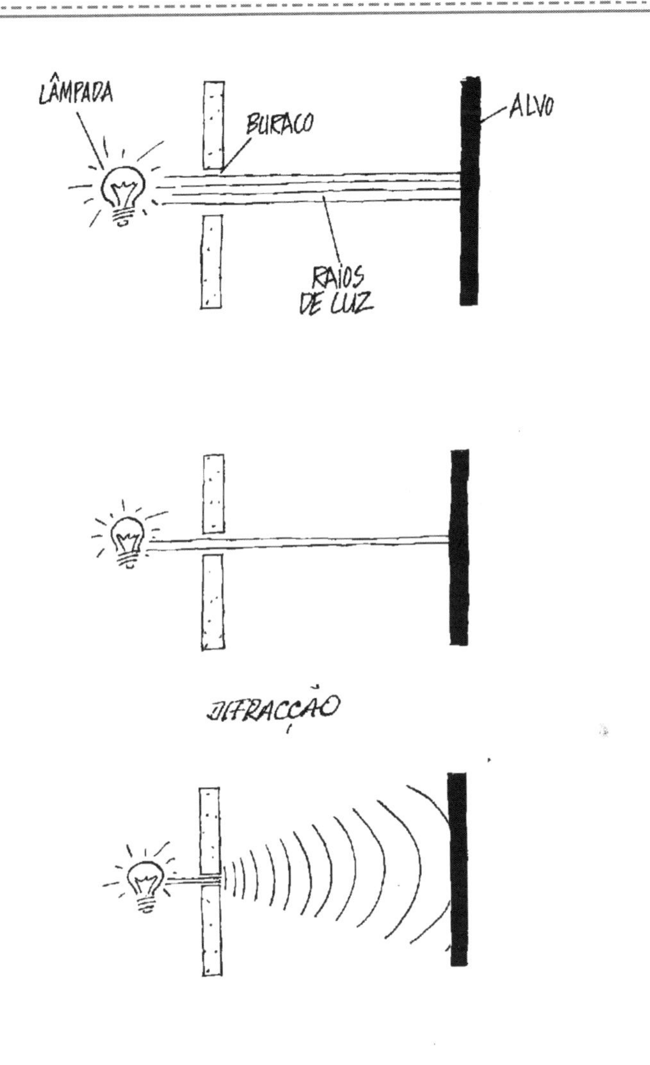

Fenómeno da difracção

O leitor consegue, se o quiser, realizar esta experiência. À frente de uma lâmpada com um foco de luz, forte e bem direccionado, coloque um cartão onde colou duas lâminas de barbear paralelas uma à outra, de modo a ficar uma frincha muito estreita entre elas. Verifica, se olhar para um alvo em frente (não se esqueça de fechar as outras luzes!), que a imagem luminosa da fenda é limitada por um conjunto de manchas, escuras e claras. Olhe agora para a mancha luminosa mais afastada. Repare como a luz não viajou rigorosamente em linha recta para chegar aí.

A teoria ondulatória consegue explicar esse fenómeno. Quando uma onda do mar entra na abertura estreita de um porto, espalha-se a partir desse sítio, chegando depois a todos os pontos do interior do porto, e não apenas em frente à entrada. As ondas gostam de se espalhar e a luz não passa de uma onda, que gosta de fazer o mesmo que as outras fazem. É por isso, de resto, que as ondas de rádio chegam a todo o lado: circulam em torno das carroçarias dos carros, das esquinas dos prédios, das vertentes dos montes e de tudo o que lhes apareça à frente.

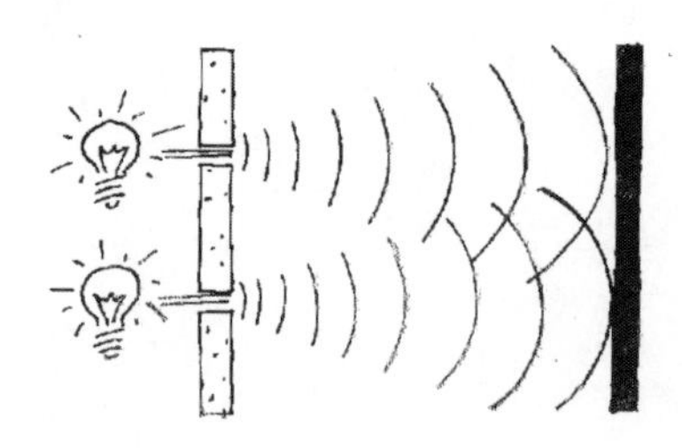

Experiência das duas fendas

No início do século XIX, um súbdito inglês, que além de física se interessava pela história egípcia, a ponto de quase ter decifrado os hieróglifos, realizou uma experiência que serviu para decifrar a natureza da luz. A experiência tem hoje, muito justamente, o nome do seu autor, Thomas Young. Em vez de um só buraco, Young considerou dois. Colocou, à frente da luz, uma placa com dois buracos relativamente próximos. Em cada um dos buracos a luz é difractada. A onda plana incidente passa a ser esférica, quer dizer, a frente de onda deixa de ser um plano para passar a ser uma superfície esférica. Existe um alvo do outro lado da placa duplamente esburacada. Pode perguntar-se como fica iluminado um ponto do alvo situado a meio caminho entre os dois buracos. Aparentemente, devia receber luz de um buraco e do outro e, portanto, ficar bem iluminado. Mas não. Por incrível que pareça, essa zona fica escura. Luz mais luz pode dar sombra. Esta anulação recíproca pode também acontecer com duas ondas normais. Duas ondas de água, mandadas uma contra outra num tanque, reforçam-se ou anulam-se conforme cheguem em fase, com um alto de uma a chegar ao mesmo tempo que um alto da outra, ou em oposição de fase, com um baixo de uma a anular um alto da outra. No primeiro caso, diz-se que há interferência construtiva e, no segundo, interferência destrutiva. São possíveis, evidentemente, todas as situações intermédias. Duas partículas nunca podem ter uma interferência destrutiva: nunca ninguém viu uma bala ser mandada contra outra, as duas chocarem e, no acto, desaparecerem. Mas duas ondas já podem: duas estações de rádio a emitir o mesmo sinal radioeléctrico podem anular-se.

Em vez de dois buracos, pode fazer-se a experiência com três ou mais buracos. Pode até o leitor colocar à frente da lâmpada, em vez de uma única fenda, um tecido reticulado, que não é mais do que um conjunto de fendas entrecruzadas. Vai encontrar no ecrã um padrão de interferência complicado. Na experiência de Young, é possível, a partir da imagem que se observa no alvo, ficar a saber o tamanho dos buracos e a distância entre si. Do mesmo modo, também a figura de interferência originada pelo tecido pode servir para determinar a respectiva textura. Este princípio é hoje usado para descobrir a estrutura atómica dos cristais. Em vez de luz visível, lançam-se raios X contra um cristal, que mais não é do que uma rede tridimensional. Da análise da figura obtida numa chapa fotográfica, conclui-se qual é a estrutura interna do cristal. Este retrato íntimo de um sólido consegue-se, portanto, por uma experiência de Young um pouco mais sofisticada do que a original.

A experiência de Young constituiu a consagração da teoria ondulatória de Huygens e a primeira pá de terra na cova da teoria corpuscular de Newton. Young ainda disse umas palavras simpáticas para Newton, mas é sabido que se costuma dizer sempre bem dos defuntos.

De qualquer modo, continuou a haver gente que não quis crer nesse triunfo. Um deles foi o francês Siméon Poisson. Um dia, Poisson teve de examinar um trabalho submetido à Academia das Ciências pelo seu compatriota Augustin-Jean Fresnel, um engenheiro de pontes e calçadas (hoje diríamos de obras públicas) que se dedicava também a problemas de física nas suas horas feriadas. Fresnel considerou o problema que, de certa forma, é o inverso do de um buraco (um truque frequente para perceber as coisas da Natureza consiste em virá-las do avesso). Se mandarmos luz para cima de um obstáculo — uma pequena bola, por exemplo — o que se vê no alvo do outro lado? A luz dobra a bola, fazendo com que o objecto não tenha sombra nítida (nenhuma sombra é nítida; nem a lenta sombra de Lucky Luke o deveria ser). Este é, outra vez, o fenómeno da difracção. Se o obstáculo for suficientemente pequeno, poderá muito bem acontecer que a luz vinda de cima encurve, reforce a luz vinda de baixo, que também encurvou, e no centro apareça luz reforçada. Surgirá então um ponto luminoso, bem nítido no meio da sombra. Mais uma vez é espantoso! Como é possível colocar um obstáculo à frente da luz e conseguir apanhar um pontinho luminoso precisamente no meio da sombra?

Discutiu-se na altura acaloradamente se esse ponto existiria ou não. Fresnel tinha feito as contas, usando a teoria das ondas, e tinha concluído que sim. O trabalho intitulava-se *Primeira memória sobre a difracção da luz onde se examina particularmente o fenómeno das franjas coloridas que aparecem nos bordos de corpos iluminados por um foco luminoso* (uf!). Poisson não acreditava no ponto de Fresnel e dizia que não. A discussão tinha chegado a esse ponto... O verdadeiro tira-teimas em física consiste em fazer a experiência e ver a resposta que a natureza dá. Fez-se mesmo a experiência e o ponto lá estava, tal qual as contas o previam: pequenino, mas luminoso. Ao ponto de Fresnel há quem, um pouco ironicamente, dê o nome de ponto de Poisson. Esse São Tomé da Óptica teve de ver para crer, pelo que não é de todo merecedor de ter o seu nome associado à luzinha do outro lado da bola...

A meio do século XIX, quando a luz já era, parecia que definitivamente, onda, ainda não se conhecia a sua verdadeira natureza e origem. Que ondas eram essas e de onde provinham?

O escocês James Clerk Maxwell, ao formular matematicamente, a meio do século XIX, as leis da electricidade e do magnetismo (expostas no seu *Tratado da electricidade e magnetismo*, em dois volumes plenos de erudição), encontrou uma equação de onda e, nesta, uma constante que tinha o valor da velocidade da luz. Já se conhecia esse valor, a partir de observações astronómicas, nomeadamente do registo de atrasos nos eclipses das luas galileanas de Júpiter. Foi grande o alvoroço de Maxwell quando viu que a velocidade das novas ondas electromagnéticas era próxima da velocidade da luz. Se uma coisa tem um valor próximo de outro, convém verificar se não se trata, ao fim e ao cabo, de uma e mesma coisa. De facto, não se estava em presença de um acaso: a luz tem mesmo a ver com a electricidade e o magnetismo.

A electricidade e o magnetismo são fenómenos relacionados e coexistentes no espaço, como veremos no capítulo seguinte. Inventou-se uma coisa abstracta chamada campo electromagnético para descrever algo de muito concreto: a existência de uma força eléctrica e de uma força magnética numa certa região do espaço. Também a força da gravidade pode ser descrita invocando o chamado campo gravítico. O campo electromagnético pode variar no espaço e no tempo, isto é, de ponto para ponto no mesmo instante e de instante para instante no mesmo ponto. A luz não é mais nem menos do que a oscilação, o abanar, desse campo electromagnético. Em cada ponto do espaço, o campo electromagnético muda com o tempo. Maxwell ainda manteve a ideia do éter, de um fluido imponderável que preenchia todo o espaço, porque pensava que era mesmo preciso um suporte material para a propagação da luz, tal como é preciso água para que as ondas do mar avancem, ou ar para que o som se ouça. Hoje, porém, depois de desenvolvida e aceite a elegante teoria da relatividade de Einstein, sabe-se que não é necessário nenhum meio material para suporte do campo. Não há éter (ou melhor, há só nas farmácias!). Em vez do éter há o nada.

Conforme o comprimento de onda (o comprimento de onda é a distância entre dois altos sucessivos de uma onda) das oscilações electromagnéticas, podem existir ondas de vários tipos. O alemão Heinrich Hertz descobriu, em finais do século XIX, as ondas de rádio, que eram previsíveis teoricamente a partir das equações de Maxwell tal como, de resto, as outras ondas de luz (já se conheciam na altura as ondas infravermelhas e ultravioletas). Hertz verificou que uma corrente num circuito eléctrico particular era capaz de produzir ondas que chegavam a sítios distantes e cujo comprimento de onda podia variar entre dez quilómetros e um centímetro. Apercebeu-se de que esta luz, tal como a luz visível, participava em fenómenos de reflexão e refracção. Foi mais tarde medida a velocidade das ondas de rádio, verificando-se que ela era, de facto, a velocidade da luz. As ondas de rádio têm a mesma velocidade que a luz visível, embora o seu comprimento de onda seja muito maior. Uma emissão de televisão de VHF (*Very High Frequency*) tem um comprimento de onda entre dez metros e um metro, ao passo que uma emissão de luz amarela tem um comprimento de onda de 0,0007 milímetros.

Depois das ondas de rádio, descobriram-se as outras modalidades de luz já referidas. Existem os raios X que vão da lâmpada do radiologista para o osso ou do aparelho da segurança aeroportuária para a mala de viagem (os respectivos comprimentos de onda andam à volta de um milionésimo do milímetro). Os raios X tiveram, logo que foram descobertos em finais do século XIX, uma utilidade imediata em medicina: os médicos de todo o mundo, incluindo portugueses, viram logo que aquela luz lhes podia ser útil. Existem as microondas que vão do radar para o avião (os seus comprimentos de onda têm entre dez centímetros e um centímetro) ou que vão do forno para a comida congelada (estas com comprimentos de onda entre um centímetro e um milímetro). Se não fosse a invenção do radar na Segunda Grande Guerra, não existiria hoje a aviação comercial.

Existem hoje luzes para tudo. O homem aproveitou, em seu favor, a luz invisível.

Os grãos de luz voltam a atacar

A teoria das ondas iniciada por Huygens parecia então definitivamente confirmada, e a teoria dos corpúsculos definitivamente eliminada. Mas, em física, não se deve dizer nem sempre nem nunca. Há, por vezes, golpes de teatro.

Falha do efeito fotoeléctrico

Paradoxalmente, foi Hertz quem descobriu um efeito que haveria de fazer voltar à boca de cena as ideias corpusculares de Newton — o efeito fotoeléctrico. Dizem as más línguas que a sua descoberta foi acidental, já que ele apenas teria deixado, sem querer, uma placa metálica perto de uma fonte de luz ultravioleta (no entanto, não foi por acaso que Hertz e outros cientistas contemplados pela sorte andaram atentos aos acasos; diga-se, em abono da verdade, que a maior parte deles mereceu a sorte que teve). A luz, ao incidir na placa metálica, fez saltar electrões que foram dar a volta a um circuito. Este fenómeno serve hoje, por exemplo, para abrir automaticamente algumas portas de elevadores (outras portas abrem quando se pisa um tapete, sendo, por isso, a abertura mecânica e não óptica).

Einstein foi o primeiro físico a interpretar o efeito fotoeléctrico, reintroduzindo os grãos de luz de Newton, agora com o nome de «fotões» (dado por outro). Newton não tinha, pois, perdido definitivamente: Einstein reabilitou de certo modo a sua óptica. O facto de ter sido longo e difícil o percurso das partículas de luz para as ondas de luz não impediu Einstein de fazer, rápida e facilmente, o caminho em sentido contrário.

As partículas de luz dão uma violenta pancada nos electrões, comunicando-lhes a sua energia. Os electrões saem disparados e vão acender lâmpadas, tocar campainhas ou abrir portas. Fotões com mais energia fazem disparar electrões com maior velocidade. Mas uma maior intensidade de luz não faz aumentar a velocidade dos electrões no circuito, mas tão-só o número de electrões que saltam.

Convém notar, para que não haja confusões, que os fotões não são grãos localizáveis num certo sítio tal como grãos de milho no chão de uma capoeira. São simplesmente unidades de energia electromagnética. Se tivermos uma caixa com luz de uma só cor, essa caixa tem uma certa energia. A energia nela contida é sempre um múltiplo de uma unidade mínima, a energia do fotão correspondente a essa cor. Se deixarmos escapar alguma luz, sairá sempre um número inteiro de fotões. No entanto, se sai um fotão não podemos apontá-lo e dizer «olha o fotão!» do mesmo modo que dizemos «olha a maçã», ou ainda «olha a Lua».

Então, resumindo e concluindo, o que é a luz? Partículas ou ondas? Ondas ou partículas?

A polémica acabou por não ser resolvida a favor de uma ou de outra teoria, porque a experiência de um, dois e mais buracos, as equações do electromagnetismo e quase tudo o resto obrigam a que a teoria ondulatória esteja essencialmente correcta, enquanto o efeito fotoeléctrico e outros fenómenos quânticos obrigam a que a teoria corpuscular esteja essencialmente correcta. A luz, tanto visível como invisível, é umas vezes partícula e outras vezes onda. A moderna teoria quântica da luz — a electrodinâmica quântica (em inglês QED, de *Quantum ElectroDynamics*) —, é, de todas as teorias físicas, a que consegue efectuar previsões mais rigorosas, conjuga as duas qualidades da luz. Essa união dos contrários resulta da aplicação da teoria quântica ao campo electromagnético.

Os físicos vivem hoje contentes com a electrodinâmica quântica. Todas as previsões da QED foram até hoje brilhantemente confirmadas pela prática.

5 DA PEDRA QUE AMA À ELECTRICIDADE INDUSTRIAL

O MAGNETE

Não há nada como invocar a literatura para descrever os fenómenos mais estranhos da física. Gabriel García Márquez conta, em *Cem Anos de Solidão*, a chegada dos ciganos à aldeia de Macondo. Entre os vários truques de mágica que eles mostram, encontram-se os gelos e os ímanes. Hoje sabe-se que o fenómeno da congelação da água e da passagem de um metal a magnete são exemplos de transições de fase, da passagem de um estado desordenado a um estado ordenado da matéria. Enquanto tal facto não foi conhecido, esses materiais fizeram os espantos das feiras da Europa medieval tanto como da fantástica América Latina. Escreve Márquez:

> Todos os anos, pelo mês de Março, uma família de ciganos esfarrapados plantava a sua tenda perto da aldeia e, com um grande alvoroço de apitos e tambores, dava a conhecer os novos inventos. Primeiro trouxeram o íman. Um cigano corpulento, de barba rude e mãos de pardal, que se apresentou com o nome de Melquíades, fez uma truculenta demonstração pública daquilo que ele mesmo chamava a oitava maravilha dos sábios alquimistas da Macedónia. Foi de casa em casa arrastando dois lingotes metálicos e toda a gente se espantou ao ver que os caldeirões, os tachos, as tenazes e os fogareiros caíam do lugar, e as madeiras estalavam com o desespero dos pregos e dos parafusos que tentavam desencravar-se, e até os objectos perdidos há muito

tempo apareciam onde mais tinham sido procurados e arrastavam-se em debandada turbulenta atrás dos ferros mágicos de Melquíades. «As coisas têm vida própria», apregoava o cigano com áspero sotaque, «tudo é questão de despertar a sua alma.»

O cigano Melquíades

Os gelos e os ímanes são tão antigos como o planeta Terra. Os gelos cobrem, desde há muito, as regiões polares da Terra, enquanto os ímanes se encontram em minerais como os que foram pela primeira vez recolhidos na Ásia Menor, na região onde era a cidade de Magnésia, daí o nome de magnetite.

A palavra íman significa «pedra que ama». Em francês, íman diz-se mesmo *aimant*, o que, traduzido à letra, dá «amante». Trata-se, sem dúvida, de um nome adequado: um íman atrai pequenos pedaços de metal. A Terra é ela própria um gigantesco íman, uma descomunal pedra que ama. Tem um pólo norte magnético e um pólo sul magnético, que se situam respectivamente perto dos pólos sul e norte geográficos, na Antárctida e na Gronelândia. Não é gralha: o pólo sul magnético da Terra encontra-se perto do pólo norte e dos esquimós e o pólo norte magnético acha-se perto do pólo sul e dos pinguins. Um pequeno íman tem também dois pólos que se chamam norte e sul, numa nomenclatura análoga à dos pólos da Terra.

Deve, contudo, notar-se que a Terra nem sempre teve o seu pólo norte magnético perto do extremo sul e o seu pólo sul magnético perto do extremo norte. O pólo sul magnético já esteve várias vezes no sul, pelo que nessa altura as nomenclaturas geográfica e magnética concordavam. Este é um dos grandes mistérios da história da Terra: porque é que o norte e o sul magnéticos, de vez em quando (a expressão «de vez em quando» significa seis vezes nos últimos quatro milhões de anos), trocam de posição entre si? Essas mudanças, aparentemente irregulares, da polaridade do campo magnético da Terra foram verificadas no registo geológico, no fundo dos oceanos e noutros locais da crusta terrestre. Só serão, enfim, compreendidas quando se souber, em pormenor, o modo de funcionamento do campo magnético terrestre.

Se se colocar uma pequena agulha magnética a flutuar num líquido, tem-se uma bússola. A bússola foi inventada pelos chineses no século XII e usada mais tarde pelos navegadores europeus, incluindo os portugueses. Esses navegadores utilizaram uma agulha magnética para se orientarem à superfície do gigantesco íman que é a Terra toda. Como o pólo norte da agulha aponta obedientemente para perto do pólo norte da Terra, pode saber-se em que direcção vai o barco, mesmo no meio do nevoeiro ou da tempestade. Os marinheiros partem do princípio de que, quando repetem a viagem, a agulha aponta para o mesmo sítio. O que teria sido, porém, se os pólos norte e sul da Terra se tivessem trocado enquanto as descobertas se faziam? Os navegantes ter-se-iam decerto perdido, e as descobertas teriam ficado por fazer!

Uma bússola é ainda hoje um objecto de mistério e encantamento: pode brincar-se com ela das mais variadas maneiras. Com uma segunda bússola, pode, por exemplo, perturbar-se a primeira e fazer com que a sua agulha não aponte para onde deve. Em condições normais, o pólo norte da agulha aponta para o pólo sul magnético da Terra, uma vez que pólos do mesmo nome se repelem e pólos de nome contrário se atraem. Se um pólo de uma outra agulha se sobrepuser ao efeito do pólo terrestre, a primeira fica desnorteada: não sabe para que norte se há-de virar. Há outras coisas interessantes que se podem fazer com uma agulha magnética. Se uma criança, em momento de mau humor, quebrar o vidro da bússola e partir a agulha, criam-se imediatamente, dir-se-ia que por milagre, dois novos pólos, norte e sul, na zona partida. Faz-se o milagre da multiplicação dos pólos. Em vez de uma, fica-se então com duas bússolas, mais pequenas. A parte reproduz o todo e faz as vezes do todo. Einstein confessou um dia que a coisa que mais o marcou, ainda ele era criança, e que mais contribuiu para a escolha da sua carreira foi a oferta que lhe fizeram de uma bússola. A bússola indicou o rumo da vida de Einstein.

Existe, pois, um fenómeno chamado magnetismo que é tão antigo como a Terra e cuja utilidade é tão antiga como o engenho dos homens. Repare-se que desde cedo se ficou a saber que a Terra atrai as pedras, assim como desde cedo se ficou a saber que a Terra faz girar um magnete. O campo gravítico e o campo magnético do planeta que habitamos são suficientemente fortes para que tenha sido possível, relativamente cedo, descobrir importantes leis da física como a da gravidade e do magnetismo. Se vivêssemos num outro planeta, talvez a ordem da descoberta das leis da física tivesse sido outra. As descobertas dos físicos são determinadas pelos planetas onde vivem. Nós vivemos neste.

No início do século XVII, um sábio inglês da corte da rainha Isabel I, William Gilbert, reuniu num livro em latim, intitulado *De Magnete*, tudo o que se sabia na altura sobre a acção dos magnetes. Gilbert, que viveu pouco antes de Galileu e que é justamente chamado «pai do magnetismo», considerou um pequeno magnete esférico, a que chamou «terrela». Disse então que esse modelo era uma cópia em miniatura do grande magnete que era a Terra.

Gilbert refere várias vezes na sua obra pessoas e lugares portugueses, o que mostra que os Portugueses tiveram um papel decisivo para o estudo do magnetismo terrestre. Sobre a causa de a agulha magnética apontar para o norte refere o «colégio de Coimbra». Cita Garcia de Orta, segundo o qual a pedra magnética faz bem à saúde («em pequenas quantidades, preserva a juventude»). Critica Pedro Nunes, a quem acusa de «ter pouco conhecimento ou experiência de coisas magnéticas» (Pedro Nunes inventou, no século XVI, um «instrumento de sombra», destinado a corrigir as leituras da bússola, mas os historiadores de ciência modernos têm notado a pouca ligação de Nunes com a prática da navegação, já que ele preferia problemas conceptuais). Fala de um navegador português, «Roderigues de Lazos», a propósito da declinação, que é a diferença entre a direcção do norte geográfico e a do norte magnético. Descreve a «bússola portuguesa» e discute as observações nos mares do sul (Bartolomeu Dias deu o nome de cabo das Agulhas a um sítio no Sul de África onde as agulhas magnéticas ficavam um tanto ou quanto confundidas). Gilbert não fez, porém, a devida justiça às cuidadosas observações magnéticas do português D. João de Castro, realizadas e escritas a meio do século XVI. Os marinheiros descobriram à sua custa que a declinação não só varia de sítio para sítio da Terra, como varia, no mesmo sítio, com o decorrer do tempo. Não foi fácil orientarem-se no mar.

Na época de Gilbert sabiam-se algumas coisas a respeito do magnetismo, mas ainda não se sabiam muitas outras. Sabia-se, por exemplo, que a quebra de um íman ao meio origina, dois novos ímanes, mais pequenos. Mas não se sabia que existem agulhinhas microscópicas na agulha grande, cada uma delas com os seus próprios pólos norte e sul. Se se partir a agulha grande nalgum sítio, separa-se um norte de uma pequena agulha interior de um sul de uma outra pequena agulha próxima, pelo que ficam a descoberto um novo pólo norte e um novo pólo sul. Hoje, essas agulhinhas dão pelo nome de *spins*. O *spin* é um efeito quântico, um efeito da doutrina que o dinamarquês Niels Bohr, o austríaco Erwin Schroedinger e o alemão Werner Heisenberg propuseram nos anos de 1920, e à qual Einstein tanto resistiu. O *spin,* ele próprio, não se pode partir. Foi Heisenberg quem explicou o magnetismo espontâneo de alguns materiais, isto é, o alinhamento espontâneo de *spins* sem qualquer intervenção exterior, com base na teoria quântica. Embora Einstein nunca tenha aderido por inteiro à teoria quântica, é ela que permite a orientação da bússola com a qual ele brincou em criança.

Sabe-se hoje muita coisa, mas ainda não se sabe tudo. Não se sabe ainda, por exemplo, se é ou não possível isolar um pólo magnético. Ainda ninguém conseguiu encontrar um pólo magnético isolado (um «monopólo», não confundir com monopólio, porque estes existem de certeza). Para contar a verdade toda, deve dizer-se que houve um físico norte-americano que, no início da década de 1980, afirmou que tinha conseguido apanhar um monopólo. Mas essa descoberta não foi repetida em nenhum outro sítio, pelo que deve ter sido engano. O seu autor retractou-se mais tarde. As experiências, para serem aceites, devem poder ser repetidas e dar o mesmo resultado. O electromagnetismo clássico não descreve essa possibilidade (o que não admira, pois o electromagnetismo clássico está de acordo com toda a experiência disponível a uma escala macroscópica), mas as modernas teorias quânticas, que pretendem obter, a um nível fundamental, a unificação das forças, admitem a existência desses monopólos. Os físicos andam à caça de monopólos, com o mesmo entusiasmo, mas, por vezes, com o mesmo sentimento de frustração com que algumas crianças andam à caça de gambozinos. Se os monopólos existem, acabarão, mais dia menos dia, por ser encontrados. Pelo contrário, os gambozinos definitivamente não existem e só servem para enganar os pacóvios. O autor está disposto a retractar-se se lhe trouxerem um.

O ÂMBAR

A observação humana da electricidade é praticamente tão antiga como a do magnetismo. As grandes trovoadas desde sempre atemorizaram os homens e hoje, mesmo com pára-raios, ainda amedrontam muita gente (que, não confiando nos pára-raios, invocam Santa Bárbara). A palavra electricidade vem de *electron*, termo grego que significa âmbar. O âmbar é uma substância extraída de antigas árvores (trata-se de uma espécie de resina fóssil, encontrada em pinheiros do Cretácico) com uma propriedade curiosa: quando esfregada pode atrair pequenos objectos. Portanto, também ama, como o íman. É um atractor de, por exemplo, palhas ou papéis, tal como um íman é um atractor de peças metálicas. Há, pois, qualquer coisa de comum entre um íman e um pedaço de âmbar. O próprio Gilbert, no seu livro, tratou não só o íman como o âmbar. O leitor pode, evidentemente, verificar por si o modo como o íman e o âmbar amam. Um íman, que é muito fácil de arranjar, ama promiscuamente todos os alfinetes ou clipes que vê. O âmbar é mais difícil de obter. Se não tiver um pedaço de âmbar à mão, poderá agarrar num pente, esfregá-lo no cabelo e depois usá-lo para atrair, por exemplo, pequenos papéis (o estudo da física pode, pois, servir de pretexto para limpar o tampo da secretária de clipes e pedacinhos de papel...).

A electricidade em acção

O magnetismo e a electricidade têm, portanto, as suas parecenças. Tal como no magnetismo existem pólos norte e sul, também na electricidade existem cargas eléctricas positivas e negativas. Um conjunto formado por uma carga eléctrica positiva e negativa tem, de resto, um efeito algo semelhante ao de um pequeno íman. Ao contrário dos pólos de um íman, que até agora nunca foram separados, as cargas eléctricas positiva e negativa podem ser separadas. Não gostam de ser separadas, mas podem sê-lo.

As cargas de tipo diferente atraem-se, enquanto as cargas do mesmo tipo se repelem (a electricidade seria uma boa confusão se houvesse três tipos de carga, em vez dos dois que conhecemos, o positivo e o negativo, tal como seria uma boa confusão se houvesse três sexos, em vez dos dois que conhecemos). O pente atrai os papéis porque, ao ser friccionado, fica com um excesso de cargas negativas. Essas cargas negativas atraem as cargas positivas dos papéis.

As cargas eléctricas positivas atraem as cargas eléctricas negativas de uma maneira que curiosamente é muito semelhante à atracção entre dois corpos com massa: é inversamente proporcional ao quadrado da distância. A força eléctrica entre duas cargas imóveis de tipos diferentes é matematicamente equivalente à força entre duas massas. Foi o francês Charles-Augustin de Coulomb quem, no século XVIII, estabeleceu a lei das forças eléctricas. A carga desempenha assim para a força eléctrica o mesmo papel que a massa desempenha para a força gravítica. Existem, porém, duas importantes diferenças: a primeira reside no facto de haver cargas positivas e negativas, enquanto a massa é só positiva (até mesmo a antimatéria, a «imagem ao espelho» da matéria normal, tem massa positiva); a segunda reside no facto de a carga ser sempre múltiplos de um certo valor, ao passo que no caso da massa não existe uma unidade semelhante. A semelhança entre a força eléctrica e a força gravítica ainda é assunto para ser definitivamente entendido.

Foi ainda o francês Coulomb que descobriu a lei das forças magnéticas, semelhante à das forças eléctricas excepto no facto de os pólos substituírem as cargas e de os pólos não se poderem separar. Houve quem dissesse que um italiano, Giovanni Dalla Bella, que no século XVIII foi chamado para ensinar Física na Universidade de Coimbra no quadro da Reforma Pombalina, descobriu a lei das forças magnéticas antes de Coulomb. Mas Coulomb publicou primeiro a sua descoberta... Rómulo de Carvalho defendeu que a pretensão de dar prioridade a Dalla Bela é insustentável.

Sabe-se hoje que a carga mínima é transportada por uma partícula, chamada «electrão». Os electrões são pequenas partículas que circulam das regiões negativas para as regiões positivas, isto é, dos sítios onde os há a mais para os sítios onde os há a menos. Ao seu movimento chama-se corrente eléctrica. Um relâmpago numa trovoada é afinal uma corrente eléctrica momentânea: as nuvens têm, por uma razão que ainda hoje não é suficientemente conhecida, excesso de electrões num lado e estes tendem a fugir para os pára-raios, para as torres e para as árvores. As pilhas e as baterias baseiam-se num processo químico que cria excesso de electrões num lado, podendo os electrões transitar do sítio onde há mais para o sítio onde há menos e fechar o circuito. Um fio de cobre é a estrada ideal para os electrões passarem (a prata é melhor condutora de electricidade, mas é também muito mais cara do que o cobre). Hoje sabe-se isso tudo. No entanto, estudaram-se durante muito tempo os fenómenos eléctricos sem se suspeitar da existência do pequeníssimo electrão. Os fenómenos são visíveis a olho nu, apesar de o electrão não o ser. O electrão tem efeitos macroscópicos apesar de ser microscópico.

Sabe-se hoje ainda que o *spin*, a agulhinha magnética de que falámos, e o electrão estão intimamente relacionados: todos os electrões têm *spin*, isto é, são agulhas magnéticas extremamente pequenas.

O FIO ELÉCTRICO E O MAGNETE

Durante algum tempo o magnetismo, cujo estudo e aplicação são bem antigos, e a electricidade, que como disciplina científica é um pouco mais recente, ignoraram-se mutuamente. Foi só no início do século XIX que um dinamarquês, Hans Christian Oersted de seu nome, descobriu uma relação entre a electricidade e o magnetismo. Foi o começo do electromagnetismo. Duas palavras deram lugar a uma só. Oersted publicou um panfleto de quatro páginas em latim com um título que, traduzido em português, fica: *Experiências sobre o efeito de uma corrente de electricidade na agulha magnética.*

Na época de Oersted, já a ciência eléctrica estava avançada. Já se conheciam as pilhas (que são, como foi dito, fontes de corrente eléctrica), os condensadores (que são artefactos onde se podem guardar cargas eléctricas) e as resistências (artefactos onde a estrada dos electrões dá, por assim dizer, muitas curvas). Já se tinham efectuado terríveis experiências de choques eléctricos em rãs e alegres experiências de salão para cavalheiros e damas, em geral nobres (o Palácio da Ajuda em Lisboa teve uma Sala de Física para uso da família real, no século XVIII; essa sala dispunha de máquinas magníficas, algumas das quais compradas no estrangeiro, nos melhores sítios, pelo cientista português exilado em Londres João Jacinto de Magalhães, que foi membro de algumas das melhores academias científicas da época). Hoje a física já não se presta tanto ao espectáculo. As torturas dos pobres batráquios são expressamente condenadas pela Sociedade Protectora dos Animais e também por leis, mas, na altura, nem existia esse tipo de sociedades nem a legislação era tão amiga dos animais. Quanto aos palácios, já não têm a mesma animação social de outrora, não se divertindo as famílias reais e os nobres a fazer excitantes experiências de física.

Oersted reparou que uma agulha magnética ficava «doida», isto é, desorientada, quando colocada perto de um circuito eléctrico, à semelhança do que acontecia quando estava perto de uma outra agulha. Existia, pois, uma relação entre electricidade e magnetismo. A corrente eléctrica produzia um efeito semelhante ao de um íman. Essa relação foi, de início, estabelecida apenas num sentido: a corrente eléctrica num fio produz um efeito sobre uma bússola, procurando a agulha magnética orientar-se perpendicularmente ao fio. Se o fio onde passava a corrente eléctrica estava orientado segundo a direcção norte-sul, a bússola, em vez de apontar para norte, como devia, apontava, por exemplo, para ocidente. Ficava desnorteada.

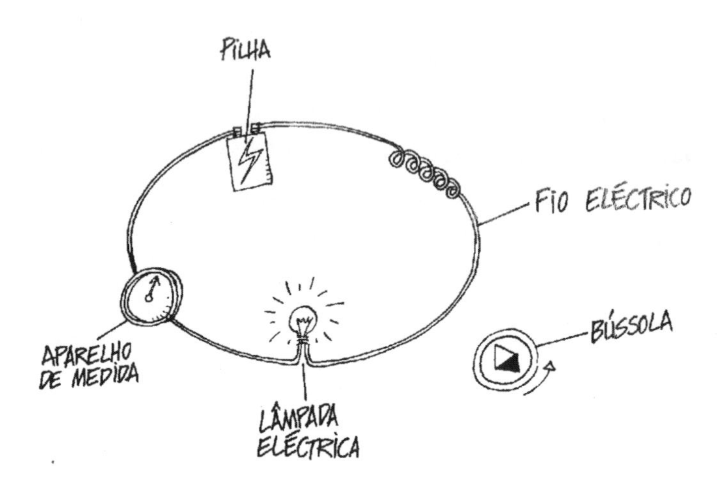

A bússola desnorteada

No espaço à volta do fio eléctrico, havia assim uma zona de influência, onde as agulhas magnéticas se mexiam. Dizemos hoje que nessa zona existe um campo magnético. O movimento dos electrões produz um campo magnético. Esse campo magnético pode ser visualizado espalhando limalha de ferro, isto é, ferro esfarelado, nas proximidades. A limalha obedece às ordens do campo, como que guiada por uma mão invisível.

O físico francês André-Marie Ampère estudou a forma desse campo. Concluiu que um circuito em forma de circunferência cria um campo que é parecido com aquele que é criado por um magnete em forma de disco. Assim, uma bobina, que é um conjunto de espiras circulares, cria um campo que é semelhante ao de um cilindro magnético. Vem tudo explicado na sua *Teoria Matemática dos fenómenos electrodinâmicos deduzida unicamente da experiência*.

Uma aplicação prática desta observação consiste em tornar magnética uma barra metálica que o não é. Se se enrolar bem um fio, dando muitas voltas, em torno de uma barra de ferro não magnetizada e depois se fizer passar corrente no fio, esse ferro transforma-se num magnete. Os spinzinhos, que apontavam ao deus-dará para todo o lado, passam a apontar para onde manda o campo ditatorial. Diz-se que o ferro ficou magnetizado. O ferro onde está enrolado o fio consegue exercer uma força magnética suficiente para levantar pesos descomunais, pesos muito maiores do que aqueles erguidos por Melquíades na aldeia de Macondo. Um tal utensílio, de utilidade evidente, chama-se electroíman.

Se um circuito eléctrico é equivalente a um íman, talvez também se possa encontrar aí a origem do magnetismo terrestre. O campo magnético da Terra estende-se em redor de todo o planeta. No final do século XVIII, houve físicos que subiram em balão, com uma bússola, para descobrir que o campo magnético existia lá no alto; quando se subiu mais alto, com os primeiros satélites artificiais, descobriu-se a forma completa do campo magnético terrestre, nomeadamente as chamadas «cinturas de van Allen», que são, entre outras coisas, responsáveis pelas espectaculares auroras boreais nas frias paisagens da Lapónia.

Talvez então, no interior da Terra, em vez de um grande pedaço de magnetite, exista uma circulação de cargas eléctricas que tenha o mesmo efeito que um íman...

De facto, hoje sabe-se que o magnetismo terrestre provém de correntes circulares numa camada líquida condutora, existente no interior da Terra. O interior da Lua é todo sólido, pelo que não há campo magnético lunar (parece que houve, mas agora já não há). Na Lua há «mares», mas não há água para navegar, nem se pode usar uma bússola. Por seu lado, o interior de Júpiter é, em grande parte, líquido, pelo que existe aí um forte campo magnético (o campo magnético à superfície de Júpiter é cerca de 14 vezes superior ao da Terra e tem o pólo norte para cima, ao contrário do nosso planeta). As sondas *Voyager 1* e 2 permitiram efectuar medidas desse campo jupitereano, medidas essas que foram completadas pela sonda *Galileo*, lançada em 1989 e que chegou a Júpiter em 1995. Em 2016, a NASA colocou a sonda *Juno* em órbita de Júpiter. A missão europeia a Júpiter JUICE partiu em 2023 e a norte-americana *Europa Clipper* partirá em 2024. As observações realizadas com esse tipo de sondas são essenciais para melhor conhecer o fenómeno do magnetismo planetário.

Mas ainda não se conhece a causa das alterações da corrente condutora na Terra, que provocam as inesperadas, caóticas, inversões de polaridade. As rochas basálticas, quando passaram outrora da fase líquida à fase sólida, magnetizaram-se, seguindo a orientação do campo magnético terrestre na altura. Depois, essa magnetização foi conservada, embora o campo da terra tenha mudado. Ficaram uma espécie de bússolas congeladas.

Há até quem pretenda associar as inversões dos pólos magnéticos da Terra com as extinções periódicas ao longo da evolução biológica. Os seres vivos não se dariam bem nas épocas de campo magnético nulo, uma vez que a Terra ficaria então desprotegida em relação aos raios cósmicos. A causa da inversão do campo magnético pode ter sido a queda de um meteorito, responsável directo, logo que cai, pelas descontinuidades das populações vivas. Não se sabe ao certo.

O magnetismo terrestre conserva ainda alguns mistérios. Esse íman que é a Terra toda causa ainda aos habitantes da Terra (incluindo os geofísicos) quase tanta admiração como os ímanes do cigano Melquíades aos habitantes do povoado de Macondo.

O MAGNETE E O FIO ELÉCTRICO

Não foi preciso esperar muito até que um inglês, Michael Faraday, realizasse uma experiência que mostrou o efeito contrário ao de Oersted, isto é, que um íman pode produzir corrente eléctrica. A história de Michael Faraday poderia perfeitamente ser tirada de um daqueles romances de Charles Dickens povoados de crianças com uma vida desgraçada. Faraday viveu tempos difíceis na sua infância. É certo que andou na escola primária, mas depois não foi a mais escola nenhuma. Foi aprendiz numa oficina de encadernação.

Certamente que a meio da encadernação aproveitava para espreitar o conteúdo do livro. Um dia foi assistir a uma sessão de divulgação científica realizada pelo maior químico da altura no Reino Unido, Sir Humphrey Davy. Nessa data, mal imaginava o pobre adolescente, embasbacado com as demonstrações do químico ilustre, que lhe haveria de suceder na presidência da prestigiada Royal Institution, em Londres. Faraday começou por ser assistente de Davy, tendo-se, mais tarde, tornado o maior cientista experimental do século XIX e num dos maiores de sempre. Charles Dickens não teria imaginado uma história melhor e mais comovente.

Faraday realizou numerosas experiências, com incomparável persistência, minúcia e rigor. Não admira, por isso, que algumas delas tenham ficado famosas. Repetiu a experiência de Oersted e, baseando-se no movimento da agulha magnética, inventou o primeiro motor eléctrico. A corrente eléctrica fazia mexer coisas e não é difícil imaginar algumas utilidades para esse movimento. Por analogia com o facto de um corpo carregado exercer uma influência sobre corpos vizinhos, ainda que estes sejam neutros, suspeitava-se, no tempo de Faraday, que um circuito onde passava uma corrente eléctrica podia exercer um efeito sobre um circuito vizinho sem qualquer pilha. Faraday verificou que quando, por meio de um interruptor, se desligava um circuito eléctrico activo, surgia repentinamente uma corrente num circuito inactivo que estava por perto.

A experiência mais famosa de Faraday foi, de certo modo, o recíproco da experiência de Oersted. O movimento da carga eléctrica causa o magnetismo. Por que não haveria então o movimento magnético de causar a electricidade?

O dispositivo experimental consistiu num circuito, sem pilha, no qual existia uma bobina. Fazendo um íman entrar e sair no interior da bobina criava-se uma corrente eléctrica no circuito, detectada pelo ponteiro de um instrumento de medida adequado. A variação temporal do campo magnético criado pelo íman induzia uma corrente eléctrica no circuito. Esta chama-se mesmo corrente induzida.

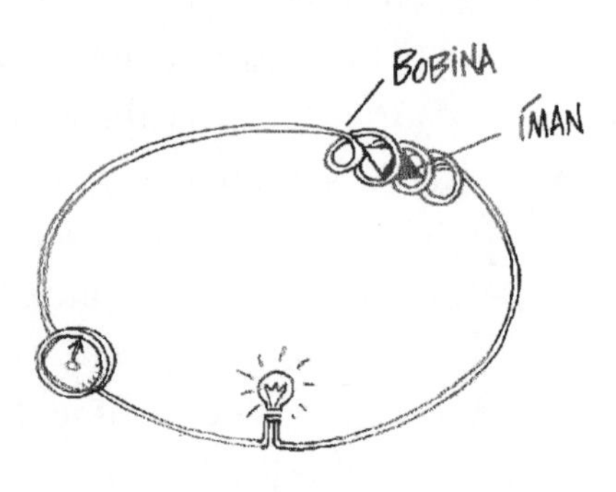

O electroíman

É o princípio do dínamo da bicicleta (a bicicleta de Faraday, imaginando que ele tinha uma, só não podia passar a circular à noite porque ainda não tinha sido inventada a lâmpada). Numa bicicleta, o movimento da roda faz girar um pequeno magnete que provoca uma corrente no circuito e, portanto, luz no farolim.

É este ainda hoje o princípio usado para gerar electricidade industrial, isto é, electricidade para toda a gente. A água de uma barragem cai, fazendo girar um dínamo que por sua vez cria uma corrente eléctrica num circuito. O processo é semelhante ao da bicicleta com a diferença de que, em vez do ciclista a pedalar, se tem água a cair, e, em vez do farol à frente do velocípede, se tem luz em nossas casas. Pagamos a luz à empresa responsável pela barragem ou pela central eólica, já que não tivemos o trabalho de pedalar (a luz da bicicleta não se paga, porque é o próprio que pedala). Razão tinha Faraday quando, ao ser-lhe perguntado um dia, por um qualquer político ignorante (já nesse tempo os havia...), para que servia a electricidade, lhe respondeu: «*Sir*, ainda um dia hão-de cobrar impostos sobre ela!». Ainda hoje pagamos, de facto, taxas de energia eléctrica, uma vez que essa energia, como de resto qualquer outra, custa dinheiro (a energia necessária para pedalar a bicicleta custa o preço do almoço).

Do ponto de vista puramente conceptual, a experiência da indução de Faraday é notável porque ensina que, se uma certa coisa funciona de uma certa maneira, se deve verificar também se ela funciona ao contrário e de que modo funciona ao contrário. Não há outra maneira de descobrir as relações entre as coisas a não ser adivinhar e verificar se a adivinha está certa. Faraday adivinhou correctamente que o magnetismo podia originar electricidade. A electricidade e o magnetismo estão intimamente relacionados, embora sejam diferentes. A feminina electricidade e o masculino magnetismo ficaram, com Faraday, unidos para sempre. O livro de registo intitulou-se *Investigações Experimentais sobre a Electricidade*.

Faraday foi um exímio experimentador. As suas experiências ilustram bem o facto de ser necessário manipular as coisas para descobrir como elas são. Newton não podia experimentar directamente com a Lua (podia só deixar cair a maçã!), mas, apesar disso, conseguiu estabelecer uma ligação entre a maçã e a Lua. A sua percepção da unidade do mundo foi passiva. Muitos anos depois, Faraday experimentou directamente com ímanes, pilhas e fios de cobre para ligar a electricidade com o magnetismo. A ligação dos fenómenos magnéticos (que têm a ver com o íman) com os fenómenos eléctricos (que têm a ver com o âmbar) foi tão importante para a história do homem como o foi antes a ligação dos fenómenos da Terra com os fenómenos do céu.

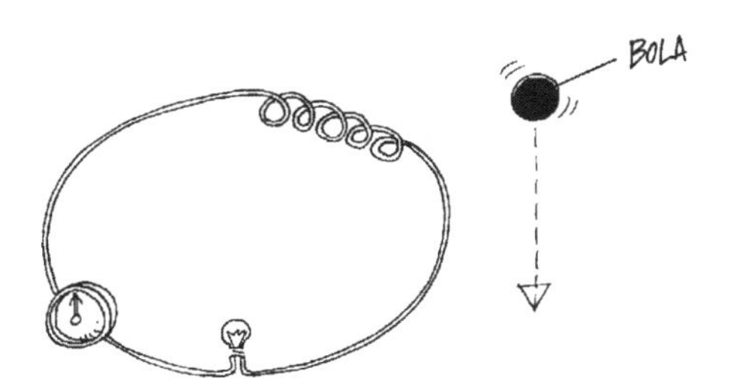

Terá a gravidade algo a ver com a electricidade?

O electromagnetismo não explica o movimento dos planetas (apesar de Kepler pensar que era uma força magnética a responsável pelo movimento dos astros). Porém, Faraday, não contente com o casamento da electricidade com o magnetismo, ainda ensaiou algo que era impossível na época e que ainda hoje não foi conseguido: a unificação da electricidade com a gravitação. Apesar de ter tentado, nos últimos anos da sua vida, uma experiência em que deixava cair bolas pesadas perto de um circuito sem fonte de corrente, não conseguiu verificar qualquer influência sobre este último. O movimento da bola, ao contrário do movimento do íman, não fazia mover um único electrão. O leitor pode experimentar em casa, que não descobre nada (ponha uma almofada no sítio onde cai a bola para não incomodar o vizinho de baixo!). Este sonho da unificação das forças foi perseguido em vão pelo rapazinho da bússola, Einstein, durante a maior parte da sua vida. E ainda hoje muita e boa gente acredita que um dia essa ligação será possível. Não desistiram de ver redimido o falhanço de Faraday e concretizado o sonho de Einstein. Para já, estabeleceu-se uma unificação entre a força electromagnética e a chamada força nuclear fraca, responsável por uma certa forma de radioactividade. Descobriu-se a força electrofraca.

Uma razão de peso para acreditar que a gravidade tem a ver com a electricidade reside no facto de a forma matemática das forças de Newton e de Coulomb ser precisamente a mesma. Ambas as forças se estendem até distâncias infinitas. Foi até proposta uma nova partícula — o gravitão —, que seria a unidade do campo gravítico, como o fotão é a unidade do campo electromagnético. Sabe-se que o fotão não tem massa nem carga e suspeita-se que o mesmo aconteça com o gravitão.

Não se deve, portanto, confundir o fotão ou o gravitão com o «pelintrão», partícula do anedotário nacional, que não tem massa e que aguenta toda a carga...

A LÂMPADA ELÉCTRICA

Os geradores eléctricos, baseados na experiência da indução de Faraday, permitem que a electricidade chegue a nossas casas, onde pode ser usada para produzir movimento, com a ajuda de motores eléctricos, ou para produzir luz, com a ajuda de lâmpadas eléctricas. Se é certo que o efeito fotoeléctrico mostra que a luz produz electricidade, antes de ele ter sido descoberto já se sabia que a electricidade podia ser usada para produzir luz. Hoje, obtemos luz num circuito eléctrico por meio de uma lâmpada, uma invenção no século XIX de um outro autodidacta engenhoso, Thomas Alva Edison, este do outro lado do Atlântico. Foi a lâmpada eléctrica que conduziu à generalização da electricidade na vida doméstica.

Nos Estados Unidos da América, a electricidade já era conhecida desde os tempos de Benjamin Franklin, no século XVIII. Franklin, físico e diplomata, tinha sido, com o risco da própria vida, autor de perigosíssimas experiências de descargas de um relâmpago num papagaio de brinquedo, experiências essas que conduziram à descoberta da verdadeira natureza dos relâmpagos — relacionou-os com descargas eléctricas — e à invenção do pára-raios. Mais perigosa do que as experiências de Franklin só a descida realizada por uma personagem do romancista francês Jules Verne, ao longo do pára-raios de uma torre prisional, numa noite sacudida por uma trovoada violenta...

Edison teve uma infância semelhante à de Faraday. Não foi durante muito tempo à escola primária. Apesar disso, desenvolveu, tal como Faraday, uma actividade prática notável, tendo registado mais de mil patentes. Edison foi engenheiro, ao passo que Faraday foi físico experimental. Os engenheiros fazem coisas para o grande público. Passaram a ser usadas em casa as lâmpadas eléctricas inventadas por Edison e toda a gente passou a saber que a luz na lâmpada provém da passagem de corrente eléctrica numa resistência. Hoje, quando se paga a energia eléctrica, continua a dizer-se que se paga a luz.

Consideremos uma lâmpada de tungsténio, apesar de elas já terem sido substituídas por outras mais eficientes, como as lâmpadas fluorescentes e os LED (*Light Emission Diodes*), que são dispositivos quânticos que fornecem luz de modo bastante económico. Os impactos dos electrões com os átomos do tungsténio de que a resistência da lâmpada é feita provocam a excitação atómica, isto é, o ganho de energia pelos átomos da rede metálica. Esses encontrões são tão violentos que não é de admirar a excitação produzida. A luz é apenas o resultado da desexcitação subsequente.

Pagamos à empresa fornecedora de energia eléctrica o movimento dos electrões, recebendo em troca a luz originada por eles. Lembre-se que Faraday, que era físico, pensou e realizou uma única experiência para evidenciar um efeito contrário ao descoberto por Oersted. Por seu turno, Edison, que era engenheiro, experimentou milhares e milhares de materiais para verificar no fim que o carbono era o mais adequado (o tungsténio haveria mais tarde de substituir o carbono). O público só compra coisas que funcionem comprovadamente.

A maneira normal de fazer luz consiste em excitar um sistema e deixá-lo depois voltar à situação inicial. É isso que a moderna mecânica quântica ensina, mas que Edison não precisou de aprender. A emissão de vários tipos de luz tem a ver com a grandeza da excitação e consequente desexcitação. Os níveis de energia num átomo podem ser comparados a andares de uma casa. Por exemplo, no edifício que é o átomo de hidrogénio, a luz infravermelha corresponde a saltos para o rés-do-chão e a luz visível a saltos para o primeiro andar. A energia dos fotões resulta desses saltos. Um laser não é mais do que um tubo contendo um gás (ou líquido) onde todos os átomos saltam ao mesmo tempo: da desexcitação conjunta resulta uma luz bem forte... A luz do laser é tão forte que é possível mandá-la à Lua, fazê-la bater aí num espelho e deixá-la voltar, permitindo determinar com rigor de milímetros a distância entre a fonte de luz na Terra e o espelho na Lua.

Edison encontrou, finalmente, depois de muito procurar, um material que fosse facilmente excitável e desexcitável, dando luz visível sem se gastar muito depressa no processo. Concluiu também que era conveniente haver vácuo na lâmpada, para o filamento durar mais tempo. Mais tarde passou a usar-se um gás inerte, e é a expansão rápida desse gás que origina o sonoro estampido quando uma lâmpada se quebra.

É evidente que, quando rebenta a lâmpada, se interrompe a passagem da corrente (a resistência fica infinita). Não convém colocar lâmpadas num circuito umas a seguir às outras, já que, quando uma se funde, se apagam também as outras todas. Edison reconheceu a vantagem de colocar as lâmpadas em paralelo.

Vejamos, com a ajuda de um pássaro (por exemplo, o mesmo pássaro que esteve pousado no pequeno planeta ao alcance do pequeno príncipe), a distinção entre lâmpadas em série e em paralelo. Considere-se uma lâmpada num circuito e um pássaro também pousado, ao lado, no mesmo circuito. A lâmpada está, pois, em série com o pássaro, ligados por um fio de cobre. Supomos que se tem corrente contínua, isto é corrente num só sentido. Os electrões vão rápidos pelo fio, mas o seu ímpeto é reduzido ao baterem nos átomos de cobre. É esse o fenómeno da resistência: a velocidade média de um electrão é de cerca de 1000 km/s, mas a velocidade de arrastamento dos electrões no seu conjunto é só de 0,004 m/s (é como uma manifestação num parque em que cada um foge da polícia a correr muito, mas acaba por bater nas árvores, deslocando-se a multidão muito devagar). O pássaro pode tranquilamente pousar no fio porque os electrões preferem ir pelo fio de cobre, onde ele está pousado, em vez de percorrerem o animal. O corpo da ave oferece mais resistência que o cobre, e os electrões vão sempre pelos sítios que oferecem menor resistência (esta é a lei do menor esforço para electrões). No entanto, considere-se agora que o pássaro pousa no circuito com uma pata em cada lado da lâmpada. Neste caso, os electrões têm duas resistências em paralelo à sua escolha: a do pássaro e a da lâmpada. Vão pelo percurso de menor resistência, que é ao longo do pássaro, seguindo ainda a lei do menor esforço. A pobre ave apanha um choque e fica chamuscada só porque não viu onde pousou. Moral da história: nunca devem os pássaros pousar nos extremos de uma resistência...

O pássaro electrocutado

Em fins do século XIX, fechou-se o circuito que vai da antiga pedra que ama à electricidade industrial. A corrente contínua foi substituída pela corrente alterna, que é mais adequada para o transporte à distância e que é aquela que ainda hoje existe em nossas casas. Na corrente alterna, os electrões, em vez de circularem num sentido só, são mandados para um e para o outro lado a pequenos intervalos regulares. As luzes de casa acendem-se porque algures um dispositivo com um íman é movido pela água de uma barragem ou pelo vapor de água de uma central, térmica ou nuclear, dando origem à electricidade industrial (as centrais fotovoltaicas são o único caso em que não são precisos ímanes para gerar corrente, pois a luz converte-se em corrente eléctrica, de um modo semelhante ao que acontece numa célula fotoeléctrica). Passou a pagar quem queria ter luz em casa (a não ser que tenha painéis solares).

É, portanto, a electricidade que permite ter em nossas casas luz visível. Foi também outrora a electricidade que conduziu à compreensão da luz, tanto visível como invisível. Como já foi dito, Maxwell traduziu para linguagem matemática as descobertas de Coulomb, Oersted, Ampère e Faraday (houve mais gente que ajudou ao casamento da electricidade e do magnetismo, como os franceses Jean-Baptiste Biot e Félix Savart, o estoniano Heinrich Lenz e o norte-americano Joseph Henry). Chegou a quatro equações aparentemente complicadas (pelo menos para os estudantes de engenharia electrotécnica), mas que, em poucas palavras, dizem apenas isto:

1) A força entre duas cargas eléctricas é coulombiana, variando na razão inversa do quadrado da distância.
2) Não há monopólos magnéticos. Dois pólos magnéticos criam um campo magnético semelhante ao campo eléctrico originado por duas cargas eléctricas opostas.
3) Uma corrente ou a variação temporal de um campo eléctrico provocam um campo magnético (Oersted descobriu que a corrente, o movimento de cargas, provocava um campo magnético; Maxwell, levado por argumentos de simetria, acrescentou que a variação temporal de um campo eléctrico tinha o mesmo resultado).
4) A variação temporal de um campo magnético provoca um campo eléctrico.

As duas primeiras equações de Maxwell descrevem o campo eléctrico e o campo magnético. As seguintes descrevem o efeito do campo eléctrico sobre o campo magnético e o recíproco.

A partir dessas equações podem deduzir-se equações de onda, que dão conta da propagação de sinais eléctricos e magnéticos.

A luz, que é a vibração dos campos eléctrico e magnético, obedece a essas equações de onda.

As equações de Maxwell apresentaram, logo que conhecidas, um defeito que, mais tarde, se veio a revelar uma virtude. Tanto essas equações como as equações de onda que delas derivam não respeitam o princípio de relatividade de Galileu: na perspectiva clássica, elas apenas seriam válidas num dado sistema de referência particular, o sistema do éter, e não em todos os sistemas de referência. Mas, com o formalismo de Maxwell, ficou aberto o caminho à teoria da relatividade. Maxwell deixou a comida preparada para Einstein comer. Este último apenas teve de mudar a expressão do princípio da relatividade de tal maneira que as equações do electromagnetismo passassem a ser válidas para todos os observadores e não apenas para aqueles imóveis no éter (o éter, por assim dizer, evaporou-se!). A velocidade da luz passou a ser a mesma para toda a gente, quer parada quer a correr. Para isso, teve de ser sacrificada a mecânica antiga e criada uma nova.

Faraday não era teórico, como Einstein, mas tinha, como este, uma intuição de génio. Assim, pressentiu a relação dos campos eléctrico e magnético com a luz. Uma vez ia apresentar, na Royal Institution, Charles Wheatstone, que devia proferir uma conferência sobre electricidade (há uma associação de resistências que tem o nome desse professor). Não se sabe bem porquê, mas Wheatstone desapareceu pouco antes da altura em que devia entrar em cena. Para não deixar o público de ouvidos a abanar, Faraday resolveu dar, ele próprio, uma conferência de improviso. Entre as várias coisas que disse sem justificar, daquelas coisas que apenas se dizem quando não se pode estar calado, Faraday referiu a possível relação do electromagnetismo com a luz... Teve razão antes de Maxwell e sem recorrer a quaisquer equações.

Faraday não imaginou, porém, a transmissão de notícias à distância com luz invisível. Era areia demais para a camioneta dele. O vaivém dos electrões num circuito adequado provoca, em certas condições, ondas de rádio, a luz que, apesar de invisível, permite hoje escutar vozes e ver imagens à distância. Já antes de Hertz se tinha visto sem perceber que uma descarga eléctrica num sítio incomodava um sapo num outro sítio. Há assim mais luz — a luz de Hertz —, além da da lâmpada vulgar — a luz de Edison.

Edison fez algumas experiências com tubos de vácuo. Nos fins do século XIX, tornaram-se comuns as descargas eléctricas no vazio. Viram-se então claramente os electrões. Com a ajuda de um campo eléctrico ou de um campo magnético, conseguiu-se encurvar um feixe de electrões para um sítio qualquer. Estas e outras experiências serviram para determinar a massa do electrão e chegar à conclusão de que ele era mesmo pequeno. Serviram também de base ao desenvolvimento da televisão, que só havia de se comercializar nos anos de 1950. A luz portadora das notícias é enviada por uma grande antena no cimo de um monte e recolhida por uma pequena antena num telhado. Na antena de recepção, a luz faz movimentar electrões. Estes electrões comunicam as notícias ao aparelho de televisão propriamente dito. De facto, actualmente a transmissão televisiva já não se faz por antenas num telhado, mas principalmente por cabos ópticos, por onde a luz, levando a informação, viaja «canalizada».

Eis, pois, como de um casamento de conveniência, que foi o do magnetismo com a electricidade, resultou uma descendência inesperada: além de resolvido o problema da luz visível, obtiveram-se luzes invisíveis, ainda mais fantásticas do que a primeira, luzes como aquela que é utilizada para eliminar as distâncias e ver, em nossas casas, o mundo dentro de uma caixa.

As nossas emissões de televisão espalham-se actualmente à velocidade da luz pelo vasto cosmos, tendo a luz das primeiras emissões chegado já a centenas de estrelas nos arredores do Sol. Não somos nada avarentos. Recebemos, de facto, a luz das estrelas, mas, em contrapartida, enviamos também alguma luz para as estrelas.

6 DO CALÓRICO ÀS MÁQUINAS DE SÃO NUNCA

Quente e frio

Toda a gente sabe distinguir o frio do quente. Para tornar quantitativa essa distinção inventou-se uma propriedade chamada temperatura. Um corpo quente está a uma temperatura mais alta do que um corpo frio. Se pusermos em contacto um corpo quente com um corpo frio, a temperatura final será intermédia entre as temperaturas iniciais dos dois corpos. Calor é a palavra usada para descrever o que acontece quando se juntam dois corpos a temperaturas diferentes. Diz-se que ocorreu um fluxo de calor no processo que conduziu ao equilíbrio. No equilíbrio, existe uma única temperatura comum aos dois corpos. Se dois indivíduos, um quente e outro frio, derem um aperto de mão prolongado, as suas mãos acabarão naturalmente por ficar à mesma temperatura.

Durante muito tempo pensou-se que o calor era uma substância misteriosa — o calórico — que ocupava os corpos. Mas hoje o calor define-se não como algo que exista dentro dos corpos, mas sim como uma energia que passa pelas fronteiras dos corpos.

O calor dilata os corpos. Houve um aluno a quem foi perguntado uma vez porque é que os dias são maiores no Verão do que no Inverno, ao que ele respondeu que o calor dilata os corpos. O calor dilata, de facto, a maior parte dos corpos, apesar do disparate da resposta. Um termómetro comum é um corpo no qual uma substância se dilata quando entra em contacto com um outro corpo mais quente. Galileu foi o inventor de um dos primeiros termómetros quando reparou na dilatação do ar quente dentro de um tubo. Uma barra metálica pode também funcionar como um termómetro, uma vez que cresce a olhos vistos quando é aquecida. A Torre Eiffel, que mede cerca de 300 metros, pode ser vista como um gigantesco termómetro da cidade de Paris, porque, nos dias grandes de Verão, quando o Sol aperta, cresce 6 centímetros em relação ao seu tamanho médio. Um termómetro de mercúrio serve para medir a temperatura do corpo humano, porque o mercúrio sobe regularmente com o fluxo de calor do corpo. Quando o mercúrio do termómetro clínico pára de subir, está à mesma temperatura que o sovaco. Modernamente, em vez desses termómetros usam-se outros baseados na radiação infravermelha emitida pelo corpo: quanto mais quente estiver o corpo, maior será a frequência da luz emitida.

Terei febre?

Poder-se-á perguntar porque é que os termómetros contêm mercúrio e não água, que é um líquido mais acessível e barato. Não existem termómetros de água porque a água não é uma boa substância para um termómetro. Além do facto de a água passar a gelo a temperaturas abaixo do zero convencional na escala estabelecida no século XVIII pelo astrónomo sueco Anders Celsius (o zero Celsius é precisamente o ponto de congelação da água à pressão normal), a água tem um comportamento anormal: entre as temperaturas de 0 e 4 graus Celsius ela, quando aquecida, em vez de alargar, como o mercúrio, encolhe. Uma borracha, por exemplo, também não se dilata com o calor. Um plástico também não. Portanto, o calor nem sempre dilata os corpos (não há termómetros de borracha nem de plástico!) e o aluno mereceu a reprovação.

Aquecer água com uma pedra

Há muitas maneiras de aquecer a água e algumas delas são bem estranhas. Pode pensar-se que a experiência da queda das pedras do cimo da Torre de Pisa atribuída a Galileu não redundou em nenhum resultado prático nem em nenhum benefício para a civilização. Não teria servido para nada a não ser para compreender melhor o mundo e fazer progredir a ciência pura. Um político ignorante, se tivesse de decidir no tempo de Galileu a atribuição de dinheiro para a investigação científica, ainda poderia comprar a luneta que dava para ver bem o inimigo, mas com certeza que não subsidiaria o estudo da queda das pedras.

No entanto, no século XIX, cerca de 200 anos depois, quando a ciência e a técnica já tinham emigrado para o norte da Europa, o inglês James Prescott Joule mostrou que a queda das pedras pode servir, entre outras coisas, para aquecer água. A queda das pedras pode, portanto, ser útil para tomar um duche quente ou simplesmente para fazer café. A necessidade de aquecer a água é bastante mais evidente em Manchester, na fria Inglaterra, do que em Pisa, na quente Itália, e daí a necessidade de mudança de cenário quando se passa da dinâmica para a termodinâmica.

Que fez Joule? Em vez de deixar cair simplesmente a pedra e dá-la por perdida, atou-lhe uma guita (tal como naquela guerra anedótica em que as preciosas balas eram atadas à espingarda a fim de serem recuperadas e se continuar a refrega). Ligou a guita, passando por uma roldana, a um sistema engenhoso (o Professor Pardal, das histórias aos quadradinhos, não faria melhor) que fazia rodar um conjunto de pás dentro da água num recipiente fechado. A pedra cai, a guita estica, as pás rodam e a água aquece. De facto, Joule usou, em vez de um, dois pesos para aquecer a água melhor e mais depressa.

Joule conseguiu, nesta experiência, mostrar que a água realmente aquecia (o pai de Joule era cervejeiro, mas o filho aqueceu um pequeno barril de água porque, como toda a gente sabe, a cerveja quente não presta!). A leitura do termómetro permitiu-lhe até determinar o chamado «equivalente mecânico da caloria», isto é, a energia mecânica que é preciso fornecer para que tudo se passe como se a água tivesse sido posta ao lume e recebido uma caloria (uma caloria é a energia necessária para aumentar de um grau Celsius a temperatura de um grama de água, a 15 graus Celsius). Mais precisamente, pode averiguar-se de que altura uma determinada pedra deve cair para que a temperatura da água suba de um grau. Os físicos dizem que a pedra realiza trabalho ao cair, apesar de à pedra não lhe custar nada cair (não tem, de resto, outro remédio!). Também dizem que a pedra adquiriu energia cinética. Existe um teorema segundo o qual o trabalho realizado é igual ao aumento de energia cinética de um objecto. O teorema é chamado das «forças vivas», porque «força viva» era a expressão para a energia cinética, antes de se ter, no século XIX, inventado a palavra «energia» (um aluno, um dia, ao ser-lhe pedido num exame para enunciar o «teorema das forças vivas», desenhou um pistoleiro, com a arma fumegante e um balão por cima: Pum! Agora as forças vivas estão mortas!»). A energia cinética, a força viva da pedra, é comunicada à água por meio da guita e da engenhoca.

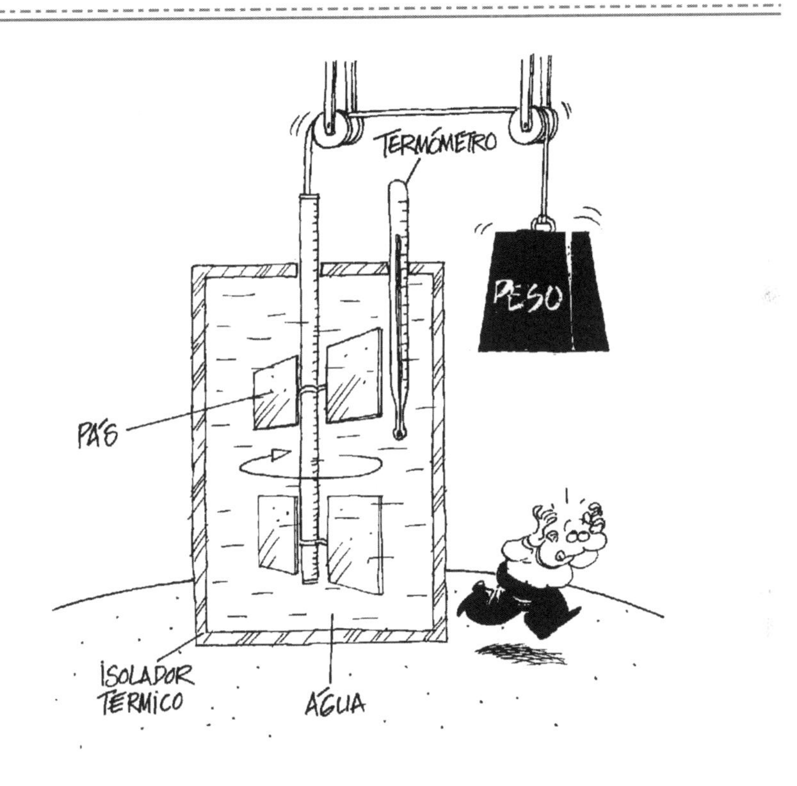

A experiência de Joule

A água fica no fim com mais energia do que no início (e não com mais calor). Temos a certeza de que ficou com mais energia porque vemos pelo termómetro que a sua temperatura aumentou. Sempre que aumenta a temperatura, aumenta também a energia, embora a energia não dependa, em geral, apenas da temperatura.

O processo é equivalente ao aquecimento directo da água ao lume, que seria até muito mais prático se se quisesse ter rapidamente água quente.

Pondo a água ao lume, entram directamente as «calorias» de energia, sendo então dispensáveis a energia cinética da pedra e o «teorema das forças vivas» (que o aluno quis, em sua legítima defesa, matar).

A energia de fora entrou pois dentro do barril. Mais exactamente, a energia da água dentro da vasilha aumentou devido à realização, pela pedra, de trabalho exterior. Essa energia poderia também ter aumentado devido a um fluxo de calor proveniente também do exterior. A energia, depois de estar dentro de água, passa-se a chamar interna. Antes chamava-se outra coisa qualquer. Uma vez a energia dentro de água, não interessa a respectiva origem. Se o leitor pedir um café num café, muito se admiraria se o empregado, aparentemente conhecedor da termodinâmica, lhe perguntasse se queria a água do café aquecida com trabalho ou com calor. «Não importa», poder-lhe-ia responder, «traga-me café com energia interna e meta-lhe lá dentro a energia como quiser!» Em nossas casas, pomos simplesmente a cafeteira da água no fogão da cozinha e acendemos o lume. Esse processo é muito mais simples e eficiente do que mexer energicamente a água da cafeteira ou deixar cair uma pedra enrolada a um fio. Estes últimos processos dar-nos-iam muito trabalho!

De facto, a água para o café pode também ser aquecida por um processo eléctrico, dizendo-se que também nesse caso se realizou trabalho (trabalho eléctrico e não mecânico). A transformação de energia eléctrica em energia interna da água acontece no chamado «efeito Joule», porque essa experiência também foi realizada pelo sábio de Manchester. É essa até normalmente a maneira de aquecer a água nos cafés.

Portanto, Joule não só aproveitou a queda da pedra, cujo estudo remonta ao tempo de Galileu, para aquecer a água, como inventou um truque novo com o mesmo objectivo, servindo-se da electricidade. Com efeito, no início do século XIX, a electricidade já andava pelos laboratórios de física. A queda de uma pedra pode até ser usada para gerar electricidade (se, por exemplo, a pedra fizer mover um íman dentro de uma bobina, como na experiência de Faraday) e esta servir para aquecer a água, de modo que os fenómenos mecânicos, eléctricos e térmicos fiquem todos encadeados. É curioso referir que Joule, antes de ter usado uma bateria para obter corrente na resistência, utilizou um gerador eléctrico rudimentar movido por um peso.

Tanto o trabalho como o calor são energias transferidas para dentro ou para fora de um sistema. Fala-se de trabalho quando há uma transferência ordenada, que podemos regular (uma vez que corresponde à variação de uma certa grandeza macroscópica, visível à vista desarmada), de energia para ou do sistema. A queda da pedra ou a corrente eléctrica na resistência são exemplos da realização de trabalho. O calor é a energia restante, a energia que entra ou sai do sistema de uma maneira que não é regulável. É, por assim dizer, a energia clandestina, que não é contada na alfândega, na fronteira do sistema. O efeito, quer do trabalho, quer do calor, é exactamente o mesmo: consiste em fazer aumentar ou diminuir energia interna do sistema. Por isso, muitas vezes, diz-se que há calor apesar de só haver trabalho.

Costuma invocar-se uma analogia para ajudar a compreender o conceito de calor. Um sistema termodinâmico é semelhante a uma piscina descoberta. O análogo da energia interna é a água dentro da piscina. A piscina pode evidentemente receber água do exterior de duas maneiras. A via regulável, e, portanto, de maior confiança, realiza-se pelas canalizações: a água que entra pelos canos é controlada por torneiras e pode ser medida directamente por um contador. Mas, como a piscina está a céu aberto, pode captar água das chuvas, quando chove (ninguém sabe ao certo quando vai chover naquele sítio, pelo que se trata de um processo irregular): esta água é o análogo do calor, é a energia que entrou sem ser controlada e contada. A água das chuvas pode, porém, ser contabilizada de uma maneira indirecta. Se, por meio de uma vara graduada, medirmos a altura da água e virmos que a piscina tem mais água, não podemos saber se esse acréscimo foi devido à entrada da água vinda da Companhia das Águas ou directamente do São Pedro. No entanto, se soubermos quanta água estava antes e quanta água entrou pelas torneiras, podemos concluir que o resto é água das chuvas. De modo semelhante, num sistema que contenha energia (todos os sistemas contêm energia), não podemos saber se a energia entrou devido a um fluxo de calor ou devido à realização de trabalho (por efeito da queda de uma pedra ou pela passagem de corrente numa resistência de um circuito eléctrico). A energia, uma vez lá dentro, «esqueceu» o modo como se tornou interna. Tal como a água, que não tem «memória» e não sabe donde veio.

A analogia da piscina é grosseira, mas os físicos recorrem com frequência a analogias desse tipo. É fácil ver que a analogia não funciona perfeitamente. Supôs-se que a água da chuva e das torneiras são iguais. Isso não é exactamente verdade: realmente a água das chuvas é destilada — ignoremos o problema das chuvas ácidas, que felizmente tem vindo a ser minorado —, enquanto a água da Companhia vem com cloro ou outros desinfectantes. Além disso, supôs-se uma outra coisa que não é exactamente verdade: que não se evapora água nenhuma. A evaporação da água seria «chuva negativa»...

As analogias não são equações. Devem ser consideradas apenas como analogias e mais nada.

A PRIMEIRA LEI

Existe, pois, uma grandeza característica dos sistemas termodinâmicos (falta definir sistema termodinâmico: é simplesmente a região do mundo em que estamos interessados) que é chamada energia interna. Se verificarmos que ocorreu uma mudança da quantidade de energia interna no sistema é porque entrou ou saiu energia: ou foi realizado trabalho ou ocorreu um fluxo de calor. Não há terceira possibilidade, uma vez que, por definição, toda a transferência de energia que não é trabalho é calor. Se variar a quantidade de energia, dizemos que o sistema não estava isolado. Se se perguntar a um físico em que condições é que a energia interna se conserva, ele responde que se conserva num sistema isolado e, se se perguntar o que é um sistema isolado, ele dirá logo que um sistema isolado é aquele no qual a energia se conserva. Os físicos são uns sujeitos curiosos: arranjam, por vezes, definições circulares às quais não é fácil dar a volta... É muito fácil, de resto, que os físicos tenham sempre razão: se, por acaso, a energia não se conservar numa certa experiência inventam logo uma outra forma de energia ou uma partícula que transporte a energia em falta e tudo bate certo de novo...

O princípio de conservação da energia é uma das leis mais fundamentais da física. Em termodinâmica — a ciência do calor criada na fria Europa do Norte — a conservação da energia aparece imposta pela primeira lei da termodinâmica. Como as leis se fizeram para serem cumpridas, a energia de um sistema isolado conserva-se em todas as circunstâncias!

A primeira lei da termodinâmica foi descoberta, mais ou menos ao mesmo tempo, por três cientistas da primeira metade do século XIX: o já referido inglês James Joule, o alemão Julius Mayer, que além de físico era médico num navio, e que chegou à primeira lei a partir de observações de fisiologia animal (observou, entre outras coisas, a mudança de cor no sangue venoso dos marinheiros quando o navio passava pelos trópicos e deduziu daí que, com o calor, os processos de oxidação no corpo humano se modificavam), e o alemão Hermann von Helmholtz, também físico e médico, que formalizou o mesmo resultado de uma maneira unificada e mais elegante. Os trabalhos principais de Joule, Mayer e Helmholtz intitularam-se respectivamente: *Sobre a Existência de Uma Relação de Equivalência entre o Calor e as Formas Vulgares de Potência Mecânica*, *Notas sobre as Forças da Natureza Inanimada* e *Sobre a Conservação da Força* (força nessa altura era sinónimo de energia).

Conclui-se da história da primeira lei que, em tempos que já lá vão, muitos físicos eram médicos (na Idade Média, um físico, como o que tratava a Dona Urraca, era médico e, mesmo na época do Renascimento, cientistas como Gilbert eram, antes de mais, médicos).

Conclui-se também dessa história que, no início do século XIX, a ideia da conservação da energia estava no ar e que, quando uma ideia anda no ar, pode ser apanhada por várias pessoas ao mesmo tempo. Isso aconteceu diversas vezes na história da ciência. Em jeito de anedota, acrescente-se a razão por que não podem existir mais do que três leis da termodinâmica. A primeira lei era de tal modo evidente que foi descoberta por três pessoas. A segunda, menos evidente, foi descoberta por duas pessoas, o alemão Rudolph Clausius e o escocês William Thompson, mais conhecido por Lord Kelvin em atenção ao título de nobreza que lhe foi atribuído. A terceira, a menos evidente das três (por isso, não iremos falar dela), foi descoberta por uma única pessoa, o químico alemão Walter Nernst. A quarta lei só poderá ser descoberta por zero pessoas e por isso nunca chegará a ser descoberta...

A termodinâmica foi, portanto, uma ciência legalizada por Joule, Mayer e Helmholtz. Já antes se tinha, no entanto, verificado que o calor não era uma substância mágica que impregnava os corpos (os mais quentes tinham mais calor), mas sim energia em movimento. A substância fantasmagórica, o fluido imponderável, que durante muito tempo foi julgado necessário, era o calórico (os corpos quentes teriam, assim, mais calórico do que os frios). Ainda hoje não nos conseguimos libertar, na linguagem corrente, dessa ideia errada de que os corpos quentes têm uma substância a mais que os frios, o tal calórico. Dizemos tranquilamente que um dado corpo tem mais calor do que outro, quando o corpo quente apenas tem mais energia interna, medida pela temperatura e não só. A energia não é de maneira nenhuma uma substância material, mas um conceito abstracto que os físicos inventaram ao estudar o movimento. Apesar de a palavra «energia» hoje andar nas bocas do mundo, convém lembrar que ela só foi criada no século passado. Por seu lado, a temperatura é uma variável de que a energia depende (também depende do volume ou da pressão).

No final do século XVIII, assistiu-se à emigração de muita gente da Europa para a América do Norte. Estava a começar um país novo.

Houve, porém, quem fizesse ao contrário e tivesse vindo, à aventura, do Novo para o Velho Continente. O aventureiro Benjamin Thompson, conde de Rumford, foi um desses raros casos (Benjamin Franklin também esteve muito tempo na Europa). Arranjou que fazer em Munique ao serviço do príncipe eleitor da Baviera, como ministro da Guerra e das Polícias. Nessa qualidade, supervisionava uma fábrica de armamento, onde se faziam canhões pesados. Reparou um dia que, ao perfurar canhões, a rosca perfuradora, movida por cavalos, fazia aquecer consideravelmente a limalha de ferro. Era precisa uma grande quantidade de água para arrefecer o canhão. O conde de Rumford concluiu que havia uma relação entre movimento e calor. Concluiu acertadamente que o calor tinha a ver com o movimento.

A experiência do conde de Rumford

A compreensão do calor começou, pois, com a arte da guerra e com um mercenário vindo das Américas. Rumford foi um beneficiário muito especial da Revolução Francesa: casou com a viúva do decapitado químico francês Antoine Lavoisier, embora mais tarde esse matrimónio tenha acabado em divórcio. Este famoso químico dizia que «na Natureza nada se cria, nada se perde e tudo se transforma». A energia, conforme os trabalhos, primeiro, do segundo marido da senhora Lavoisier e, depois, dos três responsáveis pela primeira lei, também não se cria e não se perde: transforma-se pura e simplesmente. Apesar de a energia não ser uma substância, conserva-se, tal como a massa de uma substância concreta.

Muita gente tentou durante muito tempo enriquecer construindo máquinas que criassem energia, as chamadas máquinas de movimento perpétuo. Parece que ainda há, de quando em vez, alguns malucos com ideias desse tipo. No entanto, nunca ninguém conseguiu triunfar na vida dessa maneira: a energia conserva-se num sistema isolado. Na prática, alguma energia escapa-se para o exterior do sistema, por este não estar perfeitamente isolado. Nunca se consegue isolar na perfeição um dado sistema. Há sempre contrabando de energia na fronteira, por melhor que seja a fiscalização.

A SEGUNDA LEI

A motivação económica da termodinâmica tem a ver não só com a guerra como com a indústria. Foi um engenheiro escocês, James Watt, quem inventou, no século XVIII, a máquina a vapor, ao ver o movimento do tampo numa panela ao lume. Que é a máquina a vapor? Trata-se de uma máquina onde se aquece água, sendo o vapor de água aproveitado para mover um êmbolo. O vapor de água, depois de ter movido o êmbolo numa câmara, é expelido para fora e condensado em líquido, enquanto entra novo vapor para a câmara. O vapor, porque faz mover o êmbolo, efectua trabalho. Na máquina a vapor ocorre uma transformação de calor em trabalho. Joule pensou um pouco à maneira de Faraday: se o calor se pode transformar em trabalho, por que é que o trabalho não se pode transformar em calor? Não é de mais insistir que os físicos procuram estabelecer relações entre fenómenos: viram as coisas ao contrário até que encaixem perfeitamente umas nas outras. No entanto, a bem dizer, Joule não transformou trabalho em calor. Usou o trabalho para aquecer a água, sendo o resultado equivalente ao que podia ter sido obtido com um fluxo de calor. A diferença parece um preciosismo, mas, se não se definir calor correctamente, depressa se volta ao desacreditado calórico.

Com base numa máquina especial, Sadi Carnot, infeliz engenheiro francês que acreditava no calórico (infeliz, não por acreditar no calórico, mas porque morreu muito novo, apanhado por uma epidemia de cólera), estudou as limitações do rendimento das máquinas, isto é, a eficácia da transformação de calor em trabalho. Verificou que nem todo o calor se pode transformar em trabalho e deixou isso escrito num livro de 45 páginas intitulado *Reflexões sobre a Potência Motriz do Fogo*.

O número das leis da física não se conserva. Algumas criam-se. A segunda lei da termodinâmica foi proposta a meio do século XIX, por Clausius e Lord Kelvin, para expressar a limitação encontrada por Carnot. Clausius escreveu *Sobre Uma Forma Modificada do Segundo Teorema Fundamental da Teoria Mecânica do Calor*, enquanto Kelvin foi o autor de *Sobre a Teoria Dinâmica do Calor*. Muitas e variadas experiências mostraram que o calor não pode ser transformado integralmente em trabalho, isto é, em movimento útil. Pelo contrário, todo o trabalho pode ser transformado em calor (com a ressalva já atrás feita de esta frase poder enganar o leitor).

A deficiência de funcionamento das coisas num certo sentido é conhecida de vários fenómenos térmicos. Toda a gente sabe que, por exemplo, o calor flui espontaneamente dos corpos quentes para os corpos frios, mas que o inverso se não verifica. O calor não passa, sem mais, dos corpos frios para os corpos quentes. Se quisermos que isso aconteça (e isso acontece, de facto, numa máquina frigorífica), teremos de fornecer trabalho de fora. Por isso é que custa dinheiro conservar as coisas frias no frigorífico. O trabalho em causa é eléctrico, sendo registado no contador doméstico.

A segunda lei da termodinâmica resume as limitações aos processos de transformação de energia num sistema macroscópico. Existem dois enunciados da segunda lei, que são rigorosamente equivalentes. Esses enunciados têm os nomes de Kelvin-Planck e de Clausius. Kelvin e Planck (Max Planck foi um físico alemão de finais do século XIX e princípios do século XX, que se dedicou ao estudo do calor e que, com esse estudo, acabou por iniciar a teoria quântica) diziam que não se pode transformar inteiramente em trabalho um fluxo de calor proveniente de uma única fonte quente. Tem de se libertar um certo calor para uma fonte fria, a qual, como o nome indica, é um corpo a uma temperatura inferior à da fonte quente original. A eficiência das máquinas a vapor tem um certo limite, porque alguma energia é rejeitada para a fonte fria. Se se adoptar uma analogia hidráulica, pode dizer-se que a situação numa máquina térmica é semelhante a uma azenha: a água cai de cima, faz mover a roda e volta ao rio. Clausius, por outro lado, afirmou que não se pode, sem mais, fazer passar calor de uma fonte fria para uma fonte quente. Num frigorífico realiza-se trabalho para retirar calor a uma fonte fria, que é o respectivo interior, sendo alguma energia enviada para uma fonte quente, que é o exterior (um frigorífico é também um aquecedor da cozinha, pois liberta um fluxo de calor para o meio ambiente).

Estes enunciados, que são negativos e manifestam impossibilidades, foram obtidos a partir de numerosos e repetidos falhanços práticos. Nenhum inventor conseguiu obter uma engenhoca que violasse a segunda lei da termodinâmica (só o Professor Pardal, com a ajuda do seu ajudante Lampadinha, é capaz, na banda desenhada, de semelhante proeza...). Actualmente, as repartições de patentes nem sequer aceitam projectos desse tipo, apesar de ainda haver gente suficientemente imaginativa (autênticos seguidores do Professor Pardal) para os propor. A termodinâmica mostra como um triunfo pode ser obtido à custa de numerosas derrotas. As leis da termodinâmica ficaram dadas por vencedoras logo que os inventores se deram por vencidos e resolveram aceitar a Natureza tal como ela é.

Nunca ninguém viu o calor proveniente de uma única fonte quente ser transformado totalmente em trabalho ou o calor fluir naturalmente de uma fonte fria para uma fonte quente. A essas máquinas impossíveis vamos chamar «máquinas de São Nunca». Nunca ninguém as construiu e nunca ninguém as irá construir. Só um santo, chamemos-lhe São Nunca, conseguiria o milagre de violar a segunda lei...

Vejamos exemplos de como seria o mundo, se as máquinas de São Nunca existissem. Se essas máquinas existissem, a vida, tanto no mar como em terra, seria, de facto, muito mais fácil.

Considere-se um navio, um navio fantasma muito mais fantasmagórico que o da famosa ópera de Wagner, que avança retirando energia das águas do mar e deixando atrás de si enormes icebergues. Esse hipotético navio transformaria em trabalho mecânico útil parte da imensa energia interna do mar. O mar tem bastante energia, pois está a uma temperatura bastante acima do zero absoluto, que por sua vez está 273 graus abaixo do zero de Celsius (o mar tem energia para dar e vender e nem daria pela falta da energia roubada pelo barco fantasma). Esse navio progrediria graças à lei de Arquimedes e à inesgotável energia do mar. Se acaso esses barcos existissem, ter-se-ia uma verdadeira galinha de ovos de oiro para viajar!

O navio fantasma

Do mesmo modo, não se pode fazer andar um comboio aquecendo-lhe simplesmente as rodas. Pode obviamente existir uma locomotiva, puxada por uma máquina a vapor antiga ou por um motor Diesel mais moderno, que avance respeitando as leis da termodinâmica. Mas o comboio que avançasse só porque os carris estivessem quentes seria um comboio fantasma, mais fantasmagórico que os das feiras populares.

A experiência de Joule a funcionar ao contrário seria um autêntico milagre. A água quente do reservatório não pode arrefecer e obrigar a pedra, caída no chão, a subir. O contrário do efeito Joule num circuito eléctrico é também impossível. A água, na qual está mergulhada uma resistência, não pode arrefecer, produzindo um acréscimo de corrente eléctrica no circuito. Tudo isso são máquinas de São Nunca.

Poder-se-iam multiplicar os exemplos. Desiludam-se, portanto, os inventores ainda iludidos. Não conseguem, por exemplo, inventar um relógio a que se dê corda aquecendo-o numa frigideira! Se entregarem engenhocas desse estilo numa repartição de patentes, arriscam-se a que o funcionário lhes responda: «Volte cá no dia de São Nunca à tarde...»

Por outro lado, se pusermos em contacto um bloco de gelo no uísque à temperatura ambiente, o gelo acaba por derreter (consideramos que a temperatura ambiente não é a da Escócia no Inverno). Flui calor do uísque líquido para o gelo e não em sentido contrário. Também não estamos à espera de, ao colocar uma cafeteira ao lume para fazer café, ver o lume aquecer e a água arrefecer ainda mais do que já está. Nunca ninguém espera aquilo que nunca acontece.

A ENTROPIA ETERNA E GRATUITA

Existe uma outra maneira, mais refinada, de exprimir a segunda lei da termodinâmica. Essa maneira é rigorosamente equivalente às duas anteriores, que são, por sua vez, e como já foi dito, equivalentes entre si. Criou-se uma quantidade, chamada entropia, que tem a seguinte propriedade: a entropia não pode diminuir num sistema isolado. Processos como o do navio fantasma, do comboio fantasma, da subida da pedra na experiência de Joule ou do efeito Joule inverso num circuito eléctrico fariam diminuir a entropia do sistema total.

Mas que vem a ser essa tal entropia?

Se fizermos entrar energia lentamente num sistema, por efeito de um fluxo de calor proveniente de uma fonte quente, o aumento de entropia será simplesmente a razão do calor entrado sobre a temperatura absoluta que se supõe ser constante no processo. A escala de temperatura absoluta tem o zero a 273 graus abaixo do ponto de congelação da água, sendo possível mostrar que não existem temperaturas abaixo desse baixíssimo zero. O aumento da entropia será tanto maior quanto maior for o calor entrado, para uma certa temperatura constante, e tanto maior quanto menor for essa temperatura, para um fluxo de calor constante.

Pode também considerar-se a entropia como uma medida da desordem. Vejamos como. Embora no século XIX a existência das moléculas não estivesse ainda estabelecida e aceite, sabe-se hoje que a água do recipiente de Joule é constituída por moléculas com movimentos muito rápidos e que a energia interna se deve a todas elas. Qualquer substância é formada por moléculas ou átomos em constante movimento. Se entrar calor num sistema, as moléculas movem-se ainda mais rapidamente. A confusão, a desordem, é maior. A entropia aumenta. A queda da pedra atada à guita é equivalente ao aquecimento do sistema com calor e, por isso, também nesse caso se verifica o aumento da entropia da água.

O conceito de desordem é bastante usado na vida corrente. Associamos, em geral, ordem à informação (dizemos que uma coisa está ordenada se soubermos onde ela está, mesmo que à senhora da limpeza pareça desordenada). Essa associação é explorada na apresentação moderna da termodinâmica.

Se misturarmos água com vinho, na mistura existe menos informação. Fica sem se saber onde está a água e onde está o vinho. Ganhou-se, é certo, entropia, mas perdeu-se informação (perdeu-se também irremediavelmente o vinho!). Não deve o leitor tentar esta experiência à escala industrial, porque a Inspecção-Geral das Actividades Económicas não anda a dormir.

Se misturarmos no chamado «quente-frio» o gelado frio com o chocolate quente ficamos com algo de meio termo e, portanto, sem saber de que lado está o «frio» e de que lado está o «quente». Ganhou-se entropia, mas perdeu-se informação (perdeu-se também irremediavelmente o chocolate quente!). Pode o leitor tentar esta deliciosa experiência.

Sempre que se mistura qualquer coisa, tem-se um aumento de entropia. No livro *Cem Anos de Solidão*, Márquez põe uma personagem a obter entropia, quando o que pretendia era apenas duplicar umas moedas de ouro. Citação:

> Então, José Arcadio Buendía lançou trinta dobrões numa caçarola e fundiu-os com raspa de cobre, ouro-pigmento, enxofre e chumbo. Pôs tudo a ferver em fogo forte, num caldeirão de óleo de rícino, até obter um xarope espesso e fedorento, mais parecido com uma calda vulgar do que com o ouro magnífico. Em infelizes e desesperados processos de destilação, fundida com os sete metais planetários, trabalhada com o mercúrio hermético e o vitríolo de Chipre, e novamente cozida em banha de porco na falta de óleo de rábano, a preciosa herança de Úrsula ficou reduzida a um torresmo carbonizado que não pôde ser desprendido do fundo do caldeirão.

Neste caso ganhou-se entropia, mas perdeu-se o dinheiro. A entropia ficou cara.

A segunda lei diz que a entropia nunca diminui num sistema isolado. Exprime-se, pois, por uma desigualdade, ao contrário das outras leis da física que se exprimem por igualdades. É aliás a segunda lei da termodinâmica que permite distinguir o antes do depois, o passado do futuro, definindo a chamada «seta do tempo». Se, num sistema isolado, se medir a energia antes e depois, se registarem essas medidas em dois papéis e se misturarem os papéis numa urna, não se pode saber qual é a primeira e qual é a segunda. Para a entropia já pode: o papel com o menor valor foi escrito antes. O sistema evoluiu no sentido da maior entropia.

Vejamos um exemplo divertido de uma hipotética violação à segunda lei, na qual o sentido normal do tempo é alterado. Considere-se um bombista que lança uma bomba a uma casa em ruínas, procurando assim transformar o monte de destroços numa casa habitável. É evidente que não consegue o seu louvável propósito. Se o conseguisse, o bombista seria construtor civil. Toda a gente sabe que é muito mais fácil ser bombista, e destruir a casa, do que ser construtor civil, e fazê-la. A casa desta história tem muita entropia quando está em ruínas e pouca entropia quando intacta.

Tome-se agora um macaco sentado em frente a uma máquina de escrever, a quem se ensina a bater no teclado. Bem sabemos que o símio não consegue escrever nem um simples poema quanto mais um complexo romance. Considere-se uma legião de macacos, sentados também diante de máquinas de escrever. Também não conseguem produzir nenhuma obra literária, apesar de serem muitos (só por um golpe de acaso, praticamente impossível, o conseguiriam). Este tema da ordem e da desordem no texto literário foi glosado por muitos escritores, como o argentino Jorge Luis Borges, no seu conto «A biblioteca de Babel» do livro *Ficções,* no qual descreve uma biblioteca formada por todos os livros possíveis, isto é, livros que contêm combinações aleatórias de caracteres, livros que já foram escritos em todas as línguas do mundo, incluindo línguas desconhecidas, livros que até o bando de macacos conseguiria escrever na estranha «língua» deles. O escritor português Mário de Carvalho, no conto «O nó estatístico» do livro *Aventura Inaudita na Avenida Gago Coutinho*, narra a história de um macaco africano que consegue produzir um naco de prosa de Bernardim Ribeiro. Pode calcular-se a probabilidade de uma grande tropa de macacos conseguir escrever um poema ou um romance. Mesmo que existissem esses macacos todos desde o início do Universo, o que é obviamente impossível, e mesmo que desde essa altura não tivessem parado de matraquear nas respectivas máquinas de escrever, o que é também obviamente impossível, eles todos não chegariam para obter um único poema ou um único romance inteligível. O poema ou o romance contêm informação, ordem. Os macacos só produzem desordem, símbolos sem sentido. Em vez de «As armas e os barões assinalados...», um texto típico de macaco seria qualquer coisa como «opjf%/(6hklwswe'0iopoçÇA^jhklllwefmlo823lsaõ...» (o autor declara que não se importa que o tipógrafo ou o revisor de provas modifiquem esta última frase, pelo que, provavelmente, o que o leitor está a ler não coincide com o original). Dizemos, por analogia com a termodinâmica, que o poema ou o romance contêm pouca entropia e que um texto típico de um macaco contém muita entropia ou, dito de outro modo, não contém qualquer informação. O escritor italiano Umberto Eco, na sua *Obra Aberta*, discutiu a relação entre entropia e literatura.

O aumento de entropia ocorre apenas, mas sempre, nos processos irreversíveis em sistemas isolados. Nos processos reversíveis, a entropia mantém-se. Normalmente, na Natureza, os processos espontâneos são irreversíveis. Tudo aquilo que se faz espontaneamente não pode ser retrocedido: a mistura de água com vinho, a mistura de chocolate quente com um gelado frio, a explosão de uma bomba numa casa habitável. A entropia aumenta em todos esses processos, que ocorrem em sistemas não isolados. Se o sistema não estiver isolado, poderá entrar energia e esta pode restaurar a ordem. A energia paga-se caro porque efectua essa preciosa missão policial que é restaurar a ordem.

O calor não pode ser todo transformado em trabalho porque o calor é uma energia transferida desordenadamente, enquanto o trabalho é uma energia transferida ordenadamente: a desordem daria lugar à ordem. O calor não passa de um corpo frio para um corpo quente porque, se passasse, o mais quente ficaria ainda mais quente e o mais frio ainda mais frio: tudo ficaria mais ordenado.

O escocês Maxwell, o mesmo da teoria electromagnética, imaginou um demónio que manobrava uma válvula entre dois recipientes, um com água fria e outro com água quente. O diabinho conseguia aperceber-se da velocidade das moléculas em qualquer dos lados e abrir rapidamente a torneira para deixar passar as moléculas mais rápidas do lado frio para o lado quente e as moléculas mais lentas do lado quente para o lado frio. Esse demónio, a existir, violaria a segunda lei da termodinâmica, uma vez que o resultado líquido seria um fluxo de calor da fonte fria para a fonte quente. Não pode, por isso, existir. Não são possíveis máquinas de São Nunca que façam esse trabalho demoníaco de juntar o frio com o quente, ficando o frio mais frio e o quente mais quente. O demónio de Maxwell seria a personificação de uma máquina de São Nunca e por isso foi exorcizado.

O demónio de Maxwell

A entropia é a coisa mais barata no mundo, uma vez que aparece num sistema isolado sem ninguém a mandar vir. Está sempre a aparecer em todo o lado e é completamente grátis. Uma notícia nos jornais dizendo que a entropia aumentou seria tão estranha como a notícia de que um cão mordeu um homem. O aparecimento de alguém a vender entropia num sítio qualquer seria tão esquisito como o de um beduíno vender areia no deserto. O futuro aparece-nos contínua e gratuitamente a partir do passado, embora esse possa não ser o futuro em que estamos interessados. Por exemplo, se nos sentarmos calmamente ao lado de um copo com gelo (tal como no capítulo sobre a lei de Arquimedes), ficamos mais ricos de entropia e mais pobres de gelo. A entropia no copo é maior depois do que antes. Ganhou-se entropia, mas perdeu-se essa coisa maravilhosa que é a estrutura hexagonal dos cristais de gelo. Como a entropia não custa dinheiro, ninguém a quer. As pessoas, em geral, desdenham as coisas gratuitas. A entropia é, de facto, a coisa mais barata do mundo, mas também a coisa de que menos precisamos. Poderá pensar-se que, de algum modo, a existência dos seres vivos representa uma violação da segunda lei da termodinâmica, um aumento da entropia. Mas não. A Terra, onde existem os únicos seres vivos conhecidos em todo o Universo (pelo menos até hoje), está longe de ser um sistema isolado. Felizmente que o Sol desentropia a Terra toda: é o Sol que permite a vida no nosso planeta, ele é a nossa grande, praticamente a única, fonte de energia.

O Sol tem, à superfície, uma temperatura de 5600 kelvins (kelvin é a unidade de temperatura na escala absoluta de temperatura) e, no interior, uma temperatura de 20 milhões de graus (aqui tanto faz kelvins ou graus Celsius, porque 273 não adianta nem atrasa nada a esses milhões todos). Existe uma relação bem definida entre a temperatura do Sol e a sua cor amarela. Um dia o Sol começará a arrefecer, devido a falta de combustível, deixando então de desentropiar a Terra. Prevê-se que a sua temperatura à superfície diminua progressivamente, tomando uma cor vermelha (o vermelho é «mais frio» do que o amarelo) e depois volte a aumentar, diminuindo de tamanho e ficando branco, antes de lentamente escurecer, apagando-se de vez.

Ao ouvir falar de energia solar, o leitor poderá pensar nos painéis solares nos telhados de muitas casas portuguesas, que podem servir para aquecer água ou para gerar electricidade: como há bastante luz solar nas nossas latitudes, essas tecnologias, embora não muito eficientes, estão vulgarizadas (um português muito alto, o Padre

Himalaia, inventou até, no início do século XX, um forno solar que foi reconhecido internacionalmente, obtendo um Grande Prémio de Física e Astronomia na Exposição Universal de Saint Louis, nos Estados Unidos). Mas é, em última análise, a energia solar a responsável pela energia hidroeléctrica e pela energia dos combustíveis fósseis. É a energia solar que é responsável pelas barragens onde gira o dínamo de Faraday, pois sem o diligente Sol não existiria o ciclo da água que faz a água do mar evaporar-se, chover nos montes e desaguar no mar. Foi a energia solar que permitiu um dia, ainda antes de os dinossauros se passearem pela Terra, que crescessem as árvores primordiais que se haveriam de transformar em petróleo. Alguma da energia solar perde-se em tarefas inúteis, de acordo com a segunda lei, mas o Sol renasce todas as manhãs para compensar as perdas.

Será que algum dia existirão máquinas de São Nunca? Actualmente existem um pouco por todo o lado máquinas para isto e para aquilo. Existem, por exemplo, computadores, que são circuitos eléctricos especializados que servem para fazer contas descomunais. São muito úteis. E as coisas úteis comercializam-se muito depressa.

A Portugal os computadores pessoais chegaram rapidamente na década de 1980, tal como a electricidade doméstica não tinha tardado a aparecer a partir das primeiras centrais eléctricas em finais do século XIX. A tecnologia chega depressa mesmo onde não há ciência generalizada, mas chega ainda mais depressa e até mais barata onde existe prática continuada e consistente de ciência fundamental. Alguns políticos, sucessores daquele que interrogou Faraday sobre a utilidade da electricidade, pensam que a ciência é uma maneira de satisfazer a curiosidade individual à custa do erário público, mas ignoram que o erário público é tanto maior quanto mais satisfeita for alguma curiosidade individual: Faraday era apenas um indivíduo com uma grande curiosidade! Afinal, curiosos somos nós todos, e os cientistas mais não são do que pessoas que protagonizam de modo maior a curiosidade colectiva.

Existem, portanto, máquinas de calcular entre nós que parecem capazes de tudo e mais alguma coisa. Não é verdade que os actuais computadores fazem coisas que pareciam proibidas antes? Não poderá haver um computador sofisticado que venha a ser uma máquina perfeita, que rompa as amarras da segunda lei?

Há, de facto, uma relação entre os computadores e a termodinâmica, mas os poderosos computadores obedecem, como não podia deixar de ser, à poderosa segunda lei. É a ciência fundamental que indica os limites dos computadores e da computação.

Na era da informação em que vivemos, o conceito de entropia como medida da falta de informação é usado frequentemente. O computador é o instrumento privilegiado para o processamento rápido de informação (na versão actualizada da história dos macacos eles estão sentados diante de computadores macacais!). Nos computadores electrónicos existe, porém, alguma perda de informação com o decorrer do tempo. Não se trata da acção de malvados vírus, mas de algo mais trivial. Por exemplo, quando se somam dois com dois aparece quatro num registo e, normalmente, apagam-se as parcelas. A partir simplesmente do resultado não podemos saber se antes se tinham dois mais dois ou um mais três. O cálculo é, pois, irreversível. Ora, o apagamento dos registos tem custos energéticos: faz com que seja dissipado calor para o exterior. São hipoteticamente possíveis computadores reversíveis, que tanto calculam para a frente como para trás. Mas esses computadores teriam de funcionar muito lentamente, tal como as máquinas termodinâmicas reversíveis ideais. O apagamento da memória, nos computadores irreversíveis reais, implica a perda de informação. Seria preciso fornecer energia a um demónio de Maxwell para ele, dentro da máquina, recuperar a situação anterior.

Por muito prodigiosos que sejam os nossos computadores, eles não escapam às leis da termodinâmica. As máquinas de hoje, mesmo os mais sofisticados computadores digitais, não são perfeitas, não são máquinas de São Nunca.

Vivemos num mundo tanto de possibilidades como de impossibilidades. Há que procurar e desenvolver as possibilidades todas. No futuro, serão porventura inventadas máquinas maravilhosas e quase perfeitas. Mas não haverá nunca máquinas perfeitas.

A ciência encontra-se aqui muito perto da arte. Salvador Dalí endereçou um dia aos jovens pintores um conselho que pode também servir aos jovens cientistas: «Não temam a perfeição. Nunca chegarão a ela.»

EVOLUÇÃO

NOVA FÍSICA DIVERTIDA

INTRODUÇÃO

ou

A RAZÃO DA *NOVA FÍSICA DIVERTIDA*

Em 1990, saiu na Gradiva o livro *Física Divertida* e foi com algum espanto que o autor foi recebendo notícias do êxito editorial dessa obra. A obra alcançou na altura o topo de vendas e desde então — hoje já saíram oito edições em Portugal, correspondentes a mais de 20 000 exemplares — não tem parado de vender. O êxito chegou ao Brasil, tendo a Editora da Universidade de Brasília publicado no ano de 2000 uma «tradução» (sim, pediram ao autor que deixasse «traduzir» o livro, pretensão a que acedeu, apesar de saber que escritores a sério como José Saramago ou António Lobo Antunes não autorizam). Teve edições em Espanha e em Itália. Não admira, por isso, que o autor se tenha sentido um pouco esmagado por esse sucesso, invulgar entre nós para um livro sobre ciência de um autor nacional.

Ficou tão esmagado que decidiu que o melhor era não voltar tão cedo a insistir no título, para prudentemente evitar o *flop* que por vezes é uma sequela demasiado rápida, que procura um benefício oportunista. Deixou crescer o apetite dos leitores (aliás, os próprios leitores cresceram, já há jovens que leram *Física Divertida* quando frequentavam os ensinos básico e secundário e que hoje se divertem a fazer ciência). Refugiou-se noutros títulos, menos arrojados e talvez por isso menos bem-sucedidos, como *Universo, Computadores e Tudo o Resto, A Coisa Mais Preciosa Que Temos* e *Curiosidade Apaixonada*.

Bem, mas há sequelas que têm êxito. Veja-se o caso, no cinema, de *Regresso ao Futuro 2, Missão Impossível 2*, ou ainda *Instinto Fatal 2* (*Física Divertida* ainda não saiu em filme, não sei se haverá pessoas que estão à espera que saia o filme antes de lerem o livro).

E, por isso mesmo e também a pedido de várias famílias, nomeadamente os mais jovens membros delas, surgiu... *Física Divertida 2*.

A *Nova Física Divertida*, saído em 2007, apesar de o autor estar menos novo (ou melhor, estar novo há mais tempo), é mesmo nova. O livro começa onde o outro acaba, no início do século XX, e traz-nos até ao século XXI. O século XX, que findou quando o autor já trabalhava no novo livro, foi o século de uma «Nova Física», a paradoxal teoria quântica e as fantásticas teorias da relatividade, a restrita e a geral. Com essas teorias e com as espantosas experiências que as confirmaram mudou a nossa visão do mundo — desde os núcleos atómicos até às estrelas, passando pela matéria de que a Madonna é feita —, e mudou a nossa vida no mundo: agora vivemos melhor! Foi possível empreender extraordinárias descobertas, desde os pequenos núcleos no coração dos átomos até às estrelas nas galáxias mais distantes. E foi possível, com essas descobertas, viver melhor no mundo, tanto mental como materialmente.

O título *Nova Física Divertida* pode ser lido de duas maneiras: ou se juntam as duas últimas palavras «Física Divertida», o título da primeira obra, e se antepõe a palavra, atrás justificada, «Nova», ou então juntam-se as duas primeiras palavras «Nova Física» e acrescenta-se o merecido «Divertida» (alguém duvida, depois do êxito do primeiro livro, que a física pode ser para todos divertida?). O leitor lerá o título como quiser, que estará sempre certa a maneira como lê. Espero que se divirta na leitura, não só do título como do resto do livro. Em sua defesa, o autor apenas tem a declarar que não recebeu quaisquer queixas dos leitores nem directamente nem encaminhada por quaisquer serviços de defesa do consumidor relativos ao título «Física Divertida».

E escusado será acrescentar que a diversão na leitura não dispensa o esforço que é preciso para ler e para aprofundar o que se lê. Sem esforço, a diversão fica até diminuída.

Tal como no primeiro livro (e prometo que este é o último com este sugestivo título; é ler só mais este porque, ao contrário de alguns filmes, não haverá *Física Divertida 3*!) a diversão não está tanto no texto, que por vezes não tem grande piada, mas nos desenhos desse excelente e, por isso, premiado cartunista que é o José Bandeira. Este livro, principalmente por causa das imagens, é mesmo para todos (quer dizer, é só para jovens, mas para jovens de todas as idades). O autor atreve-se mesmo a repetir a afirmação do primeiro livro: «Quem não saiba ler veja os bonecos».

O autor — quero dizer, eu, é tempo de falar na primeira pessoa porque o que se segue é pessoal — quer agradecer em primeiro lugar à Gradiva, a editora dirigida pelo meu amigo Guilherme Valente (a quem o físico José Mariano Gago, quando *Física Divertida* saiu, chamou «Reitor da Universidade da Gradiva, tão ou mais exigente do que as demais»). Já lhe dediquei o livro *A Coisa Mais Preciosa Que Temos* porque a Gradiva é das coisas mais preciosas que temos. Para confirmar essa verdade, restringi propositadamente os títulos da bibliografia final a obras das colecções «Ciência Aberta» (*Universo, Computadores e Tudo o Resto* é o n.º 64 dessa colecção, *A Coisa Mais Preciosa Que Temos* é o n.º 120 e *Curiosidade Apaixonada* o n.º 145) e «Aprender/Fazer Ciência» (*Física Divertida* é o n.º 3 dessa colecção). Em matéria de cultura científica, e com as excepções das minhas obras, a Gradiva tem lá o que há de melhor.

Mas tenho também de agradecer aos editores de sítios onde apareceram versões muito preliminares de alguns destes novos textos. Os que integram o primeiro capítulo, «A paradoxal teoria quântica», apareceram à luz do dia nos jornais *Público* e *O Primeiro de Janeiro* (obrigado, José Vítor Malheiros e António Granado, e obrigado Nassalete Miranda) e também no blogue de biologia «Conta Natura» (obrigado, Sofia Araújo). Os que fazem parte do capítulo «A fantástica relatividade» devem o seu impulso inicial à Casa-Museu Abel Salazar, no Porto (obrigado, Irene Ribeiro), à Conferência Nacional de Educação em Física realizada no Rio de Janeiro em 2005 para abrir o Ano Internacional da Física e à revista

Física na Escola da Sociedade Brasileira de Física (obrigado, Paulo Borges e Nelson Studard), e ao magazine *Atlantis* da TAP — Air Portugal (obrigado, Gisela Tavares). Finalmente o primeiro texto do terceiro capítulo, «Dos núcleos às estrelas», teve origem numa solicitação antiga de Augusto Cardoso, meu estimado professor de Ciências Naturais no Liceu Nacional D. João III (hoje Escola Secundária José Falcão), tendo saído em 1992 num livrinho, hoje quase impossível de encontrar, da Direcção Regional de Educação do Centro, intitulado *Em Torno da Vida e da Obra de Pierre e Marie Curie*. O agradecimento que lhe endereço é extensivo a todos os meus professores, a quem muito devo (em especial aos meus professores de Ciências Físico-Químicas do mesmo liceu, numa altura em que — confesso — ainda não achava a física tão divertida como acho hoje). Em 2006 passaram os 40 anos da minha primeira aula de ciências no Liceu D. João III. E quero ainda agradecer aos professores de várias escolas básicas, secundárias e superiores a quem devo numerosas solicitações para proferir palestras relacionadas com estes textos, como aliás tinha acontecido com os conteúdos de *Física Divertida*. Todos eles, assim como os seus jovens alunos, foram, têm sido, estímulos constantes. Só tenho pena de não ter podido ir a mais sítios...

A motivação foi de outros. Mas os textos da *Nova Física Divertida*, que, para benefício do leitor, podem ser lidos independentemente uns dos outros, são meus e, portanto, a responsabilidade por eventuais falhas e erros é toda minha. O modo como esses textos se apresentam, para além da sempre competente revisão final da Gradiva, deve-se muito a queridos amigos meus que fizeram o favor de me rever o livro em tempo recorde, limpando-o de inúmeras imperfeições (e, de caminho, dando-me opiniões, sempre sábias, que me ajudaram a clarificar a prosa em vários passos). Por ordem alfabética do primeiro nome, o meu muito obrigado vai para o João Paiva, o Jorge Buescu, o José Leonardo, o José Macieira (entretanto falecido), a Helena Damião, a Lucília Brito, a Marta Entradas, a

Sofia Araújo e o Vítor Torres. E um obrigado especial é devido ao meu irmão, Manuel Fiolhais, físico como eu. Que bom é ter amigos!

Ganhei vários amigos com a *Física Divertida.* Espero ganhar vários amigos novos com a *Nova Física Divertida.* Um livro pode ser uma forma de ganhar amigos, ainda que à distância. Estou a pensar, em particular, no modo como me tornei amigo de Rómulo de Carvalho (de cujo nascimento se celebrou em 2006 o centenário). Foi, não apenas graças aos meus professores directos, mas também graças aos livros de grandes professores indirectos, como Rómulo de Carvalho, que há dezenas de anos já sabiam ensinar à distância (mestres ao nosso alcance nas estantes das bibliotecas!), que eu comecei a achar a física divertida...

Post-Scriptum — Continuou a ser divertido actualizar o texto. As maiores alterações foram no capítulo sobre supercomputadores, pois a sua evolução tem continuado a um ritmo impressionante. As redes de computadores também evoluíram muito nos últimos anos. Curiosamente, os CD e os DVD, que eram invenções recentes, foram substituídos pelo armazenamento na «nuvem». Houve agudização de alguns problemas, como o das alterações climáticas. A partícula de Higgs foi descoberta no CERN em 2012, tal como estava previsto. Mas há grandes enigmas que continuam, como os da matéria escura e da energia escura.

Carlos Fiolhais

Benasque (Pireneus), Setembro de 2006, e Coimbra, Outubro de 2006
revisto em Mainça-Coimbra, Fevereiro de 2024

1 A PARADOXAL FÍSICA QUÂNTICA

O NASCIMENTO DA FÍSICA MODERNA

Estava o século XIX a findar quando o alemão Max Planck, um professor de Física da Universidade de Berlim, fez a descoberta fundamental que inaugurou a física moderna. A teoria quântica fundada por Planck é a pedra angular da física moderna (junte-se-lhe a teoria da relatividade, do suíço, mais tarde também norte-americano, Albert Einstein) e, em larga medida, de todas ciências físico-naturais de hoje. Ela conseguiu descrever o comportamento dos materiais, dos átomos, dos núcleos atómicos e das partículas subatómicas. As implicações teóricas foram enormes: a ciência, das estrelas às células vivas, passou a dispor de uma base conceptual única. As consequências práticas foram espectaculares. Hoje, mesmo sem o sabermos, vivemos com a teoria quântica quando lidamos com computadores, lasers, telemóveis, etc. Ela está em todo o lado... incluindo os nossos bolsos. Em 1900, nada fazia prever que um físico desconhecido ia tornar o século XX tão diferente do anterior.

Planck nasceu em Kiel, no extremo norte da Alemanha, 42 anos antes da sua descoberta maior. Hesitou no final do liceu antes de seguir física, pois tinha propensão para artes. Foi, de resto, um pianista exímio, amante da música romântica de Schubert e Brahms. Os seus professores de Física na Universidade de Munique não o encorajaram a enveredar por essa ciência, já que ela parecia acabada. Mas Planck doutorou-se, com 21 anos, defendendo uma tese sobre a segunda lei ou princípio da termodinâmica, o tal princípio que, segundo o inglês Charles P. Snow, é tão relevante como a obra de Shakespeare (esse princípio, para quem não sabe, diz que a desordem de um sistema isolado tende a aumentar). O ano da tese de Planck, 1879, foi curiosamente o ano do nascimento de Einstein, que, no final dos seus estudos universitários, foi espectador da descoberta fundamental de Planck.

Planck, fundador da teoria quântica

Como foi essa descoberta? Nos últimos anos do século XIX, Planck confrontou-se com resultados experimentais relativos ao chamado «problema do corpo negro». Um corpo negro é um bom emissor de luz ou radiação. Um exemplo consiste num forno quente com um pequeno orifício (lá dentro é negro!). E um outro exemplo é o Sol, que radia principalmente luz visível. Todos os corpos negros emitem luz de todas as frequências, embora haja um pico de emissão que depende da temperatura. Ora, a previsão da teoria clássica da radiação do corpo negro falhava redondamente para a luz com altas frequências (energias mais elevadas) emitidas por um qualquer corpo negro. Planck conseguiu, num tremendo golpe de intuição, uma fórmula que descrevia bem todas as frequências. Mas, de início, era apenas um truque matemático.... Tentando compreender a sua fórmula, Planck anunciou, no dia 14 de Dezembro de 1900, uma hipótese física: a radiação é emitida pelas paredes do forno não de uma energia qualquer, mas sim em quantidades bem definidas para cada uma das frequências. Essas quantidades são os *quanta*, plural da palavra latina *quantum*. O bizarro do fenómeno era a emissão da luz aos «soluços»...

Os soluços do forno

Nada na física de então permitia explicar essa hipótese, que o próprio Planck teve enorme dificuldade em aceitar, por fugir ao senso comum. Mas ela foi bem enquadrada pela teoria quântica, que o dinamarquês Niels Bohr desenvolveu e que atingiu o seu momento culminante em 1926, sob o impulso de físicos jovens como o alemão Werner Heisenberg e o inglês Paul Dirac e outros menos jovens (mas jovens de espírito) como o austríaco Erwin Schroedinger e o alemão Max Born. Hoje, o problema do corpo negro nada tem de escuro!

O passo a seguir ao de Planck parece óbvio, mas demorou cinco anos a ser dado. Exigiu o supercérebro do jovem Einstein, escassos cinco anos depois de acabar o seu curso universitário. A luz não só é emitida aos «soluços», como existe aos «soluços»! A luz existe dentro do forno em certas quantidades, os «fotões» ou «grãos de luz». Sabia-se que a luz era formada por ondas e, com os fotões, passou a saber-se que ela era formada por partículas. Einstein, em 1905, explicou o efeito fotoeléctrico afirmando que uma partícula energética de luz arranca electrões do metal. O fotão colide com o electrão e este vem embora. O fotão bate e o electrão foge! E foi essa explicação, e não a relatividade, que valeu, em 1921, o Prémio Nobel da Física a Einstein, três anos depois do prémio de Planck. Ambos merecidíssimos, sem sombra de dúvida. Também era só o que faltava, que Einstein não tivesse ganhado o Nobel: demorou um bocadinho, mas teve-o. Einstein prometeu antecipadamente o dinheiro do Nobel à sua esposa, Mileva, futura «ex» porque se estavam a divorciar (como é que ela aceitou uma oferta que na altura se baseava numa mera hipótese?).

Planck e Einstein nunca aceitaram todas as consequências da teoria quântica que eles próprios tinham ajudado a criar. Foi uma filha que lhes fugiu dos braços para vencer na vida por si mesma... Em particular, não aceitaram algumas consequências filosóficas um pouco estranhas, como o facto de, no mundo microscópico, o observador intervir no mundo que observa. Planck expressou bem as dificuldades que uma novidade científica enfrenta para triunfar quando escreveu:

> Uma nova teoria não triunfa por conseguir convencer os seus adversários, mas sim porque estes acabam por morrer e as novas gerações são educadas nas novas teorias.

Planck, laureado com o Prémio Nobel em 1918

Não se pense, porém, como pretendeu o físico e filósofo norte-americano Thomas Kuhn (um dos estudiosos da descoberta de Planck) e pretendem ainda alguns filósofos pós-modernos, que a ciência se faz essencialmente de rupturas e, por isso, é débil e precária. Pelo contrário, a força da ciência reside no seu carácter cumulativo. Planck necessitou da ciência termodinâmica, que ele conhecia bem e que ficou inabalada, para forjar a sua hipótese quântica.

A biografia de Planck reflecte bem a primeira metade de um século atravessado por duas devastadoras guerras mundiais. Em 1947, extinguiu-se a sua vida, marcada pela glória, mas também pela tragédia. Um dos seus filhos morreu em combate na Primeira Guerra Mundial. Duas filhas gémeas morreram de doença entre as duas guerras. O quarto filho morreu executado pela Gestapo, depois de ter participado num atentado falhado contra Hitler. Finalmente a casa de Planck, em Berlim, foi bombardeada e incendiada pelos aliados no final da Segunda Guerra Mundial. Planck sobreviveu às duas guerras mundiais (durante a Segunda permaneceu na Alemanha a fim de, segundo ele, defender o que restava da ciência alemã). Ainda soube da explosão de Hiroxima (que, de certo modo, representava a relatividade em acção), mas morreu sem assistir à explosão tecnológica do pós-guerra (a teoria quântica em acção). Hoje, a teoria quântica, apesar de ser mais do que centenária, está bem e recomenda-se. É uma ainda fértil senhora. Apesar de já ter tido uma larga descendência, está ainda a dar novos filhos ao mundo, como a criptografia quântica, o teletransporte, os computadores quânticos e ainda as nanotecnologias, ou engenharias à escala atómico-molecular. Todos eles permitirão, no século XXI, vidas que hoje dificilmente imaginamos...

Bolas de futebol e electrões

Considere o estimado leitor um estádio de futebol, uma baliza, um avançado-centro, um guarda-redes, uma bola e um penálti. O avançado-centro dá, ao sinal do árbitro, um pontapé na bola, e o guarda-redes, angustiado (não é só no livro do alemão Peter Handke: todos os guarda-redes sentem angústia antes de um penálti!), vê a bola entrar na baliza. O esférico descreve uma trajectória desde a bota do avançado até às redes da baliza. A multidão presente no estádio vê a trajectória: o árbitro, os jogadores e os 60 mil espectadores. A bola move-se, embora muito rapidamente, seguindo uma curva bem definida. A televisão transmite a repetição do golo em câmara lenta e toda a gente, em casa, pode observar que, num certo instante, a bola está numa certa posição, a seguir está numa outra posição e assim sucessivamente para, finalmente, acabar no fundo das malhas. Toda a gente pode apontar a bola a dedo — «Olh'á bola!» — em qualquer posição e não apenas no fundo da baliza. Em câmara lenta, tudo parece fácil para os jogadores. Para o físico-espectador também tudo parece fácil: trata-se de um exemplo mais ou menos trivial das leis do movimento que Newton descobriu há cerca de três séculos. Esta mecânica futebolística é clássica, pois explica-se com leis velhas de há 300 anos.

No aparelho de televisão circulam electrões, muitos electrões, «partículas» minúsculas (são partículas elementares, pois não parecem ter qualquer estrutura interna). Sem electrões não haveria jogo de futebol na televisão. Mas o que vem a ser o electrão? Será o electrão uma pequena bola de futebol? Será que se pode filmar o movimento do electrão como se filma o movimento da bola de futebol no estádio?

Não! A resposta é um categórico «Não!». O nome «partícula» para electrão é apenas um dos seus dois heterónimos, podendo iludir-nos sobre a sua verdadeira identidade. Tal como o fotão, de acordo com a teoria quântica o electrão é onda e partícula. Em geral, o electrão merece mais o nome de «onda». Uma onda, em oposição a uma partícula, é algo espalhado no espaço, algo não localizado. Não se pode, em geral, apontar um electrão a dedo. Já houve estudantes que chumbaram em provas orais de Física pelo simples facto de terem apontado o electrão no quadro quando lhes perguntaram onde estava o electrão. É feio apontar e muito mais feio é apontar um electrão. A mecânica quântica diz-nos que os electrões não podem ser apontados a dedo, mas apenas com um gesto vago e largo. Apenas se pode dizer *a priori* que o electrão anda por ali (o leitor deve imaginar um gesto abrangente, teatral!).

A mecânica quântica contém o conjunto de leis a que obedecem os electrões (consola saber que, apesar de tudo, existem leis a regular corpos tão pequenos, limitando-lhes os caprichos), tal como a mecânica clássica contém o conjunto de leis a que obedecem as bolas de futebol (e, já agora, as bolas de futebol grandes e bem previsíveis que são os planetas). As regras para o movimento dos electrões ficaram estabelecidas por Bohr, Heisenberg, Schroedinger, Born e Dirac nos anos de 1920. Os electrões não andam completamente ao deus-dará, embora não se possa saber sobre o seu movimento o mesmo que se sabe sobre o movimento de uma bola de futebol. Sabe-se sempre onde está e para onde vai uma bola de futebol. Um electrão, não. Se se sabe aproximadamente onde está, não se pode saber ao certo para onde vai, e se se sabe aproximadamente para onde vai, não se pode saber ao certo onde está. Está por ali (gesto largo...), mas também pode estar por acolá (continuação do mesmo gesto!). Considere-se um penálti marcado com um electrão. Para isso é preciso um canhão de disparar electrões. Chama-se cátodo a esse dispositivo (por isso, os electrões são também chamados «raios catódicos»; não confundir, como fez um aluno num exame do final do secundário, com «raios católicos»). Um cátodo é um lançador de electrões, que saem velozes graças a um campo eléctrico, tal como um avançado-centro é um canhão de disparar bolas muito rápidas. Em vez do detector de bolas que é uma baliza, tome-se um detector de electrões que é, por exemplo, um ecrã. Verifica-se que um certo electrão aparece na «baliza», mas já não se pode averiguar o que fez exactamente esse electrão antes de chegar ao detector. Não se pode, portanto, falar de trajectória percorrida.

É feio apontar um electrão!

Se formos muito curiosos e pretendermos, à viva força, saber por onde andou o electrão, teremos de lhe mandar luz para cima, o que intimida a pobre «partícula»: ela já não se vai portar como se portaria se não estivesse a ser vista. Se não olharmos, o electrão estará à vontade e faz o que muito bem lhe apetece. Mas, se não olharmos, não poderemos saber o que ele fez. De certo modo, a observação altera o comportamento do objecto observado tal como o aluno que, num exame, não copia quando o professor está a olhar para ele (e, se o professor não olha, não pode saber se o aluno copia ou não...). Esta alteração não pode ser eliminada melhorando o instrumento de observação, pois é da própria natureza das coisas.

A observação altera os electrões!

Bem, uma vez que somos obrigados a renunciar a saber tudo sobre a vida do electrão, vamos ver se um electrão disparado da mesma maneira chega sempre ao mesmo sítio. Manda-se um outro electrão igual ao primeiro (não é difícil conseguir, pois todos os electrões são iguais) em condições mais ou menos iguais (é difícil conseguir condições exactamente iguais). O electrão aparece no detector, mas não necessariamente no mesmo sítio. Repita-se a experiência. Apanha-se o electrão noutro lado. Repita-se a experiência uma e outra vez. Conclusão: não só não se sabe por onde andou o electrão, como cada um deles, preparado da mesma maneira, chega a um sítio, em geral, diferente. Como os electrões são lançados para a frente, existe uma probabilidade maior de os apanhar directamente numa posição frontal ao cátodo (a maior parte dos electrões chegam ao detector-baliza, localizado aí), mas alguns, mais caprichosos, podem eventualmente chegar ao lado. A mecânica quântica diz-nos onde é maior a probabilidade de encontrar electrões. Os electrões andarão mais por onde for maior essa probabilidade (gesto largo, mas apontado a uma certa região!). Já que não se pode saber tudo, ao menos que se saiba alguma coisa, e a mecânica quântica diz-nos alguma coisa. Já não é mau... Se a mecânica quântica é uma teoria completa, como dizia Bohr (em oposição a Einstein), essa alguma coisa é tudo o que há a saber sobre electrões. Note-se que na repetição de um penálti a bola pode ir ao lado se o avançado falhar (um brasileiro disse que penálti é tão importante que devia ser marcado pelo próprio presidente do clube!), mas, de cada vez, o filme da televisão mostra exactamente onde está a bola, sendo por isso o movimento bem determinado. No caso do jogo com os electrões, tem de se renunciar ao comportamento determinista de um único objecto, ficando-se reduzido a afirmações estatísticas.

Claro que há físicos espertos que já tentaram apanhar electrões no caminho, à socapa. Põem, por exemplo, uma barreira com dois buracos à frente do electrão, para ver se ele vai por um buraco ou pelo outro. Mas o electrão parece que tem artes mágicas. Por muito estranho que pareça, o electrão é em geral detectado, do outro lado da barreira, no meio dos dois buracos e não em frente a qualquer um deles. Não se pode dizer que vai completamente por um nem completamente pelo outro. É algo espalhado pelo espaço como uma onda. Há quem diga que vai pelos dois buracos ao mesmo tempo (o físico norte-americano Richard Feynman inventou até uma descrição em que o electrão vai por tudo quanto é sítio), mas o melhor é dizer que não sabemos por qual dos buracos o electrão vai. Nem podemos saber: se iluminarmos um dos buracos para vermos o electrão passar, poderemos ver o electrão a ir mesmo por aí e não pelo outro lado. Comporta-se tal como um aluno que não copia porque o professor está a vigiá-lo. A luz enviada para cima do electrão influencia-o...

A mecânica quântica tem, de facto, algo de extraordinário! Ninguém imagina possível uma bola de futebol ser influenciada pelos olhares dos espectadores (senão o Benfica, com o estádio cheio, ganhava sempre em casa...). Ninguém consegue supor uma bola de futebol em relação à qual não se possa dizer por onde andou (senão a bola saía do campo sem o árbitro auxiliar dar por isso...). Ninguém considera que uma bola de futebol possa passar por dois buracos ao mesmo tempo (senão haveria uma finta em que a bola passava, ao mesmo tempo, debaixo das pernas de dois jogadores...). Ninguém esperava, no início do século XX, que os electrões fossem diferentes de bolas de futebol. Mas são e, por isso, a mecânica quântica teve de ser criada para os descrever...

A mecânica quântica apresenta — está o leitor mesmo a ver — uma série de dificuldades ao senso comum. Uma delas é imediata: uma vez que a observação, de certa forma, «produz» o que se observa, existirá uma realidade para além da nossa observação? Será que o electrão existe se ninguém olhar para ele? Será que a bola de futebol existe se ninguém olhar para ela? Será que a Lua existe se não olharmos para ela? Haverá uma realidade objectiva independentemente dos observadores que somos nós e dos nossos aparelhos?

Sobre este problema há duas escolas de pensamento. Uma, mais pequena, que se preocupa com ele, e outra, maioritária, que não se preocupa absolutamente nada. Os membros da primeira escola professam em geral, e tal como Einstein, uma filosofia realista: gostariam que houvesse uma realidade objectiva, que houvesse uma bola sem se olhar para ela e sem se fazer o gesto de apontar. A segunda escola, formada pela maioria dos físicos praticantes, está mais de acordo com Bohr: eles não querem da realidade mais do que aquilo que ela tenha para lhes dar quando eles olham para ela. Querem lá saber do que se passa quando não olham... De que lado está o leitor?

A observação altera o observado?

COPENHAGA OU UM DRAMA QUÂNTICO

A peça de teatro *Copenhaga*, do dramaturgo inglês Michael Frayn, foi representada — com assinalável êxito — em Lisboa e no Porto em 2005, depois de ter estado em Londres, Nova Iorque,

São Paulo e em várias outras grandes cidades de todo o mundo. O enredo da peça tanto pode ser considerado muito simples, como muito complicado. A história que lhe deu origem conta-se em poucas palavras: em Setembro de 1941, em plena Segunda Guerra Mundial, encontram-se na capital dinamarquesa dois dos maiores génios, não só do século passado mas de sempre.

De um lado está Niels Bohr, o físico dinamarquês que criou o modelo atómico planetário (com o núcleo no centro e os electrões em volta ocupando apenas certas órbitas), cujo génio só será comparável ao de Einstein. A polémica entre os dois, relativa ao significado da mecânica quântica, ficou como uma das grandes disputas intelectuais do século XX, e Bohr ganhou-a! Do outro lado está o físico alemão Werner Heisenberg, outro dos principais criadores da mecânica quântica e autor do princípio da incerteza, segundo o qual não se pode saber simultaneamente a posição e a velocidade de um electrão. Entre os dois, mas obviamente do lado do marido, está, numa posição discreta, Margareth Bohr, que não era física, mas conhecia bem os físicos por ter privado com eles. Bohr e Heisenberg não eram apenas colegas, mas também grandes amigos: o primeiro, mais velho, tinha sido mentor do segundo nos anos de 1920, quando a teoria quântica na sua formulação actual tinha emergido das prodigiosas mentes de um grupo de jovens investigadores. Mas agora, a meio da guerra, e numa altura em que o curso do conflito pendia para o lado alemão (meia Europa estava dominada pelos nazis e a poderosa Wehrmacht ia já a caminho de Moscovo, não imaginando ainda o desastre que a esperava nessa expedição), os dois amigos estavam em lados opostos da barricada. A guerra, «aquele monstro que se sustenta das fazendas, das vidas, e quanto mais come e consome tanto menos se farta», na feliz frase de Padre António Vieira, tinha-os separado. Bohr estava na Dinamarca invadida pelos alemães. Apesar de manter, em 1941, a sua actividade científica no número 17 da Rua Blegdamsvej, em Copenhaga, no famoso Instituto que hoje tem o seu nome e que continua a ser uma meca da física teórica, a sua condição de meio-judeu em breve o haveria de obrigar a fugir à pressa para Inglaterra.

Por outro lado, Heisenberg representava, para todos os efeitos, o invasor. Filho de uma tradicional família alemã (mais propriamente da Baviera; nasceu na cidade de Wurtzburgo, onde Wilhelm Roentgen tinha descoberto os raios X), Heisenberg não era propriamente um nazi. Mas era, sem dúvida, um patriota, um alemão que queria pôr a Alemanha *ueber alles* (acima de tudo). Apesar da fuga de cérebros que as perseguições nazis tinham provocado, nomeadamente a de Einstein e de outros judeus, e da evidente hostilidade da «ciência alemã» à chamada «ciência judia», Heisenberg tinha decidido permanecer na Alemanha. Não se pode dizer que ele defendesse a «ciência alemã». Defendia a ciência e, em particular, a física teórica na Alemanha. Tinha à volta de si um conjunto de jovens brilhantes e, na sua própria expressão, «não os podia abandonar» (um deles, Carl Friedrich von Weizsaecker, acompanhou-o na viagem a Copenhaga). Por isso, teve necessariamente de colaborar com o regime nacional-socialista. Mesmo assim, não deixou de ser vítima de acusações pelos nazis, tendo-lhe valido alguma protecção da parte de Heinrich Himmler, o poderoso chefe das SS (facto curioso foi a entrega pela mãe de Heisenberg à mãe de Himmler de uma carta de autodefesa enviada por Heisenberg a Himmler).

O pretexto da ida de Heisenberg à Dinamarca era a realização de uma conferência sobre astrofísica no Instituto Cultural Alemão em Copenhaga. Mas esse acto aparentemente cultural não podia deixar de ser visto como um acto de propaganda por parte do ocupante. De resto, ele era organizado pelo Ministério dos Negócios Estrangeiros alemão, onde o pai de Weizsaecker ocupava um lugar importante. O encontro entre Bohr e Heisenberg teve lugar na casa dos Bohr ou num parque próximo (talvez porque os dois amigos quisessem estar ao abrigo das escutas da omnipresente Gestapo). Não há hoje a certeza sobre o local onde se realizou o encontro. Nem sobre o que foi dito exactamente. Em 1947, depois de passada a guerra, Bohr e Heisenberg voltaram a encontrar-se em Copenhaga, mas não conseguiram chegar a acordo nem sobre o lugar exacto onde tinha sido o encontro anterior nem sobre o que, nessa altura, tinham dito exactamente um ao outro. Só se lembravam de que a conversa tinha sido viva e curta.

Heisenberg e Bohr: encontro em Copenhaga

A peça de Frayn pretende reconstituir o diálogo, ou, melhor, imaginar alguns dos diálogos possíveis. Na peça, Heisenberg toca uma e outra vez à campainha dos Bohr, reentrando com um discurso que de cada vez é diferente. A tensão dramática não podia ser maior: há um conflito na Europa e o futuro dependia das novas armas que os cientistas nucleares pudessem conceber e construir. Para agravar o drama, uma velha e fraterna amizade estava agora ensombrada pelo lugar antagónico que cada um dos interlocutores ocupava no palco da guerra. Niels Bohr tinha, com o físico norte-americano John Wheeler, elaborado uma teoria da cisão atómica, um fenómeno observado no laboratório pelo alemão Otto Hahn pouco antes do início da guerra e que estava associado a uma enorme libertação de energia do núcleo. Bohr mantinha contactos com cientistas aliados, apesar de o projecto da bomba atómica em Los Alamos estar, em 1941, ainda incipiente. Por sua vez, Heisenberg era um dos físicos nucleares mais activos, depois de ter dado contributos importantes para a interpretação das forças nucleares. Estava completamente envolvido no programa nuclear alemão, que se manteve durante os anos da guerra e cuja ligação com o esforço bélico era evidente. De resto, a certa altura, o governo alemão mandou interromper toda a investigação que não tivesse a ver directamente com o conflito, em estrita obediência ao lema de Hitler: «Canhões em vez de manteiga.»

Queria Heisenberg, que foi afinal quem se deslocou a Copenhaga, passar alguma mensagem para o lado dos aliados, por exemplo, dissuadi-los da corrida às armas nucleares em virtude da eventual dificuldade do projecto? Ou queria retirar-lhes segredos sobre o fabrico de uma arma secreta? Ou queria antes convencer Bohr a passar-se para o lado alemão? Ou queria fazer *bluff*, fingindo que a Alemanha dispunha de uma nova e terrível arma que efectivamente não tinha? Ou queria simplesmente recolher um conselho do seu velho mestre, perguntar-lhe se os físicos teriam o direito de usar os seus conhecimentos para fins de destruição? Queria ele preparar um pacto de não colaboração dos cientistas com os militares? Ou queria, porventura o menos provável, entregar ele próprio segredos nucleares ou fugir da Alemanha?

Apesar de todo o mistério, temos hoje a certeza de que a conversa abordou o tema da bomba nuclear, na altura apenas hipotética. E temos também a certeza de que Bohr ficou muito incomodado e não quis aprofundar esse assunto. Os dois amigos despediram-se, não saindo a sua velha amizade ilesa desse encontro. Margareth Bohr foi testemunha, não de um encontro, mas de um desencontro.

Um dos temas que perpassa a peça é o da indecisão do pensamento e da acção humana. Ninguém sabe, nem o próprio, o que Heisenberg foi fazer a Copenhaga. No entanto, era o futuro do mundo que estava em jogo naquele encontro entre os dois cientistas. Ninguém sabe, portanto, o futuro do mundo. Frayn faz o paralelismo entre a indecisão humana e a indeterminação das partículas que constituem o átomo e seguem as leis quânticas (trata-se de uma metáfora e nada mais, já que Bohr e Heisenberg não são propriamente um protão e um neutrão...). Mas o tema maior da peça, que engloba a questão da indecisão, é a humanidade dos cientistas: os físicos, mesmo os maiores, são pessoas. Não são pessoas afastadas das outras e da realidade, mas sim pessoas, como as outras, que vivem e sofrem. Entusiasmam-se e deprimem-se. Têm indecisões, medos e angústias. Possuem, como toda a gente, sentimentos, que podem, nos casos extremos, ser de paixão ou de ódio. São capazes de amizades e de traições. Sentem culpa e arrependimento. É afinal a condição humana, o grande tema do teatro de todos os tempos, que tão bem aparece retratada na peça *Copenhaga*.

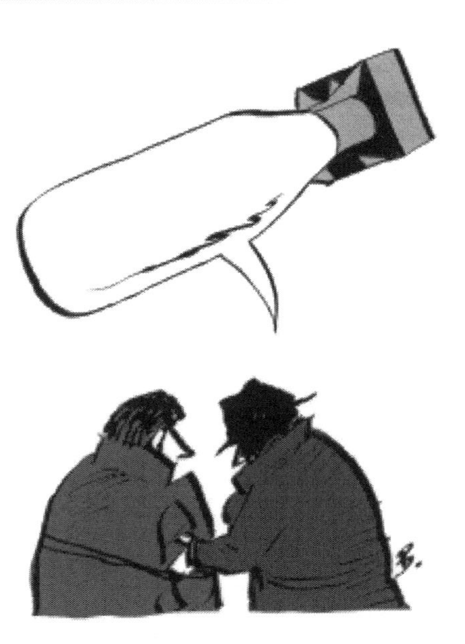

Chhhh... a conversa foi sobre a bomba

Paradoxos quânticos

Foi Álvaro de Campos (ou Fernando Pessoa, se se preferir: a personalidade do poeta era múltipla e paradoxal) quem escreveu que «os portugueses têm a civilização dos incivilizáveis». O dito é obviamente paradoxal, pois se um povo é incivilizável, não é susceptível de nenhum processo de civilização e não pode, por isso, ser civilizado. No entanto, qualquer português inteligente e com suficiente experiência de «portugalidade» percebe o que Álvaro de Campos quis dizer. Sorri ao ouvir o dito (o humor é uma manifestação de inteligência que está associada aos paradoxos!). E será até tentado a concordar...

Dizer ao mesmo tempo uma coisa e o seu contrário é próprio dos paradoxos. Pode pensar-se que um paradoxo seja apenas uma construção literária, uma figura de estilo usada livremente por escritores. Mas não: os paradoxos encontram-se tanto nas artes como nas ciências. Encontram-se até na mais rigorosa das ciências — a matemática — como mostram à saciedade os paradoxos que o matemático inglês Bertrand Russell discutiu no início do século XX: «O conjunto de todos os conjuntos que não se contêm a si próprios contém-se ou não a si próprio?» Se se contém a si próprio, não será um conjunto de conjuntos que não se contêm a si próprios. Mas, se não se contém a si próprio, não será o conjunto de todos os conjuntos que não se contêm a si próprios (confuso, não é?). E encontram-se na física — a ciência que procura compreender o comportamento do mundo. Um exemplo é dado pela teoria quântica, a teoria científica mais revolucionária do século XX, segundo a qual um electrão, um protão ou um fotão são partículas e ondas. Não há dúvida de que o exemplo é difícil de compreender: se um objecto está localizado na forma de uma partícula, como pode ele estar espalhado no espaço tal qual uma onda? O paradoxo foi resolvido com humor por alguém que sugeriu que o electrão era às segundas, quartas e sextas uma partícula e às terças, quintas e sábados uma onda (descansava ao domingo da sua vida esquizofrénica). Mas um paradoxo é aquilo a que o físico francês Etienne Klein chama, no título de um capítulo do seu livro *Diálogos com a Esfinge,* «catálise do pensamento». Segundo ele: «É pela acção dos paradoxos que aquilo que se acreditou ser verdadeiro pode deixar de o ser.» Um paradoxo obriga sempre a pensar e a pensar mais fundo e mais além.

A agenda do electrão

Talvez a afirmação de Niels Bohr, o «patriarca» dos físicos quânticos — «o oposto de uma verdade profunda é uma outra verdade profunda» — possa iluminar a dualidade partícula-onda para o electrão, o protão, o fotão ou qualquer outra partícula quântica. Na boa tradição de Bohr, um físico de génio, colocado perante uma certa verdade, formula logo a respectiva negação, não excluindo nunca a eventual veracidade da última. Vai contra a lógica? Mas, como foi dito, a própria lógica está recheada de paradoxos. A lógica e o paradoxo parecem por vezes coabitar. O filósofo dinamarquês (portanto, compatriota de Niels Bohr) Søren Kierkegaard fez um dia a seguinte apologia do paradoxo:

> Não se deve pensar mal do paradoxo, a paixão do pensamento. O pensador sem paradoxo é como o amante sem paixão: uma bela mediocridade. Mas é próprio de qualquer paixão levada ao extremo querer sempre a sua própria ruína. Do mesmo modo, a paixão suprema da razão é querer que um obstáculo como um paradoxo cause a sua perda.

A Lógica e o Paradoxo

Os físicos, nomeadamente os teóricos como Bohr, adoptaram há muito esta filosofia kierkegaardiana no seu trabalho. E a Natureza tem-lhes dado razão. Afirmações paradoxais, ou aparentemente paradoxais, têm sido a semente de novas visões do mundo, que o mundo tem corroborado. Não se deve esquecer que a teoria quântica começou com a afirmação, aparentemente paradoxal, de Max Planck, em 1900, segundo a qual a energia era emitida pela matéria não em quantidades arbitrárias, mas em quantidades bem determinadas, os *quanta*. Parecia paradoxal, mas era a experiência que dizia isso! E continuou com a afirmação, que também parece paradoxal, de Niels Bohr, em 1913, de que os electrões nos átomos não podiam ter energias arbitrárias, mas sim energias bem determinadas, emitindo ou absorvendo luz quando diminuíam ou aumentavam a sua energia.

A teoria quântica tem-se revelado uma fonte inesgotável de paradoxos. Um dos mais famosos é o do «gato de Schroedinger», um hipotético gato que está ao mesmo tempo morto e vivo. O austríaco Erwin Schroedinger (um físico bastante mulherengo que, fugido da guerra, esteve na Inglaterra e na Irlanda) tinha sido, em 1926, o autor da equação que descreve o comportamento ondulatório do electrão. A mecânica baseada nessa equação revelou-se equivalente à chamada «mecânica das matrizes», desenvolvida independentemente por Werner Heisenberg pouco antes. O objecto fundamental da equação é uma função de onda, que o físico alemão Max Born interpretou como uma medida da probabilidade de encontrar uma partícula quântica num certo lugar no espaço. Mas Schroedinger, tal como tinha acontecido com Einstein, não gostou do rumo que a «sua» mecânica ondulatória levava. Na chamada interpretação de Copenhaga, desenvolvida por Bohr e pelos seus companheiros e discípulos, o observador tinha um papel no que era observado. Foi por isso que Schroedinger inventou um gato que, fechado numa caixa, estava sujeito a um mecanismo quântico que o podia matar (a abertura de um frasco de veneno provocada por uma desintegração radioactiva). Os acontecimentos quânticos são descritos por probabilidades. Portanto, o gato dentro da caixa tinha uma certa probabilidade de estar vivo e uma certa probabilidade de estar morto. Era um *zombie*, um vivo-morto se estivesse mais vivo do que morto ou um morto-vivo se estivesse mais morto do que vivo. O mais paradoxal é que só se podia saber se estava vivo ou morto abrindo a caixa e, seguindo estritamente a interpretação de Copenhaga, era, portanto, o observador que, ao observar, matava o gato. Em linguagem técnica, a função de onda do gato colapsava no acto de medição.

Aqui há gato de Schroedinger!

Outro paradoxo quântico famoso é o de Einstein-Podolski-Rosen. Foi criado por Albert Einstein e pelos seus colaboradores Boris Podolski e Nathan Rose para pôr em causa a não-localidade da teoria quântica. De acordo com essa teoria, uma partícula detectada num certo sítio do mundo pode revelar informação sobre uma outra partícula num outro extremo do mundo. Essa transmissão fantasmagórica à distância era algo insuportável para Einstein. Como podia o acto de um observador num sítio afectar um objecto no outro lado do mundo? Hoje sabe-se que

Einstein e os seus colegas de paradoxo não tinham razão, pois aquilo que eles diziam não acontecer já foi experimentalmente verificado. Em particular, experiências realizadas pelo físico francês Alain Aspect e pela sua equipa mostraram que Einstein não tinha razão: a não-localidade da teoria quântica é real. Ele recebeu, atendendo a essas experiências, juntamente com o norte-americano John Clauser e o austríaco Anton Zeilinger, o Prémio Nobel da Física de 2022.

Os paradoxos quânticos levaram Niels Bohr a dizer: «Aqueles que não ficarem perturbados ao descobrir a teoria quântica é porque não a compreenderam.» O físico Richard Feynman acrescentou: «Ninguém compreende verdadeiramente a mecânica quântica.» E, no entanto, ela tem resistido a todas as provas a que tem sido submetida. Testada por muita gente e de diversas maneiras, continua firme. A tal ponto que actualmente já começam a emergir novas aplicações — como o chamado, embora impropriamente, teletransporte, e como a criptografia quântica e a computação quântica — que têm por base a teoria quântica. O teletransporte quântico não tem nada a ver com o teletransporte do capitão Kirk do *Startrek* (*Caminho das Estrelas)*, que ordena: «*Beam me up, Scotty!*» (um truque introduzido no filme porque ficava caro mostrar muitas vezes a aterragem da nave). Significa antes que uma medida de um estado de uma partícula num sítio implica uma medida correlacionada numa outra partícula muito afastada: dizemos que as duas estão entrelaçadas. A criptografia quântica promete segurança absoluta nas comunicações à distância. Finalmente, a computação quântica aproveita-se do facto de uma partícula poder estar em dois estados ao mesmo tempo, como o gato de Schroedinger.

Os paradoxos, mais do que encruzilhadas, podem ser, em ciência, um modo de vida permanente. Mal comparado, o electrão pode ser partícula e onda, tal como os portugueses têm, sem mudanças à vista, a civilização dos incivilizáveis.

Mas será a mecânica quântica a última palavra? Não serão um dia todos os paradoxos anteriores resolvidos (e até, talvez, o dos portugueses)? Ou teremos uma eterna paradoxia?

Talvez os paradoxos sejam eternos. Ouçamos o que nos diz a este propósito Étienne Klein:

> Curiosamente, os paradoxos reflectem o estado de inacabamento da ciência e, ao mesmo tempo, o seu grau de maturidade. É aquilo a que podemos chamar o paradoxo do paradoxo! Uma teoria acabada, que tivesse sempre razão, não poderia ser paradoxal. Os paradoxos são, pois, a marca do inacabamento ou da imperfeição. Mas, inversamente, só uma teoria madura, importante e rica em conteúdo pode dizer o bastante para ser eventualmente desmentida pelos factos. (...) Proclamemos, finalmente, e sem corar, que o princípio vital da ciência é o paradoxo!

Paradoxal, não é?

Resolvendo o paradoxo dos portugueses

Madonna e a complexidade da matéria

Estando hoje a Terra repleta de computadores e estando estes ligados por redes informáticas, é comum ouvir dizer que vivemos num mundo virtual, num mundo de *bits*. Mas o facto é que continuamos a viver num mundo material, num mundo de átomos. Para além dos físicos e químicos, que poderão não ser muito populares, é a vedeta *pop* norte-americana Madonna que nos recorda esse facto quando canta «Material Girl», no seu disco *Like a Virgin:*

> *You know that we are living in a material world*
> *And I am a material girl.*
> [Sabe que vivemos num mundo material
> e eu sou uma rapariga material.]

Alguém duvida de que Madonna seja uma *material girl*!?

Vivemos num mundo material e somos, tal como Madonna, pessoas materiais, seres feitos de combinações particulares dos cerca de cem tipos de átomos que fornecem toda a matéria. «O mundo é feito de átomos» constitui, segundo Richard Feynman, laureado com o Prémio Nobel da Física, a afirmação mais importante da nossa ciência, uma afirmação que apenas era uma vaga hipótese no final do século XIX, mas da qual hoje, no início do século XXI, ninguém duvida. Feynman foi ao ponto de dizer que, se tivéssemos de transmitir num curto telefonema a um extraterrestre o essencial do nosso conhecimento do mundo, antes de um eventual cataclismo no nosso querido planeta, deveríamos aproveitar para dizer que «o mundo é feito de átomos»...

A matéria feita de átomos conhecidos não pára, porém, de nos surpreender! Surpreendeu-nos, por exemplo, em 1908, quando o físico holandês Kammerlingh Onnes descobriu, no seu laboratório da Universidade de Leiden, que alguns materiais metálicos simples, a temperaturas próximas do zero absoluto (que, de acordo com a termodinâmica, é a temperatura mais baixa possível: -273,15 graus

Celsius), eram supercondutores. Este é um nome justo para um verdadeiro superfenómeno: a corrente eléctrica flui nesses materiais sem encontrar qualquer resistência e, portanto, nenhuma energia se perde por aquecimento... E voltou a surpreender-nos, quase 80 anos mais tarde, em 1986, quando os físicos alemães Georg Bednorz e Alex Mueller, a trabalhar nos laboratórios da International Business Machines (IBM) em Zurique, na Suíça, descobriram que alguns materiais cerâmicos, bem mais complexos do que os metais examinados por Onnes, eram supercondutores a temperaturas chamadas «altas» (cerca de -240 graus Celsius), apesar de baixas de acordo com os nossos padrões habituais. Depois disso, já se observou supercondutividade a cerca de -140 graus Celsius, à pressão ambiente, um recorde que talvez um dia venha a ser ultrapassado. A pressões superiores à do ambiente, podem ter-se supercondutores a temperaturas mais altas: o recorde vai em -23 graus Celsius.

Comunicação de ciência a um ET

Onnes, descobridor dos supercondutores

A explicação da supercondutividade a baixas temperaturas demorou algum tempo a aparecer, mas apareceu. Valeu em 1972 o Prémio Nobel da Física a três norte-americanos: John Bardeen, Leon Cooper e John Schrieffer (John Bardeen foi a única pessoa a receber o Prémio Nobel da Física duas vezes, já que antes, em 1956, tinha obtido este prémio pela invenção do transístor, em conjunto com dois seus colegas). Essa explicação baseou-se na teoria quântica, como não poderia deixar de ser, uma vez que esta teoria descreve o comportamento dos electrões, as partículas responsáveis pela condução eléctrica nos sólidos. Ligações entre electrões permitem que eles se emparelhem, e esses pares, ao contrário dos electrões individuais, já podem ocupar o mesmo estado. Um princípio quântico chamado «princípio de exclusão de Pauli», do nome do físico austríaco Wolfgang Pauli, proíbe que os electrões se amontoem promiscuamente no mesmo estado.

A explicação da supercondutividade a altas temperaturas tarda, já que a mesma explicação não serve para os materiais cerâmicos a temperaturas elevadas. Uma explicação única ainda não foi alcançada, apesar dos esforços porfiados de muitos e brilhantes físicos (foram já escritos mais de cem mil artigos sobre o assunto!). O problema está aí, para quem aspire a um Prémio Nobel: por que razão alguns materiais são supercondutores a temperaturas altas? Talvez a resposta a essa questão nos permita enfrentar outra, de enorme relevância tecnológica: será possível fazer materiais que sejam supercondutores à temperatura ambiente? Se for, poderemos fazer uma superpoupança em energia eléctrica (cerca de 30 por cento dessa energia é dissipada em aquecimentos indesejados)... E poderemos fabricar supermagnetes baratos — úteis, por exemplo, em medicina, para obter imagens de ressonância magnética do nosso corpo.

Apesar de conhecermos a teoria subjacente à organização dos átomos — a teoria quântica —, é desconsolador que não entendamos ainda alguns fenómenos cuja observação é absolutamente trivial. Hoje há *kits* de supercondutividade a «altas» temperaturas com que se podem efectuar divertidas experiências nas escolas, e é bastante fácil, com a ajuda de azoto líquido, pôr a levitar uma pequena peça. É como se soubéssemos as regras do jogo, mas não conseguíssemos explicar algumas das jogadas que vemos. Serão precisas novas regras? E quais serão elas? Se não for assim, como se joga sem batota com as regras antigas? Na física moderna, não é afinal necessário olhar para os confins do mundo, para as estrelas em longínquas galáxias ou para os protões e neutrões no interior das partículas do núcleo atómico, para encontrar *puzzles* complicados que desafiam a nossa imaginação...

O polícia Pauli proíbe o amontoamento de electrões

Quem olha para as estrelas dentro das galáxias e para os *quarks* dentro dos protões e dos neutrões sonha com uma «teoria de tudo», uma teoria que unifique todas as interacções (incluindo as interacções nucleares, forte e fraca, que governam no interior dos núcleos; a interacção electromagnética, que gere os «negócios» eléctricos e magnéticos; e a interacção gravitacional, que reina nas grandes distâncias do espaço). Para muitos físicos, chegar a essa teoria é o objectivo último da física, pelo que lhe chamam «teoria final» e falam, com um tom algo pessimista, do «fim da física». De facto, apesar da muita propaganda feita pelos autores da chamada «teoria das cordas» (assente na ideia de que as partículas fundamentais não devem ser vistas como pontos, mas sim como cordas vibrantes), não existe ainda uma teoria de força unificada que seja não só consistente internamente, mas também consistente com a experiência. Pode até ser que essa teoria de força unificada nunca venha a existir... Mas, mesmo que venha a existir, dificilmente nos dirá alguma coisa sobre o complexo fenómeno da supercondutividade, a baixas ou a «altas» temperaturas. Dificilmente ela nos dará qualquer informação sobre os complicados fenómenos que ocorrem na matéria atómica que se encontra, afinal, por tudo quanto é sítio. O conjunto, por vezes, é mais, muito mais, do que a soma das suas partes e, por muito que se esmiúcem as partes, não se chega ao todo. Quer dizer, a eventual «teoria de tudo» não englobará, afinal, «tudo», e a sua hipotética formulação não representará de modo nenhum o fim da física...

A matéria de que são feitas todas as coisas continua e continuará a desafiar os físicos. O seu objecto concreto de estudo é, afinal, uma questão de gosto. Uns preferirão os mistérios últimos (últimos?) das estrelas e dos *quarks*. Outros preferirão os enigmas da supercondutividade a «altas» temperaturas.

Curioso é que o estudo do real não dispense hoje o virtual. Para vermos hoje os *quarks* nos núcleos ou os átomos nos materiais usamos *bits*. Na decifração do real, as simulações computacionais são hoje instrumentos extraordinários que ampliam a nossa, por vezes escassa, imaginação. Algumas teorias unificadas são testadas em computadores por não existirem soluções que se possam escrever à mão. E o estudo de materiais passa hoje pela respectiva modelação e simulação no computador com base nos primeiros princípios da teoria quântica. O computador revela-se, portanto, um instrumento muito versátil, um instrumento que permite fazer a ponte entre vários ramos da física e também entre a física e outras ciências. No futuro, antes de criarmos materiais supercondutores, fá-los-emos provavelmente, átomo a átomo, em ecrãs de computador. A matéria será virtual antes de a materializarmos no nosso mundo material...

Os átomos vêem-se com bits

Não fora o facto de a sua avó o ter aconselhado a teimar, teimar, mas nunca apostar, o autor até apostaria que novas surpresas estão para vir no domínio da complexidade da matéria. Haverá outros fenómenos novos, tão ou mais espectaculares que a supercondutividade, que a teoria não previu, mas que vai ser obrigada a explicar.

O Mundial dos supercomputadores

No Mundial de futebol às vezes ganha o Brasil, outras vezes ganha a Alemanha... Os Estados Unidos da América nunca ganharam, nem o Japão nem a China. Porém, em contraste com o futebol, em que há a chamada «sorte do jogo» (o azar do árbitro faz parte da «sorte do jogo»), no campeonato do mundo dos computadores o resultado é bastante mais objectivo. Aí ganham, têm ganhado, os Estados Unidos, com uma intromissão pontual do Japão ou da China. Em vez de sorte, é preciso saber e, claro, dinheiro. Actualiza-se duas vezes ao ano na Internet uma lista dos 500 melhores computadores do mundo (por melhor entenda-se mais poderoso, com maior poder de cálculo) organizada por cientistas de dois centros norte-americanos, um em Knoxville, no Tennessee, e outro em Berkeley, na Califórnia. A lista baseia-se no tempo de resposta dado por cada supercomputador a um certo conjunto de problemas de cálculo, designadamente a resolução de certo conjunto de equações. O leitor pode consultar facilmente essa lista, dita *top 500*, em http://www.top500.org. A consulta da lista actual e das listas anteriores dá bem a ideia da extrema rapidez da evolução dos computadores nas últimas décadas.

Qual é o segredo dessa evolução? É a capacidade de fazer transístores cada vez mais pequenos e, portanto, de empacotar o mesmo número de transístores num espaço menor. Falamos hoje já não de circuitos integrados, mas de circuitos ultra-integrados. O cientista e empreendedor Gordon Moore propôs, a meio dos anos de 1960, a «lei de Moore» (por alguns chamada *More's law*, num evidente jogo de palavras em inglês, pois «more» significa «mais»), segundo a qual todos os dois anos o poder de cálculo dos computadores passa para o dobro. Moore foi um verdadeiro profeta, pois a sua lei continua a ser cumprida mesmo muitos anos depois de ter sido formulada. A este facto talvez não seja estranha a circunstância de Moore ter sido co-fundador da Intel, uma empresa que tem sido um dos líderes do mercado de semicondutores desde há bastantes anos. O transístor é uma aplicação, decerto a mais generalizada, da teoria quântica. O seu funcionamento — trata-se basicamente de um interruptor de corrente eléctrica — só pode ser explicado pela ocupação de níveis atómicos em materiais semicondutores, isto é, materiais que são intermediários entre os condutores e os isoladores eléctricos. A teoria quântica está hoje por todo o lado, onde quer que existam transístores: nos computadores, nos rádios e nos televisores, nas máquinas de lavar roupa e louça, e também nos telemóveis e *tablets*. Basta olhar para a evolução de todos esses aparelhos para entender melhor a evolução simultânea dos computadores de topo de gama.

Os transístores encolheram

Nas máquinas de lavar roupa há transístores

Mas, tal como um condutor de um *Fiat Punto* gosta de olhar para um bólide de Fórmula 1, olhemos para a evolução recente dos supercomputadores. O campeão dos computadores foi, a partir de Junho de 2002 e durante cinco listas sucessivas do *top 500*, a máquina japonesa *Earth Simulator* («Simulador da Terra»), instalada na localidade Yokohama, perto de Tóquio. Foi construída pela empresa Nippon Electric Company, a NEC (passe a publicidade, que é garantidamente gratuita), na sequência do Protocolo de Quioto, a grande reunião internacional de 1997 que se preocupou com os impactos das mudanças climáticas globais, que foi antecessora do Acordo de Paris, em 2015, destinado a travar o aquecimenlo local. O seu desempenho chegou ao valor de 40 teraflops (um teraflop é um milhão de milhão de flops, palavra que significa *floating point operations per second,* operações de vírgula flutuante por segundo). O «Simulador da Terra», como o próprio nome indica, destinava-se a antecipar o comportamento da atmosfera e da crosta terrestre: fazia previsões do clima da Terra em larga escala, que está a mudar de uma maneira drástica. Esta simulação destina-se a adivinhar o futuro, o futuro de todos nós. O primeiro *Earth Simulator* foi substituído pelo *Earth Simulator 2,* que conseguia 131 teraflops, e pelo *Earth Simulator 3*, que conseguia 1,3 petaflops (um peta são mil teras), e pelo *Earth Simulator 4,* que conseguia 13,5 petaflops. O progresso de uns sistemas para outros ilustra o progresso — impressionante — da supercomputação. Pois este último sistema é apenas o número 77 do *ranking* de Novembro de 2023.

Os norte-americanos, que tinham antes o primeiro lugar no Mundial, não ficaram contentes quando o «Simulador da Terra» conquistou o pódio. Não descansaram enquanto não destronaram o computador japonês, o que conseguiram em Novembro de 2004 com um supercomputador da IBM, o *BlueGene/L System,* instalado no Laboratório Nacional Lawrence Livermore, em Berkeley, na Califórnia. O poder de cálculo desta máquina é várias vezes superior ao do «Simulador da Terra»: o seu desempenho mede-se pelo número impressionante de 280,6 teraflops. O *BlueGene*, que foi o primeiro computador a ultrapassar o número mágico de cem teraflops, esteve no lugar cimeiro quatro listas sucessivas. O *BlueGene* tem uma missão bastante diferente da do «Simulador da Terra»: pertence à National Nuclear Security Administration (NNSA) do Departamento de Energia Americano e destina-se a simular explosões nucleares, uma vez que as explosões nucleares «ao vivo» estão proibidas por acordos internacionais. Poder-se-ia chamar «Simulador da Bomba». A simulação — a «realidade virtual» — faz aquilo que não se pode ou não se deve fazer na realidade. Mas o *BlueGene* foi ultrapassado por outros, tendo a sua linha sido descontinuada pela IBM em 2015.

O actual ocupante do lugar cimeiro do *top500* é o sistema norte-americano *Frontier* («Fronteira»), da empresa Hewlett-Packard, instalado no Oak Ridge Leadership Computing Facility, no Tennessee, que chega aos 1,7 exaflops (um exa são mil petas). Destina-se à realização de uma diversidade de tarefas científicas, incluindo mudanças climáticas. Mas faz parte da natureza das coisas que este sistema vai ser ultrapassado, como outros foram no passado.

Como destronar o supercomputador?

Para dar uma ideia mais exacta da prodigiosa evolução da indústria informática, acrescente-se que a primeira lista do *top 500* foi feita em Junho de 1993 e que, nessa altura, o primeiro sistema dos Estados Unidos, instalado em Los Alamos, tinha apenas 60 gigaflops (um giga é um milésimo de um tera). E a indústria não pára: o leitor continuará a assistir ao extraordinário aumento do poder dos computadores....

A lista do *top500* permite medir o poder científico dos vários países. Os Estados Unidos têm a liderança mundial destacada, com 32 por cento dos sistemas dessa lista. A China é o segundo país, com 21 por cento (a China já teve sistemas no topo, mas, dada a rivalidade com os Estados Unidos, decidiu impedir o teste dos seus sistemas mais poderosos). Seguem-se a Alemanha (7 por cento) e o Japão (6 por cento). A vizinha Espanha tem três sistemas, os *Mare-Nostrum*, instalados no Centro Nacional de Supercomputação em Barcelona: estão nos lugares 8, 19 e 121 do *ranking*. No espaço de língua portuguesa, destaca-se o Brasil, que tem nove sistemas no *top 500*, o primeiro dos quais, o *Pégaso*, associado à exploração de petróleo, está no lugar 45.

E Portugal?, perguntará o leitor curioso. Já possuiu em tempos idos um computador da IBM na lista (era uma máquina numa empresa do grupo Electricidade de Portugal destinada à gestão financeira), mas actualmente, e desde há muito tempo, não tem nenhum. É um indicador do insuficiente investimento português em ciência e tecnologia.

O facto mais marcante da moderna evolução da tecnologia de supercomputadores é a agregação de um grande número de processadores (se o processador é o coração de um computador, podemos dizer que os actuais supercomputadores têm muitos corações). O primeiro «Simulador da Terra» «só» tinha 5120 processadores O «Simulador da Bomba» já tinha 131 072 processadores, ao passo que o *Frontier* tem cerca de 8,7 milhões. Em todos os casos, trata-se de processadores potentes, mais potentes do que os processadores dos computadores domésticos.

A Milipeia

O Centro de Física Computacional da Universidade de Coimbra instalou em 2010 uma, na altura, poderosa máquina, que esteve aberta aos investigadores nacionais — a «Milipeia». Este super-computador tem 526 «patas» (os «donos» da máquina chamaram «patas» aos processadores, pelo que o nome enganava um pouco) e atingia o rendimento de cerca de um teraflop. Sucedeu a uma outra máquina, a «Centopeia», que tinha cerca de cem «patas» (como o próprio nome «Centopeia» sugere). Tanto a «Milipeia» como a «Centopeia», para andarem bem, devem mover todas as suas «patas» ao mesmo tempo...

É necessário fortalecer uma comunidade nesta área à escala nacional, que facilite a partilha dos equipamentos mais poderosos e a resolução de problemas mais difíceis. Com instrumentos novos pode fazer-se ciência nova. Com máquinas poderosas pode fazer-se ciência electrónica (*e-science*) em muitos ramos do conhecimento humano: na matemática, nas ciências físico-químicas, nas ciências da Terra (incluindo a do clima), nas ciências da vida e nas engenharias.

A computação avançada baseia-se no paralelismo de processadores, mas estes não têm de estar no mesmo sítio: pode estar distribuída. Uma tecnologia de computação distribuída, chamada *Grid* (em português, «Grelha»), assenta na ideia de ligar, de uma forma eficiente, computadores já existentes em lugares próximos ou distantes e realizar uma computação distribuída. O Laboratório Europeu de Física de Partículas (CERN), em Genebra, na Suíça, tem usado essa tecnologia para lidar com o oceano de dados que tem surgido das experiências no Grande Colisionador de Hadrões (*Large Hadron Collider*, LHC). Mas, mais em geral, a computação distribuída faz-se usando a chamada *cloud computing* («computação em nuvem»), que usa sistemas algures na Internet.

Uma «grelha» de computadores

Aprofundando a ideia da «Grelha» e da «Computação da Nuvem», há quem diga que o maior computador do futuro já existe: é a própria Internet, se se juntar o poder de cálculo nela disperso. Um exemplo muito curioso de usar a Internet para resolver um grande problema de cálculo é dado pelo projecto

SETI@home (http://setiathome.berkeley.edu), que tem procurado vida inteligente extraterrestre. Em vão, até ao momento. Qualquer pessoa, no conforto da nossa casa, pode participar nesse projecto. O nosso computador pessoal pode ser um nó de uma grande teia e, com um bocado de sorte, podemos encontrar um extraterrestre *at home*. Expliquemos: as antenas dos radiotelescópios fornecem continuamente sinais de rádio vindos das profundidades do espaço. Esses sinais podem ser repartidos por milhões de computadores em todo o mundo que, em paralelo, o analisam para ver se lá encontram um sinal, uma mensagem, do espaço. Muita gente, por esse mundo fora, tem dado tempo de cálculo do seu computador (quando não estão a trabalhar com ele) para esse gigantesco projecto cooperativo. Seria fantástico que um extraterrestre aparecesse por essa engenhosa via informática... A «Grelha» ou a «Computação em Nuvem» são uma espécie de SETI@home, mas mais sofisticado: não tem de funcionar para resolver apenas um problema específico. Um dado problema será colocado a uma parte da rede, e esta resolvê-lo-á o melhor que puder, não interessando onde.

Uma das maneiras de medir a capacidade de cálculo de um supercomputador poderá ser, no futuro, resolver não um problema matemático como o sistema de equações que serve para testar o actual *top 500*, mas problemas mais elaborados. Um computador com uma arquitectura especial da IBM, o *DeepBlue*, ganhou em 1997 ao então campeão mundial de xadrez Garry Kasparov, numa manifestação inequívoca de inteligência artificial. Um desafio será, por exemplo, substituir o xadrez por um outro desporto mais popular, um desporto aparentemente mais simples, mas que de facto é muito mais complicado. Qual? Bem, o futebol! Pôr um robô a jogar futebol de uma forma razoável é um desafio hoje para os fabricantes de computadores. Já há robôs que descem escadas sem cair e há robôs que dançam razoavelmente. Há até campeonatos mundiais de futebol robótico. Não se trata de substituir Garry Kasparov, mas sim de substituir Cristiano Ronaldo. Os norte-americanos e os japoneses estão a aproximar-se desse objectivo. A tecnologia pode ser um único supercomputador ou, melhor, a computação distribuída. Portanto, os adeptos, em casa e com os seus computadores pessoais, poderão vir a ter uma participação decisiva no jogo. Hoje, os fãs puxam pela sua equipa, mas, nesse futuro de ficção científica, os seus computadores serão a sua equipa...

Campeonato de futebol robótico

Digitando pelo mundo digital

É hoje lugar-comum afirmar que os computadores estão a mudar as nossas vidas. De facto, não são só os computadores, mas também as modernas redes entre eles, que se servem, em larga medida, de cabos de fibra óptica e que são indispensáveis à computação distribuída. Estes cabos funcionam com luz laser, que se vai propagando ao longo deles, transportando a informação à velocidade da luz quase sem nenhumas perdas. Acontece que os lasers só se podem explicar com a ajuda da teoria quântica... Trata-se de luz coerente, que é proporcionada por saltos sincronizados de fotões entre níveis quânticos de energia. Embora as suas bases teóricas tenham sido desenvolvidas por Einstein, o laser (palavra que já entrou já na língua portuguesa; é a abreviatura de *Light Amplification by Stimulated Emission of Radiation*, amplificação da luz por emissão estimulada da radiação) foi inventado em 1958 nos Bell Laboratories, curiosamente o mesmo local do nascimento do transístor. Foi a publicação, na revista *Physical Review,* do artigo intitulado «Infrared and Optical Masers», por Arthur Schawlow, físico norte-americano que então trabalhava naqueles laboratórios, e por Charles Townes, um consultor da mesma especialidade e da mesma companhia (os dois receberam o Prémio Nobel da Física: Schawlow em 1981 e Townes em 1964), que desencadeou o estudo e a aplicação dos lasers. Esse artigo inaugurou não só um novo ramo da física como um negócio de biliões e biliões de dólares.

As redes de comércio electrónico, o acesso à informação para fins de trabalho ou lazer, o ensino e a aprendizagem assistidos por computador, novas formas de administração pública e novos modos de participação democrática são apenas algumas das inúmeras possibilidades que têm sido exploradas com base nas modernas redes de computadores e que, para proveito geral, ainda serão mais exploradas no futuro. O mundo já não é o que era e, a continuar a revolução digital em curso, dentro de pouco tempo estará quase irreconhecível. Claro que a utilização, melhor ou pior, do mundo digital depende das pessoas e não das máquinas...

Townes e Schawlow, os pais do laser

Vejamos alguns exemplos das benfeitorias da Internet, a grande rede mundial de computadores. Para obter livros, discos, CD e DVD (a leitura de um CD ou DVD também se faz com luz laser e, portanto, não seria possível sem a teoria quântica!) dispomos dessa estação central do comércio electrónico que está na maior livraria do mundo (não só maior livraria, mas também maior loja, pois vende tudo!), com sede em Seattle, nos Estados Unidos (um grande arranha-céus dessa cidade tinha um grande cartaz publicitário: *Amazon.com would not fit here!*, «A Amazon.com não caberia neste prédio!»), mas com ramos na Europa (Espanha, França, Reino Unido, etc.) e na Ásia (Japão e China, etc.) e «sucursais» onde quer que haja um computador em rede. Para simplesmente vermos as novidades (folheando-as, pelo menos parte delas) ou encomendarmos qualquer obra disponível em qualquer sítio, basta «clicar» (este é um novo verbo que pegou na língua portuguesa: «eu clico, tu clicas, ele clica»!). Pelo menos em relação aos livros, já não há a desculpa do isolamento cultural.

Take away *pela Internet*

Também as músicas e os filmes nos passaram a chegar por *streaming* (fluxo contínuo, em substituição da descarga de dados uma vez), usando a Internet. A Spotify iniciou os seus serviços em 2008 e a Netflix em 2010. Há outras empresas concorrentes, que, no seu conjunto, fizeram com que CD e DVD ficassem obsoletos. Os sons e as músicas estão na «nuvem» e vêm a pedido, com serviços de inteligência artificial a tomarem nota dos nossos interesses. Tudo isso são ofertas da chamada Web 2.0, que inclui também redes sociais (como o Facebook, iniciado em 2004, o Instagram, de 2010, ou o TikTok, de 2016) e a partilha de vídeos (como o YouTube, de 2005).

Que a informação enciclopédica está hoje, em forma digital, ao alcance dos nossos dedos já não é apenas uma metáfora. A que era considerada a melhor enciclopédia do mundo, a enciclopédia *Britannica*, está *online*. Mas, num esforço colaborativo à escala mundial, foi criada a *Wikipedia*, com versão em português, uma enciclopédia gratuita e permanentemente actualizável, que é hoje considerada a referência. Há quem diga que a *Wikipedia* não pode ser considerada uma fonte absolutamente fiável, dadas as alterações que qualquer um pode introduzir, mas há também quem já tenha comparado a precisão (ou imprecisão) desta com a da *Britannica*, tendo chegado à conclusão de que no mínimo se equivalem (um estudo foi publicado na revista *Nature)*. A *Britannica* tem a vantagem de ser escrita por especialistas, mas a *Wikipedia* está a ganhar por causa da actualização mais rápida.

O pequeno-almoço digital

Jornais de todo o mundo, como o norte-americano *New York Times* o espanhol *El País*, o brasileiro *Folha de São Paulo* ou o português *Público*, estão hoje virtualmente disponíveis nos lares ou na rua, podendo todos eles ser lidos enquanto se tomam as torradas com o café. O leitor pode ler, na selecção dos seus jornais preferidos, o que lhe interessar. Em vez de folhear com os dedos, pode ler as versões digitais. Mas não entorne, distraído, o café no teclado, no telemóvel ou no *tablet*...

Museu: real ou virtual?

Os melhores museus do mundo estão também à sua disposição num ecrã (por exemplo, basta premir um botão para desfrutar, no conforto doméstico, do famoso Exploratorium, o museu interactivo de ciência em São Francisco) ou do celebérrimo Louvre, o museu de arte em Paris. Os actuais museus têm na Internet uma componente indispensável do seu programa de acção cultural e alguns museus são mesmo inteiramente virtuais, não dispondo de espólio material. Isto é, pode-se ir a um museu sem lá ir. E está tudo à distância de um clique... Não se pode mexer em aparelhos antigos, mas pode-se mexer à vontade em aparelhos virtuais que são uma réplica dos originais. Mas, claro, o virtual não pode substituir completamente o real e o melhor é mesmo lá ir quando há um sítio onde ir...

As escolas também mudaram os seus hábitos. Passou a haver teses *online*, com evidente poupança de papel e economia de tempo na distribuição. As dúvidas podem ser tiradas e os trabalhos de casa podem ser feitos e corrigidos via Internet. A pandemia da covid-19 mostrou que as aulas, embora com alguns prejuízos, podem ser dadas à distância.

A administração pública nacional também já não é o que era no tempo do papel selado. Hoje podem ser feitos requerimentos sem papel nenhum, e as declarações de impostos podem ser preenchidas e entregues electronicamente. Portanto, já não há desculpas associadas aos atrasos de correios e já se dispensam as volumosas pastas de arquivo. Findaram processos burocráticos com um peso de séculos. Claro que, entre nós, os funcionários públicos conseguem adaptar-se e sobreviver: a forma moderna de retardar processos consiste em dizer que o «sistema está em baixo» (é, em geral, mentira, trata-se, tão-só, de uma nova forma da velha desconsideração pelo cidadão) ou dizer que «a mensagem se perdeu no servidor» (é sempre mentira: o funcionário é que não a procurou bem). Finalmente, no que respeita a novas formas de participação democrática, o exemplo da campanha a favor de Timor é bem elucidativo: a acção maciça na Internet teve uma influência considerável na intervenção das Nações Unidas, que haveria de levar à independência do território em 2002. Nas eleições brasileiras, toda a recolha de votos é efectuada por máquinas. As votações electrónicas poderão substituir as votações presenciais, podendo, assim, diminuir a abstenção... Claro que também há o perigo de manipulação informática da opinião pública como aconteceu na eleição norte-americana de 2016, ganha por Donald Trump. A empresa britânica Cambridge Analytica, que trabalhou para a campanha de Trump, foi processada e acabou por ser extinta, mas o espectro da recolha indevida de dados e o seu uso para campanhas de intoxicação permanece.

Todos estes novos meios só exigem um clique. Basta ir ao Google, esse motor de busca que depressa se impôs pela sua enorme rapidez e eficácia, para encontrar o que se quer. Ou a outro motor de busca. Quando o leitor faz isso, não pensará decerto que esse mundo digital só é possível porque se reuniram duas tecnologias de base quântica: o transístor e o laser. Como seria a nossa vida sem elas?

— *O sistema está em baixo!*

Referendo electrónico

NANOTECNOLOGIA: O FUTURO VEM AÍ

«Nano» é um prefixo que está na moda. O «nano» está, desde há algum tempo, a proliferar não só nos títulos de artigos científicos e patentes tecnológicas (a tal ponto que a mera inclusão de «nano» no título aumenta logo a probabilidade de publicação do artigo ou de aceitação do registo...), mas também nos títulos de jornais (até já chegou às primeiras páginas dos tablóides). De onde vem essa moda? O que tem o «nano» de novo?

Nanómetro é um milionésimo do milímetro, ou, se se preferir, um milésimo do micrómetro (antigo mícron), que, por sua vez, é um milésimo do milímetro. Se uma pequena formiga tem cerca de um milímetro de tamanho, uma célula dela tem alguns milésimos de milímetro e uma biomolécula dessa célula tem apenas alguns milionésimos de milímetro. O micrómetro é a escala celular, ao passo que o nanómetro é a escala molecular. Se um insecto se vê a olho nu, uma célula deste só pode ser observada com um microscópio óptico, e uma molécula de ADN, no núcleo dessa célula, só desvenda os seus segredos mais íntimos com microscópios sofisticados. A molécula de ADN é bastante longa, mas a sua largura é de apenas de alguns nanómetros. É elegantíssima! As máquinas-ferramenta da vida cujas estruturas e, portanto, funcionalidades, estão codificadas no ADN — as proteínas — têm o tamanho do nanómetro. O nano é a escala das estruturas biológicas e, nesse aspecto, não há nada de novo. Estruturas desse tipo — muito complexas e por vezes ainda mal conhecidas — foram fabricadas pela Natureza, ao longo do lento processo evolutivo, sem haver recurso à mão humana (a biotecnologia só recentemente tem explorado a possibilidade de o homem interferir nos blocos constituintes dos seres vivos). Mas agora há algo de verdadeiramente novo, de espectacularmente novo... Conhecendo bem os átomos e as suas ligações — e, lembremo-lo, toda a química e toda a biologia assentam na ligação dos átomos em moléculas, isto é, no facto de os átomos «gostarem» de estar juntos — os cientistas conseguem associar os átomos, formando novas moléculas e também novos materiais.

É isso a nanotecnologia: a construção, com precisão, de novas estruturas à escala molecular. Conhecedor da teoria quântica que preside à organização dos átomos, o homem pode hoje, a um nível profundo da organização da matéria, competir com a Natureza e acelerar a evolução (a nanobiotecnologia não é mais do que a nanotecnologia que se pode fazer com base em alguns componentes biológicos). Para que servem as nanoestruturas artificiais? Para o que se quiser, sendo os limites apenas impostos pela nossa imaginação ou, melhor, pela nossa falta de imaginação. Podem servir para pura brincadeira — fazer os logótipos mais pequenos do mundo — mas também para aplicações mais sérias, como o fabrico de moléculas com propriedades especiais (por exemplo, moléculas feitas «ao gosto do freguês», designadamente sensores ou reparadores), ou de materiais com propriedades únicas (por exemplo, materiais obtidos por deposição de certas moléculas num substrato). Há quem imagine, por exemplo, a possibilidade de desobstrução de vasos sanguíneos por nanorrobôs adequados, evitando assim a morte por enfarte. E há também quem imagine telhas feitas de materiais com propriedades fotovoltaicas (conversão de luz em electricidade), que não só protegem da chuva como aproveitam o sol.

A nanotecnologia acelera a evolução

A física está evidentemente por detrás de todos esses avanços. A nanotecnologia é um esforço multidisciplinar de físicos, químicos, biólogos, engenheiros e outros profissionais, em que todos dão e todos recebem. Foi um físico norte-americano que deu a ideia original. Richard Feynman proferiu em 1959 uma palestra para engenheiros em que disse categoricamente: *There is plenty of room at the bottom* («Há muito espaço lá em baixo»). Queria com isso dizer que era possível associar os átomos de uma maneira mais ou menos livre (mais de dois milénios antes, um filósofo grego, Demócrito, tinha antecipado tudo ao propor que «só há átomos e espaço vazio»). Feynman, que gostava de brincar, ofereceu um prémio de mil dólares a quem conseguisse reduzir de 25 000 vezes as letras de um texto, que é a mesma mudança de escala realizada nas cartas militares que reduzem um quilómetro a quatro centímetros. Se essa letra do título do livro for do tamanho de uma formiga, vê-se facilmente que se obtém um nanotexto com a redução... Em 1985, um estudante de pós-graduação da Universidade de Stanford conseguiu reduzir 25 000 vezes o primeiro parágrafo do romance *A Tale of Two Cities* («Um Conto de Duas Cidades»), de Charles Dickens, recebendo o dinheiro do prémio.

Mas que caneta é capaz de escrever com letra tão miudinha? O instrumento essencial da nanotecnologia só ficou pronto em 1981, quando os físicos Heinrich Rohrer e Gerd Binnig, respectivamente suíço e alemão, construíram o primeiro microscópio de varrimento por efeito túnel. Não era o primeiro microscópio que permitia ver os átomos, mas alcançava uma precisão até essa altura ainda não atingida. Quando Einstein teve o seu ano milagroso, há mais de cem anos, ainda se especulava sobre a realidade dos átomos, mas hoje podemos, como São Tomé, ver para crer. O mais extraordinário é que o referido microscópio permite não só ver como mexer nos átomos. Actualmente, uma universidade que se preze já se serviu de um desses instrumentos para fazer o seu logótipo à escala atómica e colocá-lo na Internet. E muitos, muitos artigos e patentes já foram publicados à custa do novo aparelho. Não espanta por isso que os dois físicos, um mestre e o outro discípulo, tenham obtido o Prémio Nobel da Física em 1986, escassos cinco anos depois da sua invenção. Raramente a Academia Sueca é tão rápida!

A nanorroupa que não se suja

Algumas aplicações do «nano» já chegaram ao mercado. Há ecrãs de televisão feitos de nanotubos (uma camada de carbono enrolada) e há nanotêxteis que não se sujam facilmente (o que se consegue com a incrustação de agregados atómicos). Ensaiam-se em pacientes alguns produtos nanobiotecnológicos, nomeadamente medicamentos em doses muito pequenas, dirigidas de modo a não causar danos às partes sãs do corpo doente. E até os advogados se apressam a registar nanopatentes, enquanto os legisladores preparam novas leis sobre o que deve ou não ser permitido. A tal ponto que um mestrado de uma universidade portuguesa, intitulado «Novas Fronteiras do Direito», pediu a colaboração de um físico para comunicar o bê-á-bá da nanotecnologia aos juristas. Que não haja dúvidas: com a nanotecnologia, o futuro já chegou... Einstein (já agora, o responsável, na sua tese doutoral, por uma das primeiras medidas do tamanho das moléculas) dizia que não nos devíamos preocupar com o futuro, porque ele chega sempre mais cedo do que pensamos. E, com a nanotecnologia, ele chegou, de facto, muito cedo.

Registo de uma nanopatente

Uma das aplicações mais relevantes da nanotecnologia pode ser a maior miniaturização dos computadores. Se se fabricarem transístores mil vezes menores do que os actuais (nanotransístores, em vez de microtransístores), será possível fabricar computadores que, com o mesmo tamanho, sejam mil vezes mais rápidos (se se fizessem computadores mil vezes mais pequenos seriam invisíveis...). Esses transístores poderão ser concretizados por interruptores moleculares — por exemplo, a corrente eléctrica passará ou não conforme a presença de um agregado atómico adequado. Para que servem computadores mil vezes mais poderosos? Pois servem para poderem fazer as mesmas coisas muito mais rapidamente ou fazer mais coisas que agora não se fazem porque não estamos para esperar muito. Seria útil, por exemplo, que os computadores respondessem ao nosso comando de voz, ou, porque não, mantivessem connosco uma conversa minimamente inteligente. Assim, até poderíamos dispensar os teclados e os ratos. Aliás, alguns assistentes virtuais, baseados em inteligência artificial, já fazem isso.

E como fazer os minúsculos agregados que são precisos para os nanotransístores? Pois precisamente usando os conhecimentos proporcionados pela teoria quântica. Eis, portanto, como é que uma teoria que tem mais de cem anos ainda não deu tudo o que tem a dar. Quando terminar o processo de miniaturização dos transístores, haverá ainda a opção da computação quântica, baseada em *qubits* e não em *bits*, isto é, em misturas de zeros e uns, cuja supremacia já foi anunciada. A procissão ainda vai no adro...

O chat *do futuro*

2 A FANTÁSTICA RELATIVIDADE

Quando, no ano de 1900, o século XIX terminava, havia em muitos físicos uma sensação do fim da sua ciência. Ficou famoso o título da conferência de William Thomson, Lord Kelvin, proferida no dia 27 de Abril de 1900 na Royal Institution em Londres: «Nuvens do século XIX sobre a teoria dinâmica do calor e da luz». Segundo ele, a «beleza e clareza da teoria» só era obscurecida por «duas nuvens»: uma, referente ao calor, era a dificuldade de descrição da radiação do corpo negro, e outra, referente à luz, era o resultado nulo da experiência de Michelson-Morley sobre a existência do éter, o meio que deveria suportar as ondas de luz. Pois Lord Kelvin, um ícone da física do século XIX, revelou logo no fim desse século uma extraordinária capacidade de reconhecer os grandes problemas da sua ciência...

As duas nuvens não eram coisas pequenas: a primeira deu origem à teoria quântica, iniciada por Max Planck ainda no ano de 1900, e a segunda, à teoria da relatividade restrita, formulada por Albert Einstein no «ano milagroso» de 1905. Einstein, nesse ano, num artigo que ele próprio classificou como «revolucionário», acrescentou uma ideia fundamental à teoria de Planck: não apenas a radiação era emitida e absorvida em pequenas quantidades (os *quanta)*, mas ela própria também existia nessas pequenas quantidades: os fotões. Os fotões arrancavam os electrões de uma superfície metálica quando ocorria o efeito fotoeléctrico.

Lord Kelvin e as duas nuvens da física

A teoria da relatividade restrita aproxima a mecânica do electromagnetismo ao afirmar que o princípio da relatividade é válido para esses dois grandes ramos da física. O que significa «princípio da relatividade»? Não significa que «tudo é relativo», mas, antes pelo contrário, que há algo absoluto nas leis da física: elas são as mesmas para todos. As leis, tanto da mecânica como do electromagnetismo, são as mesmas para todos os observadores. Não há, portanto, para o electromagnetismo (ao contrário do que supunha Lord Kelvin) um sistema de referência universal e privilegiado — o chamado éter. Nessa tentativa de unificação de dois ramos da física, Einstein deixou intacto o electromagnetismo (ou, melhor, apenas dispensou a necessidade do

éter como meio de suporte das ondas de luz), mas viu-se obrigado a modificar a mecânica de Galileu e de Newton, que tantas e tão boas provas tinha dado. Foi um sacrifício para ganhar, um sacrifício como aqueles que os grandes mestres, como Kasparov, fazem por vezes no xadrez para conseguirem um portentoso xeque-mate... A solução para manter a «velha mecânica» passou por construir uma «nova mecânica» que coincidisse com a primeira no domínio das pequenas velocidades. A ciência acumula-se, e o que se descobre hoje de novo tem de incorporar o que antes se sabe bem!

A experiência realizada pelos físicos norte-americanos Albert Michelson e Edward Morley no ano de 1887, que falhou estrondosamente na detecção do éter, não terá constituído no raciocínio do jovem Einstein uma peça-chave. Foi mais importante a falta de simetria que se verificava em alguns fenómenos electromagnéticos para dois observadores em movimento relativo e que se podia facilmente reconhecer em experiências mentais (em alemão, *Gedankenexperimente).* Einstein começa precisamente por falar do electromagnetismo no seu artigo de 1905 intitulado «Sobre a electrodinâmica dos corpos em movimento», que foi publicado na revista alemã *Annalen der Physik*, dirigida por Max Planck. Mas a universalidade das leis da física tinha um preço, e esse foi a falta de universalidade de dois conceitos tão entranhados como o espaço e o tempo. De repente, as ideias de espaço e tempo absolutos de Galileu e Newton ruíram: o espaço e o tempo passaram a depender do observador. Einstein previu dois fenómenos estranhos, mas hoje bem comprovados: a contracção das réguas e o atraso dos relógios, ambos móveis, medidos por observadores imóveis. Não se registavam intervalos invariantes (isto é, iguais para todos) no espaço ou no tempo, como supunham Galileu e Newton, mas sim intervalos invariantes no espaço-tempo, uma nova entidade que passou a englobar o espaço e o tempo. Foi assim que apareceu o tempo como a «quarta dimensão»... Foi ainda uma experiência mental sobre a emissão de luz vista de diferentes perspectivas que levou o mesmo sábio, no mesmo ano, a enviar para a mesma revista um pequeno artigo, que era uma espécie de adenda ao anterior. O título era uma pergunta curta: «Dependerá a inércia de um corpo do seu conteúdo energético?» Quem pergunta quer saber, mas Einstein sabia a resposta, que era positiva: massa e energia, que pareciam conceitos separados um do outro, passaram a ficar unidos e têm permanecido reunidos desde então. A fórmula espantosamente simples $E = mc^2$, em que a energia aparece do lado esquerdo e a massa do lado direito, passou a relacionar massa e energia: existe uma proporcionalidade directa entre as duas grandezas (quando uma aumenta, a outra também aumenta da mesma maneira). A constante de proporcionalidade é o quadrado da velocidade da luz, designada pela letra *c*. Quanto maior for a energia maior será a massa e, portanto, maior será a resistência ao movimento. É por essa razão que um corpo com massa, como o electrão, nunca poderá alcançar a velocidade da luz, ao passo que um objecto sem massa, como o fotão, viaja sempre a essa velocidade. Massa e energia passaram a ser convertíveis uma na outra, uma possibilidade que, ao concretizar-se sobre Hiroxima e Nagasáqui, teve uma repercussão decisiva no curso da história do século XX...

A matemática da teoria da relatividade era e é simples. Contudo, foram as dificuldades matemáticas as principais responsáveis pelo facto de a generalização do princípio da relatividade para observadores acelerados — a relatividade geral — ter demorado dez anos. Teve de se esperar até 1915. O resultado valeu bem a espera. Se o espaço-tempo e a massa-energia tinham resultado de duas unificações conceptuais conseguidas no quadro da relatividade restrita, a relatividade geral fez uma síntese final e grandiosa: a geometria do espaço-tempo é alterada pela presença da massa-energia. Como? Pois o encurvamento do espaço-tempo pode ser notado pelo comportamento de réguas e relógios perto de corpos com grande massa. Uma previsão do encurvamento do espaço perto do Sol foi efectuada com base no comportamento dos raios de luz provenientes de estrelas localizadas por detrás do Sol, durante um eclipse. Felizmente que a nossa estrela tem massa suficiente para encurvar esses raios de luz de um modo visível (a luz comporta-se como se tivesse massa na vizinhança de um campo gravitacional intenso!). As observações realizadas em 1919 por expedições britânicas à ilha do Príncipe, no Atlântico, quase em cima do Equador, e a Sobral, no estado de Ceará, no Brasil, confirmaram as previsões einsteinianas.

A atracção gravitacional deve-se ao encurvamento do espaço-tempo

O problema da natureza da força gravitacional, que Newton não tinha conseguido resolver (ele pensava que essa força era instantânea), foi solucionado por Einstein, ao descobrir que essa força resultava do encurvamento do espaço-tempo.

A equação que relaciona a geometria do espaço-tempo com a massa-energia teve consequências cosmológicas notáveis. Depois de algumas hesitações (Einstein, para manter o Universo estático, introduziu à mão um termo matemático, a «constante cosmológica», do qual mais tarde se viria a arrepender — foi, segundo ele, «o maior disparate da minha vida»), foi possível descrever a expansão do Universo, que, entretanto, foi confirmada pela observação cósmica. O *Big Bang* estava «escondido» nas equações da relatividade geral!

Desengane-se, porém, quem pensa que Einstein abandonou a física quando chegou a esse cume do pensamento que é a teoria da relatividade geral. Ele passou o resto da sua vida às voltas com um outro problema, um problema bem mais difícil, tão difícil que nem ele nem ninguém ainda resolveu. O problema está aí para quem o queira enfrentar. Se a força gravitacional era uma deformação do espaço-tempo a quatro dimensões, não poderia a força electromagnética ser explicada do mesmo modo ou, pelo menos, de modo semelhante? Por outras palavras, não poderia haver uma teoria única que descrevesse tanto a força gravitacional como a força electromagnética? Os britânicos Michael Faraday e James Clerk Maxwell já tinham unido a força eléctrica e a força magnética, com o bónus enorme de o último ter feito luz sobre a luz, isto é, ter compreendido a natureza ondulatória da luz. Mas não poderiam a força gravitacional e a força electromagnética estar juntas numa teoria da força unificada? Este sonho, que Einstein perseguiu, continua hoje em aberto. É a herança de Einstein, um sonho que continua a motivar o trabalho de muitos físicos... Os avanços na unificação das interacções seguiram, entretanto, caminhos que Einstein não conseguiu seguir, por ter, de certo modo e a certa altura, «perdido o comboio» da física moderna. Tudo tem a ver com a segunda nuvem de Lord Kelvin... Com efeito, apesar de Einstein ser um dos autores da teoria quântica (o que conseguiu com a sua explicação do efeito fotoeléctrico), ele, por assim dizer, renegou-a. Mas, enquanto não o fez, foi ele quem encorajou o físico francês, com sangue azul nas veias, Louis de Broglie a avançar em 1924 a ideia, na altura ousada, de que não só a luz tinha propriedades de partícula como as partículas de matéria tinham propriedades de onda. A dualidade onda-partícula está na base da teoria quântica. Contudo, Einstein não acompanhou Heisenberg, Schroedinger, Dirac e Born, que, por volta de 1926, completaram o quadro da mecânica quântica. «*Gott wuerfelt nicht*» («Deus não joga aos dados») é a bem conhecida «boca» de Einstein (que era tão bom a criar frases como a fazer investigação: o sábio teria dado um bom publicitário). Bohr, com grande sabedoria e não menor fineza, retorquiu que «não competia a Einstein dizer a Deus o que deve fazer». Não obstante todas as suas dúvidas, Einstein contribuiu para o desenvolvimento da teoria quântica ao formular um conjunto de críticas que foram sendo respondidas pela teoria e pela experiência. Contribuiu também para a mesma teoria ao formular, em 1917, uma teoria da emissão estimulada de luz que está na base dos modernos lasers. E contribuiu finalmente para ela ao apoiar um jovem indiano, Satyendra Nath Bose, que, em 1924, previu um comportamento dos fotões e outras partículas semelhantes que diferia profundamente do comportamento dos electrões e que hoje está bem confirmado experimentalmente. Este efeito — a condensação de Bose-Einstein — consiste na ocupação do estado de mais baixa energia pela maioria de partículas semelhantes a fotões, ditas bosões. Em contraste, os electrões não se podem agrupar no mesmo estado. Os bosões são promíscuos, e os electrões não.

Deus joga aos dados?

Como se tudo o que atrás se resumiu fosse obra pequena, Einstein conseguiu mais: na sua juventude, numa altura em que se falava da «hipótese atómica», conseguiu provar a existência real de átomos e moléculas. Serviu-se para isso da termodinâmica (em parte, obra de Lord Kelvin), que ele dominava bem, e do chamado movimento browniano, o movimento caótico de um pequeno grão de pólen sujeito a um constante bombardeamento por moléculas de água que foi primeiro observado por Robert Brown, um botânico escocês (o movimento browniano foi a maior contribuição que a botânica algum dia deu à física!). Por outras palavras, Einstein forneceu provas para a corpuscularidade da matéria, um dos factos mais marcantes do nosso Universo. A luz é corpuscular, e a matéria é também corpuscular.

A maior parte destas e de outras contribuições foram obra de Einstein sozinho ou quase sozinho. É uma obra individual extraordinária, que só pede meças às obras individuais de Galileu e de Newton realizadas séculos antes. Depois de Einstein, o espaço e o tempo, a massa e a energia, a força gravítica e a força electromagnética, a luz e a matéria passaram a ser vistos com outros olhos. Einstein efectuou uma revisão profunda a toda a física, arrumando umas coisas nas prateleiras que havia e criando prateleiras para outras. Onde estamos hoje? A revisão que Einstein fez à física continua em vigor. Nada há que o tenha desmentido. Neste século XXI houve, porém, outras nuvens no horizonte da física, incluindo o problema da unificação das forças, o enigma da energia escura (que se pode associar à constante cosmológica) e o *puzzle* da matéria escura. A unificação das forças consiste em cumprir o desejo de Einstein, mas agora à luz da teoria quântica. Quanto à constante cosmológica, ela parece necessária porque o Universo está em expansão acelerada, isto é, o afastamento das galáxias é cada vez mais rápido. Por outro lado, a matéria escura surgiu porque as galáxias têm um comportamento que parece em desacordo com a mecânica de Newton. Mas, assim como Einstein subiu aos ombros de Galileu e Newton para ver mais longe, decerto que alguém um dia (quando, ninguém sabe) subirá aos ombros de

Einstein para ver ainda mais longe... Quando o fizer, não será nem o fim da física, nem, muito menos, o fim de Einstein. Continuar a física que os gigantes da física ergueram será a maior homenagem que os sucessores lhes podem prestar. Com essa continuação, os gigantes poderão tornar-se ainda mais gigantes. A descoberta do mundo é, para o homem, uma tarefa obrigatória e, nessa tarefa, o exemplo de Einstein permanecerá perene.

Einstein, um físico divertido

Albert Einstein era um físico divertido. A sua pose nunca foi a de um professor sério e solene, como era costume nos inícios do século XX. Mostrou-se sempre uma pessoa acessível, mesmo quando os jornais, depois do eclipse solar de 1919, o colocaram nos píncaros da glória. O seu lado informal, de uma informalidade por vezes desconcertante, foi ganhando espaço com o decorrer dos anos, à medida que a sua fama lhe permitia libertar-se das mais incómodas obrigações sociais. A imagem que nos ficou dele não foi tanto a do jovem bem-composto, de pequeno bigode e casaco xadrez, funcionário da repartição de patentes de Berna, na Suíça, mas mais a do sábio bonacheirão, cabelos desgrenhados, de camisola larga e sandálias nos pés, que, já reformado, habitava uma típica mansão americana, na cidade universitária de Princeton, Nova Jérsia, nos Estados Unidos.

Entre as imagens mais conhecidas de Einstein inclui-se uma em que ele, com um sorriso, se passeia de bicicleta. Há outra em que ele, num blusão desportivo, está ao leme do seu barco. Uma das imagens mais reproduzidas de Einstein mostra o sábio com a língua provocatoriamente de fora. Essa imagem deu azo a *posters, T-shirts* e outro *merchandising*. Há quem pense que a imagem da língua de fora é um engraçado truque fotográfico, uma divertida fotomontagem. Mas a imagem é mesmo verdadeira e foi bem aceite pelo próprio. Foi tirada em Princeton quando o físico comemorou os 72 anos, quatro anos antes de falecer de um aneurisma na aorta. Na altura, Einstein era já mais do que famoso: era famosíssimo. No fim da festa, muitos repórteres apinhavam-se para captar imagens do homenageado. Um deles, ao serviço da United Press International, foi mais feliz do que os seus colegas. Pediu «Professor, sorria, por favor», e o professor, em vez de sorrir, lançou-lhe divertidamente a língua de fora. Deste modo, a língua de Einstein ficou a parte mais famosa do seu corpo (depois do cérebro, claro, este furtado pelo médico que lhe fez a autópsia, como está relatado no livro *Ao Volante com Mr. Albert*, do norte-americano Michael Paterniti). Ora, Einstein gostou mais da fotografia do que outros, mais einsteinianos do que o próprio. Não só pediu ao fotógrafo uma cópia para si como autografou outra para dar ao fotógrafo. Se todas as pessoas que têm usado essa foto pagassem direitos, o fotógrafo ou os seus descendentes estariam hoje riquíssimos... O retrato de Einstein com a língua de fora é bem a imagem de uma personalidade que não gostava do culto da personalidade. É uma imagem de um cientista profundamente humano. A ciência é, de facto, feita por humanos e não por extraterrestres.

— *Professor, sorria, por favor!*

O tempo é relativo!

O lado «leve» de Einstein está reflectido em muitas das suas afirmações, orais ou escritas, que não raro surpreendiam pelo seu forte humor e que nalguns casos ficaram proverbiais. As frases de Einstein têm corrido o mundo e têm sido repetidamente citadas por tudo e por nada. Na Internet podem encontrar-se vários sítios contendo essas frases. Os ditos de Einstein, sempre plenos de conteúdo, são por vezes de uma ironia fina, ou mais do que fina, refinada. Por exemplo, ele disse, num tom obviamente anedótico, que a teoria da relatividade significava que se media o tempo de maneira diferente quando se está sentado sobre um fogão quente ou quando se tem, num banco de jardim, uma bela rapariga sentada ao colo... Por outro lado, Einstein usava e abusava dos paradoxos. Por exemplo, disse que «o facto mais incompreensível na Natureza é ela poder ser compreendida». Disse ainda que, «para o castigar de desprezar as autoridades, o destino o tinha transformado numa autoridade». E disse também, a propósito de Deus, que só «a Sua não-existência o poderia absolver dos Seus lapsos» (note-se que

Einstein não acreditava num deus que se preocupasse com as acções humanas, o Deus da tradição judaico-cristã, mas usava de forma liberal a palavra Deus para falar de Natureza). Genialmente afirmou, procurando desculpar-se dos sinais exteriores de falta de genialidade: «Eu não sou nenhum Einstein!» A ciência era, para Einstein, «a coisa mais preciosa que temos» (a expressão, que já foi aproveitada para título de um livro, foi extraída da frase: «A ciência pode parecer primitiva e infantil, mas é a coisa mais preciosa que temos»). E essa «coisa mais preciosa» constituía para Einstein uma evidente fonte de prazer, tal como, de resto, a música (Einstein estabelecia uma boa ponte entre as duas, como o mostra uma outra sua frase: «A música de Mozart é tão pura e bela que a vejo como um reflexo da beleza interna do Universo»). Einstein vivia de e para a ciência, apenas com algumas pausas para tocar ou ouvir música, nomeadamente o violino que haveria de deixar em testamento ao neto mais velho.

A música de Mozart reflecte a beleza do Universo

A sua vida familiar não podia deixar de se ressentir dessa dedicação a um número reduzido de causas. Talvez tenha sido por isso que os seus dois casamentos não foram bem-sucedidos, o primeiro de uma maneira bem mais clara do que o segundo (apesar de ele apreciar a companhia feminina, fez algumas declarações misóginas, como, por exemplo, quando afirmou que «muito poucas mulheres são criativas»). Ao sábio pouco interessavam bens materiais ou honrarias, que aceitava para ser simpático, mas às quais não atribuía demasiado valor. A física era, a par da música, a sua contínua fonte de prazer. Mais modernamente, o mesmo aconteceu com um outro físico divertido e mediático, embora não tão mediático como Einstein: Richard Feynman. Os dois estiveram em Princeton e visitaram o Rio de Janeiro — note-se a coincidência divertida (Feynman tocou bongo num clube carioca!). Einstein e Feynman são talvez os dois nomes mais famosos da física moderna...

Como é que Einstein chegava ao conhecimento do mundo? Declarou um dia: «Não tenho nenhuns talentos especiais, sou apenas uma pessoa apaixonadamente curiosa» (*Curiosidade Apaixonada* deu também um título de um livro português!). E numa outra ocasião: «O mais importante é não parar de fazer perguntas. A curiosidade tem a sua própria razão de ser.» A curiosidade, a vontade de querer saber, é, de facto, a mola real da ciência. A procura da solução do *puzzle* é mais estimulante do que o próprio *puzzle*. É como fazer um *sudoku*: não se pára enquanto não se acaba... Em ciência, as soluções são provisórias, ao passo que a procura de soluções é permanente. «A imaginação é mais importante do que o conhecimento», respondeu o físico noutra ocasião, quando lhe colocaram a questão sobre se confiava mais na sua imaginação ou no seu conhecimento. A imaginação abre as portas ao conhecimento, e o conhecimento, de alguma forma, limita a imaginação.

Foi já muito discutido, mas não é de mais lembrar, o modo como Einstein chegava ao conhecimento do mundo. Como é que a sua imaginação funcionava? Fazia-o criando imagens com as quais realizava *Gedankenexperimente*. Exemplos são uma pessoa que viaje sobre um fotão, no caso da relatividade restrita, ou uma pessoa em queda dentro de um elevador, no caso da relatividade geral. Esta última foi por ele considerada uma das melhores imagens da sua vida; o seu «ah-ah!» foi só comparável ao de Newton quando viu cair a maçã. Mas Einstein, em vez de ver cair a maçã, imaginou-se ele próprio a cair, tal qual a maçã! As questões que se podem colocar a propósito dessas duas *Gedankenexperimente* são perturbadoras: Poderá uma pessoa que viaje à velocidade da luz ver-se ao espelho? E uma pessoa a cair sentirá o seu próprio peso? O poder das imagens mentais pode, portanto, prevalecer sobre o poder das fórmulas matemáticas ou da experiência. A mente vê primeiro do que os olhos...

Einstein em queda livre

O objectivo de Einstein consistia em unir coisas que estão dispersas, em simplificar o que parecia complicado: segundo ele, «a ciência é a tentativa de fazer a diversidade caótica da nossa experiência sensorial corresponder a um sistema logicamente uniforme de pensamento» (a conhecida frase «devem tornar-se as coisas tão simples quanto possível, mas não mais simples do que isso», atribuída a Einstein, é de outro autor). Foi guiado por esse princípio que chegou às duas teorias da relatividade, primeiro a restrita e depois a geral. Queria primeiro mostrar que existia um único princípio da relatividade, válido tanto para o electromagnetismo como para a mecânica. E quis depois mostrar que existia um princípio da relatividade tanto para sistemas com velocidade constante como para sistemas acelerados. Foi guiado pela ânsia da unificação que o sábio dedicou a maior parte da sua vida não à teoria da relatividade, mas sim à teoria unificada das forças. Einstein não o disse, mas podia ter dito, numa das suas famosas tiradas: «Deve o homem unir aquilo que Deus separou.» De facto, na segunda metade da sua vida, tentou por vários modos unir as teorias do electromagnetismo e da gravitação. Um documentário da BBC, a televisão estatal britânica, sobre Einstein, divulgado em 2005, Ano Mundial da Física, enfatiza precisamente esse facto ao intitular-se *Sinfonia Inacabada*. Einstein falhou nessa tarefa de unificação (como mostra o filme, no próprio hospital, pouco antes de falecer, pediu papel e lápis para continuar uns cálculos de unificação), mas deixou um caminho que muitos físicos de hoje prosseguem com esperança. Já se conseguiu até, no quadro da teoria quântica, unificar de modo harmonioso a força electromagnética com a força nuclear fraca, formando a força electrofraca, assim como unificar a força electrofraca com a força nuclear forte. Mas falta ainda, para obter a almejada unificação final, juntar a força de gravitação, a força descrita por Newton e compreendida numa perspectiva geométrica por Einstein. Não dispomos ainda de uma teoria quântica da gravidade que seja convincente. Mas esperamos que ela surja um dia... A física continua a ser praticada em muitos centros e laboratórios porque há muito mundo ainda por descobrir. Einstein e Feynman acreditavam, tal como a maioria dos físicos, que a física nunca terá fim, pelo que não poderiam concordar com um outro físico famoso, o astrofísico inglês Stephen Hawking, quando este afirmou que estava à vista o «fim da física»...

Foi Newton quem disse, referindo-se a Galileu e a Kepler: «Se consegui ver mais longe foi porque estava aos ombros de gigantes.» Provavelmente alguém conseguirá um dia subir aos ombros de Einstein para ver mais longe, fazendo crescer a pirâmide humana da ciência. E, nesse dia, Einstein continuará a ter razão: foi ele afinal quem disse que «Deus é subtil, mas não é malicioso» (no original, «*Gott ist raffiniert, aber boshaft ist Er nicht*»), significando que não é fácil, mas é possível avançar na compreensão do mundo. Mais de cem anos depois da obra fantástica de Einstein, a física continua divertida. E a dificuldade contribui, evidentemente, para a diversão.

AS SUBTILEZAS DE UM GÉNIO

Podem classificar-se os génios de acordo com a geografia do seu reconhecimento: abundam os génios paroquiais, mas há muito poucos génios planetários, isto é, cujo nome permita distinguir o planeta perante eventuais extraterrestres. Assim, um cartunista não hesitou em identificar o planeta Terra, perdido na imensidão do espaço sideral no meio de milhões de astros, com a placa: «Aqui viveu Einstein.» Nós, seres humanos, temos a felicidade de viver no planeta de Albert Einstein.

Foi um técnico de terceira classe a trabalhar numa obscura repartição de patentes em Berna quem acabou por se transformar numa figura mítica, de cabeleira branca e revolta, olhos encovados e bondosos e bigode espesso. Segundo o físico norte-americano Abraham Pais, que somava ao seu conhecimento da física do século XX o convívio pessoal com Einstein, não há dúvida de que Einstein foi um génio. A conclusão vem logo no início da sua monumental biografia de Einstein, *Subtil É o Senhor:* está nesse livro tudo aquilo que o leitor, naturalmente curioso sobre o fenómeno da genialidade, sempre quis saber sobre Einstein e nunca se atreveu a perguntar, com medo de que a resposta não viesse em nenhum livro. Mas que se abstenham os leitores coscuvilheiros que esperam obter informações sobre a superioridade científica da sua primeira mulher, objecto de boato sem fundamento (não, a sua primeira esposa não é co-autora da relatividade, apesar de ter ficado com o dinheiro do Prémio Nobel, que guardou num colchão), ou pormenores picantes sobre eventuais contactos do cientista com Marilyn Monroe (não, parece que nunca se encontraram, embora não falte quem tenha imaginado o cruzamento do cérebro do século com as pernas do século).

Espinosa, o filósofo preferido de Einstein

O que significa a enigmática frase que dá o título ao livro *Subtil É o Senhor?* É o início de uma tirada famosa de Einstein «Deus é subtil, mas não é malicioso». Esta frase foi mais tarde explicitada pelo autor: «A Natureza não esconde os seus segredos por malícia, mas sim devido à sua imensidão.» Deus aparece como metáfora ou mesmo sinónimo da Natureza, e Einstein, apesar de não acreditar num Deus pessoal, surge-nos, na biografia de Pais, como um descobridor dos «ínvios caminhos do Senhor». O sentido é semelhante ao do filósofo Bento de Espinosa, o judeu herético de ascendência portuguesa para quem Deus era a harmonia subjacente ao mundo natural. Ao invocar Deus, o sábio não estava, portanto, a efectuar nenhuma afirmação teológica, mas apenas a afirmar que a tarefa de compreender o Universo é difícil, mas não impossível. Por muito difícil que seja, é possível conhecer!

Porque é Einstein um génio? Depois de Galileu e Newton, nunca ninguém, na história da física, alcançou tantas subtilezas do mundo. E é por isso compreensível que o cérebro de Einstein (elevado à categoria de mito pelo ensaísta francês Roland Barthes, num belo texto incluído no livro *Mitologias*) simbolize hoje o poder humano de compreender a Natureza.

A teoria da relatividade, na sua versão restrita, diz, resumida numa só frase, que todos os fenómenos físicos decorrem da mesma maneira quando se passa de um sistema de referência — por exemplo, a Terra — para um outro sistema com velocidade constante relativamente ao primeiro — por exemplo, uma nave espacial com velocidade constante relativamente à Terra. A relatividade geral, que viu a luz depois de um doloroso parto de alguns anos, diz, por seu lado, que a física é também a mesma para observadores que experimentam variações de velocidade. A relatividade geral parte do chamado «princípio da equivalência», uma subtileza do mundo que Einstein enfatizou: os fenómenos dentro de uma nave acelerada devido à acção de um foguete decorrem da mesma maneira que numa nave em queda para um certo planeta.

Uma vez prontas as duas teorias da relatividade, a restrita e a geral, Einstein passou o resto da sua vida a refutar a mecânica quântica, a doutrina que descreve o estranho comportamento dos átomos. Nunca concordou verdadeiramente com os jovens que, nos anos de 1920, revolucionaram a física. Nesse sentido, Einstein terá sido mais o último génio do século XIX do que o primeiro do século XX. O dinamarquês Niels Bohr, com quem Einstein sustentou uma polémica — uma discussão fecunda e eivada de admiração recíproca —, acabou por ser, ele sim, um génio do século XX.

Mas como é que Einstein se tornou um génio? A curiosidade, o interesse quase genético que cada ser humano tem de conhecer o mundo, foi, para o sábio, a chave para se entrar na porta da ciência. Numa ocasião afirmou: «Nunca percam a curiosidade, a sagrada curiosidade.»

A curiosidade revelou-se no pequeno Albert. Einstein conservou, e divulgou num livro autobiográfico escrito nos seus anos mais tardios, a lembrança de uma bússola que lhe foi oferecida pelo pai aos cinco anos.

O pai era comerciante de material eléctrico e fornecedor de serviços nessa área (a família Einstein efectuava instalações eléctricas, acompanhando as transformações que a electricidade estava a provocar na sociedade europeia em finais do século XIX). Escreveu Einstein:

> Senti-me profundamente maravilhado, aos quatro ou cinco anos, quando o meu pai me mostrou uma agulha de uma bússola (...) Ainda me lembro (...) que essa experiência provocou em mim uma impressão profunda e duradoura. Tinha de haver algo muito bem escondido por trás das coisas.

O pequeno Albert ficou maravilhado com a persistência da agulha que apontava sempre para Norte. Parecia que havia uma mão invisível a mandar a agulha sempre para a mesma direcção. Sabemos hoje que essa «mão» se chama força geomagnética, por ter origem no interior da Terra, mas não deixa de ser curioso que essa origem (o dínamo no interior do nosso planeta) permaneça ainda hoje por esclarecer. Por detrás da força magnética que maravilhou a criança Einstein há ainda hoje um mistério que nos desafia...

A bússola orientou a vida do pequeno Einstein

Só depois da física veio para Albert a matemática (note-se a ordem). Aos 12 anos, a sua curiosidade foi alimentada pela leitura dos *Elementos de Geometria*, o livro clássico do grego Euclides, que lhe foi passado por um estudante judeu albergado em sua casa. Se a bússola tinha servido para a iniciação nos mistérios do mundo físico, a geometria euclidiana proporcionou-lhe a entrada nos mundos da matemática (repare-se no plural, os mundos da matemática são uma infinidade, ao passo que o mundo físico é só um).

Einstein escreveu, retrospectivamente: «Aos 12 anos de idade experimentei uma segunda maravilha, de uma natureza completamente diferente, num pequeno livro sobre a geometria plana de Euclides.»

Einstein estuda matemática

Em 1920, Einstein fez o seguinte elogio da matemática:

> A matemática goza perante as outras ciências de consideração especial por um só motivo: as suas proposições são absolutamente seguras e indiscutíveis, enquanto as de outras ciências são, até certo ponto, discutíveis e encontram-se sempre em perigo de serem derrubadas por novos factos. (...) A Natureza é a realização de tudo quanto é matematicamente mais simples.

A matemática, essa companheira inseparável da física, acompanhou Einstein pela vida fora. Já adulto, veio a concluir que era necessária uma geometria não-euclidiana para descrever a distorção do espaço-tempo nas vizinhanças de uma certa porção de matéria-energia. Einstein tinha aprendido essa matemática na Escola Politécnica de Zurique, onde concluiu o seu curso universitário, mas a sua falta de assiduidade às aulas levou a que tivesse de recuperar alguma matemática perdida, para o que pediu ajuda ao seu colega e amigo Marcel Grossman. O amigo tinha bons apontamentos das aulas. Ficou famosa a resposta do velho Einstein, quando uma criança lhe expôs as suas dificuldades em matemática: «Não te preocupes com as tuas dificuldades em matemática: as minhas são bem maiores.»

A curiosidade, que Einstein desenvolveu com o seu primeiro instrumento científico — a bússola — e depois com a leitura de livros científicos — os *Elementos* de Euclides —, encontrou campo fértil para se espraiar nas duas questões que a física do século XIX tinha deixado em aberto.

Na relatividade restrita, Einstein revelou-se curioso sobre o que vêem observadores móveis, em particular os que se movem a altas velocidades, isto é, velocidades próximas da velocidade da luz. Einstein confessou até ter imaginado um observador movendo-se à velocidade da luz. De facto, uma consequência da teoria da relatividade é que ninguém se poderá mover à velocidade da luz, mas podemos supor um observador a viajar num comboio ultra-rápido e comparar a sua medida de um certo fenómeno físico com a medida do mesmo fenómeno feita por um observador no cais da estação de comboios. Einstein gostava de pensar em comboios, que já circulavam na Europa desde meados do século XIX (e na Suíça já circulavam com espantosa pontualidade!). De resto, não existiam, no seu tempo, naves espaciais. Um fenómeno que serve para ilustrar os raciocínios da relatividade restrita é a emissão de um raio de luz por uma lâmpada no tecto de uma carruagem de comboio. É interessante notar que a lâmpada eléctrica, devida ao inventor norte-americano Thomas Alva Edison, surgiu no mesmo ano em que Einstein nasceu, 1879. As ideias são sempre fruto não só dos autores, mas também da respectiva época... Imaginemos então que um raio de luz tem origem na lâmpada, chega ao chão do comboio, onde bate num espelho aí colocado, e volta para cima. O que vê quem está dentro e quem está fora do comboio? Para quem está dentro, tudo se passa na vertical: a luz percorre uma certa distância para baixo e a mesma distância para cima. Porém, para quem está no cais, é preciso considerar a velocidade do comboio. Para ele, o raio de luz sai da lâmpada, viaja obliquamente para baixo, bate no espelho e volta obliquamente para cima. Obviamente que a distância percorrida pela luz é maior. No caso extremo de um comboio que avance quase à velocidade da luz, o raio de luz tem uma trajectória muito maior visto de fora do que visto de dentro.

Ora, Einstein, além da suposição de que as leis da física são as mesmas para todos os observadores, partiu também da hipótese de que a luz viaja sempre à mesma velocidade (300 000 quilómetros por segundo) para todos os observadores. Se não viajasse, teria de existir um sistema de referência especial (o tal éter) relativamente ao qual a luz viajava a essa velocidade, sendo possível obter velocidades maiores desde que o emissor de luz se deslocasse relativamente ao éter.

E, agora, tan!-tan!-tan! (rufo de tambor). Vem aí, como consequência lógica, uma verdadeira revolução das ideias de espaço e de tempo... Se a luz viaja à mesma velocidade (recorde-se que a velocidade é a razão entre o espaço e o tempo) para todos os observadores e se, vista de fora, percorre uma distância maior, então o intervalo de tempo entre os mesmos dois acontecimentos — a partida e a chegada da luz à lâmpada — é necessariamente diferente dentro e fora do comboio. O tempo medido por um relógio a bordo do comboio é menor do que o tempo marcado por um relógio na estação. Isto é, os relógios em movimento atrasam-se. Este fenómeno chama-se justamente «dilatação do tempo».

Então o tempo é relativo! Ao arrepio daquilo que pensava Newton (para quem havia um tempo absoluto, que fluía da mesma maneira para toda a gente), Einstein concluiu que cada observador mede o seu próprio tempo. Cada observador passou a ter o seu próprio tempo. O tempo, de certa forma, democratizou-se.

Vista de dentro do comboio, a luz bate no espelho e volta para cima na vertical...

Mas, vista de fora, a luz avança

O fenómeno parece estranho à primeira vista. E, à segunda vista, continua estranho, muito estranho. Um físico francês — Paul Langevin — inventou o chamado «paradoxo dos gémeos» para mostrar a estranheza. Dois irmãos gémeos são separados não à nascença, mas na adolescência. Um vai viajar, quase à velocidade da luz, até uma estrela distante e volta, enquanto o outro fica na Terra. Apesar de os gémeos terem nascido na mesma hora, o certo é que, quando se reencontram, o gémeo que viajou está bastante mais novo do que o seu irmão que ficou na Terra. Estaria descoberto o elixir da eterna juventude: o importante é não estar parado.

O tempo é igual para todos?

O estimado leitor, se quiser permanecer jovem, mexa-se, não fique parado. Parar é morrer! O efeito é pequeníssimo, mas mensurável. Já foram colocados dois relógios atómicos (os relógios mais precisos que temos e, por isso mesmo, também os mais preciosos) sincronizados numa situação em que um fica no aeroporto enquanto o outro faz uma viagem de avião à volta do mundo. O resultado é inequívoco: o tempo no relógio que viajou é menor. O tempo absoluto não existe mesmo!

Pode ainda mostrar-se que também o espaço é relativo. Se relógios em movimento se atrasam, réguas em movimento encurtam. É o chamado fenómeno da contracção do espaço. Para se saber, por exemplo, se um automóvel cabe todo num pequeno túnel, tem de se dizer a que velocidade vai o veículo. Quanto mais rápido for, mais encolherá e melhor caberá no túnel... Se o espaço e o tempo são relativos, demonstra-se que, no conjunto formado pelos dois, a entidade a quatro dimensões (três de espaço e uma de tempo) — o espaço-tempo de que já falámos —, se podem definir intervalos absolutos. Portanto, nem tudo é relativo...

O tamanho do carro depende da sua velocidade?

Na relatividade geral, Einstein partiu da imagem mental da sua queda livre («Um dos pensamentos mais felizes da minha vida...»):

> Estava sentado numa cadeira da Repartição de Patentes, em Berna [em 1907], quando de repente me ocorreu uma ideia: se uma pessoa cair em queda livre, não sentirá o seu próprio peso. Fiquei espantado. Esta ideia simples provocou-me uma profunda impressão. Impeliu-me para uma teoria da gravitação.

Einstein pensou que, ao cair, ficava num estado de imponderabilidade, isto é, que todos os objectos em queda com ele estavam em repouso relativamente a ele, nomeadamente uma balança que estivesse a seus pés. Essa situação de imponderabilidade é, afinal, a mesma de um astronauta a bordo da Estação Espacial Internacional ou do vaivém espacial em órbita em torno da Terra. A questão agora é: se tudo cai, será que o mesmo acontece com a luz? Einstein considerou que a queda de um objecto dentro de uma nave imóvel na Terra é, para todos os efeitos, equivalente ao movimento desse objecto nessa nave não em repouso, mas em movimento acelerado (impulsionada por um foguete) no espaço vazio, isto é, afastada de qualquer astro. A força é equivalente à aceleração, como já se sabia desde Newton. Se admitirmos que a luz fica para trás dentro de uma nave acelerada, seremos forçados a concluir que a luz cai quando sujeita à atracção de um planeta. Mas a luz, segundo Einstein, não encurva: vai pelo caminho mais directo num espaço-tempo, que é curvo perto de um corpo com massa.

Quando Einstein desvendou os mistérios do espaço-tempo e da massa-energia, a força de atracção universal ficou logo explicada. Concluiu que os relógios batem mais lentamente perto de um astro com uma grande massa e que as réguas mostram um comprimento menor nessa região. Se a massa for muito grande, como acontece com uma estrela muito pesada, o espaço-tempo acabará, dilacerado por uma deformação extrema da sua geometria.

As consequências da teoria da relatividade geral foram enormes para a cosmologia: o Universo passou a ser dinâmico (está em expansão, como defende a teoria do *Big Bang*), os buracos negros passaram a ser possíveis (e existem mesmo!), assim como as ondas gravitacionais (que existem, tendo sido encontradas em 2015; provêm da colisão de dois buracos negros). O Universo deixou, aos nossos olhos, de ser o mesmo. Deixou de ser um cenário calmo, onde pouca coisa se passava, para ser um espaço de permanente mudança e surpresa. E nós próprios deixámos de ser os mesmos nesse Universo diferente...

Einstein em Lisboa

As primeiras ideias da relatividade, publicadas por Einstein em 1905, só chegaram a Portugal passados sete anos, em 1912. Não foi um cientista, mas sim um filósofo — Leonardo Coimbra — quem as introduziu. O primeiro cientista português a referir-se a Einstein foi o professor de Matemática da Universidade de Coimbra Francisco Costa Lobo, em 1917. Este professor viria, porém, a revelar-se um grande adversário das ideias de Einstein, de tal modo que dois colegas seus, Mário Silva e Egas Pinto Basto, professores respectivamente de Física e de Química, se viram obrigados a publicar um forte artigo de resposta. Houve, como se vê, alguma resistência entre nós às ideias da relatividade (o mesmo se passou, de resto, um pouco por todo o mundo e com força maior na Alemanha). Um dos maiores oponentes de Einstein em Portugal foi um herói da aviação portuguesa e mundial: o Almirante Gago Coutinho, que, com o Comandante Sacadura Cabral, realizou em 1922 a primeira travessia aérea entre Portugal e o Brasil (Cabral desapareceria nos mares da Europa do Norte dois anos depois). Em defesa de Einstein esteve Ruy Luís Gomes, professor de Matemática da Universidade do

Porto, que polemizou com Gago Coutinho em várias publicações culturais e científicas.

O Professor Gomes e o Almirante Coutinho discutem relatividade

Por ironia do destino, a teoria da relatividade acabou por ser confirmada em «território» português e brasileiro. Com efeito, a teoria da relatividade geral, de 1915, foi corroborada pelas observações de um eclipse do Sol realizadas, em 1919, por uma equipa da Royal Astronomical Society, chefiada por Sir Arthur Eddington, na ilha, que então era portuguesa, do Príncipe, e em Sobral, no norte do Brasil, os dois em zona equatorial.

Não participaram astrónomos portugueses na expedição ao Príncipe, ao passo que um grupo de astrónomos brasileiros se juntou em Sobral aos ingleses. O jornal *O Século* noticiou os resultados quando eles foram anunciados em Londres: «A luz pesa» foi o sugestivo título...

Como é que no Príncipe e no Sobral se descobriu que a luz pesava? Fotografaram-se estrelas, situadas no alinhamento de um eclipse do Sol, comparando-se as suas posições aparentes com as suas posições numa situação sem eclipse. Essas estrelas pareciam deslocadas, o que indicava que os seus raios de luz tinham sido encurvados pelo Sol. O Sol mudava a trajectória desses raios, tal como Einstein previra... O sábio não se admirou absolutamente nada quando lhe comunicaram a descoberta, pois para ele não era descoberta nenhuma.

Mas há uma outra relação, menos conhecida, de Einstein com Portugal. Com efeito, embora por pouco tempo, Einstein esteve entre nós, em 1925. Ia o físico a caminho da América Latina, correspondendo ao convite de académicos argentinos, quando o paquete em que seguia desde Hamburgo fez escala no porto de Lisboa. Einstein desembarcou em Lisboa a 11 de Março de 1925 para realizar uma visita de um dia à capital portuguesa. Do seu diário de viagem conclui-se que esteve não só no Castelo de São Jorge como no Mosteiro dos Jerónimos. Escreveu sobre Lisboa:

> Dá uma impressão maltrapilha, mas simpática. A vida parece correr confortável, bonacheirona, sem pressa ou mesmo sem objectivo ou consciência. Por toda a parte tomamos consciência da cultura antiga.

Mas o mais curioso é a referência que faz às mulheres portuguesas, personificadas nas varinas de Lisboa: «Vendedora de peixe fotografada com um cesto de peixe na cabeça, gesto orgulhoso, maroto».

Falando mais tarde no Rio de Janeiro sobre a sua curta estada em Portugal, num jantar no Copacabana Palace Hotel, em frente à bela e famosa praia que dá o nome ao hotel, disse o autor da relatividade: «São mulheres de uma elegância que me fez parar muitas vezes para admirá-las. No grupo em que estava, fotografámo-las e pusemos na nossa mesa de refeição, a bordo, os retratos.»

Einstein e as varinas

Um retratista das varinas de Lisboa foi o pintor português Stuart Carvalhaes. Tal como Einstein, o artista maravilhou-se com a graciosidade delas. A tal ponto que acabou por se casar com uma. Einstein não chegou a tanto...

O jornalista e escritor Assis Chateaubriand, director de *O Jornal* do Rio de Janeiro, fez uma grande reportagem sobre a visita de Einstein ao Brasil. E o artigo de Chateaubriand inspirou um escrito de um outro intelectual brasileiro, o sociólogo Gilberto Freyre, no *Diário de Pernambuco* do Recife. Escreveu Freyre: «É pena que Einstein não tivesse ido a Coimbra. Porque em Coimbra teria visto as tricanas.»

No Rio, Einstein ficou hospedado no grande e histórico Hotel Glória, perto da praia do Flamengo, onde hoje uma placa na suíte

400 recorda a sua visita. Einstein preparou aí uma comunicação à Academia de Ciências do Brasil sobre o fotão, o conceito que tinha sido introduzido num dos seus famosos artigos de 1905 e que lhe valeu o Nobel da Física de 1921. Einstein, grande viajante, foi notificado desse prémio em Xangai, na China, quando ia a caminho do Japão. O físico falou em várias academias de todo o mundo, mas nunca falou na Academia de Ciências de Lisboa, que, todavia, guarda uma carta dele na qual agradece o título de sócio honorário.

No final da guerra, já em Princeton, Einstein correspondeu-se também com um físico-matemático português, António Gião, guardando a Universidade Hebraica de Jerusalém algumas dessas cartas. Gião tinha desenvolvido uma teoria de unificação de forças, e Einstein enviou-lhe palavras de encorajamento acompanhadas de algumas questões técnicas. O seu correspondente ficou contentíssimo quando o sábio lhe respondeu. Mas a teoria não teve sequência. No Portugal nesse tempo, os ares não estavam nada propícios à ciência...

3 DOS NÚCLEOS ÀS ESTRELAS

O SÉCULO DOS NÚCLEOS

A palavra «serendipidade» vem de Serendip, o nome do antigo Ceilão, hoje Sri Lanka, onde, num conto de fadas, os príncipes passavam a vida a fazer descobertas de coisas que não estavam à procura. Tinham repetidamente sorte sem fazerem nada por isso: o cúmulo da sorte... A física nuclear começou no fim do século XIX por dois actos de serendipidade, dois acasos felizes.

Roentgen, descobridor dos raios X

O primeiro desses acasos consistiu na descoberta dos raios X pelo professor alemão Wilhelm Konrad Roentgen, realizado na cidade bávara de Wurtzburgo. Quando um dia trabalhava com um tubo de raios catódicos, isto é, um tubo de feixes de electrões, que teve o cuidado de tapar, Roentgen verificou que um ecrã distante do tubo ficava fluorescente, isto é, luminoso: era o choque do feixe de electrões com as paredes do tubo que dava origem a uma radiação invisível que, como por magia, se tornava visível no ecrã. Esse espantoso acontecimento deu-se no final do ano de 1895, tendo valido a Roentgen a glória do primeiro Prémio Nobel da Física, seis anos depois. A relativamente pequena Universidade de Wurtzburgo pode orgulhar-se de ter tido vários outros galardoados com prémios Nobel em ciências: os físicos contemporâneos de Roentgen Wilhelm Wien e Johannes Stark, assim como os químicos da mesma época Emil Fischer e Eduard Buchner, aos quais mais recentemente se foi juntar o físico Klaus von Klitzing. Os alemães ainda hoje chamam raios Roentgen aos raios X, em homenagem ao seu descobridor: dizem *Roentgenstrahlung*, uma daquelas palavras compridas em que a língua alemã é fértil. A designação «raios X», mais simples, invoca algo misterioso. Pois não é a letra «x» normalmente usada em matemática para designar a incógnita?

A propósito da experiência de Roentgen, é interessante acrescentar que ela foi repetida passado cerca de um mês na Universidade de Coimbra por Henrique Teixeira Basto. A descoberta dos raios X tinha sido tornada pública em Dezembro de 1895, e logo no dia 1 de Março de 1896, o jornal *O Século* publicava na sua primeira página um extenso artigo intitulado «A fotografia através dos corpos opacos», onde se dava conta das primeiras experiências realizadas em Portugal. Em Fevereiro desse ano foram realizados entre nós os primeiros ensaios de aplicação dos raios X no diagnóstico médico. Ainda em 1896, o referido professor publicou um artigo na revista científico-literária *O Instituto* (órgão do «Clube dos Lentes» de Coimbra, que tinha o mesmo nome que a revista), onde discutia as mais recentes descobertas relativas aos raios X.

Becquerel, descobridor da radioactividade

O segundo acaso feliz ocorreu no ano de 1896, e tem a ver com o primeiro. Com efeito, surgiu devido a uma questão levantada acerca dos raios X. Na Academia Francesa de Ciências, em Paris, o grande matemático Henri Poincaré (nesse tempo, os matemáticos gostavam de meter a colher na sopa da física) sugeriu que se analisasse a relação dos fenómenos de fluorescência com a radiação X. Se o tubo que produzia raios X ficava fluorescente, talvez outros materiais fluorescentes fossem capazes de emitir a mesma radiação misteriosa. Um físico e académico francês — Henri Becquerel —, cujo pai tinha sido também académico, tentou avaliar a correcção da conjectura levantada por Poincaré. Um certo sal de urânio era conhecido por ficar fluorescente sob a acção da luz solar. Importava então saber se ele era também um emissor de raios X. Quis o acaso que Becquerel, às voltas com esse problema, tivesse deixado o sal de urânio dentro de uma gaveta juntamente com uma chapa fotográfica. Aconteceu então que a amostra, mesmo sem ter sido exposta aos raios solares, impressionou a chapa fotográfica. O físico ficou também ele impressionado! Mas, em questões de acaso, não basta ser alvo dele: é necessário recebê-lo dignamente quando se é bafejado por ele. Becquerel assim o fez, ao deduzir logo que existia uma nova radiação, proveniente do urânio, ainda mais misteriosa do que os raios X. Com tal conclusão tornou-se merecedor do Prémio Nobel da Física de 1903. Mal o prémio Nobel tinha começado e logo dois acasos tinham originado dois Nobel!

Os raios de Becquerel também chegaram rapidamente a Portugal. Em Maio de 1897, o licenciado em Filosofia Natural Álvaro da Silva Basto submeteu uma dissertação para doutoramento na Faculdade de Filosofia da Universidade de Coimbra intitulada *Os raios catódicos e os raios X de Roentgen*, onde fazia um estudo comparativo das propriedades dos raios X com os raios de Becquerel. Entre a extensa bibliografia referenciada na tese defendida em Coimbra, merece destaque, pela sua actualidade, a comunicação apresentada na Academia das Ciências de Paris por Henri Becquerel em 10 de Maio do mesmo ano, apenas vinte dias antes de Silva Basto apresentar o seu estudo!

Os raios X e os raios do urânio eram diferentes, com origens diferentes. Os raios de Roentgen provinham, como sabemos hoje, dos electrões do átomo, de cuja existência já havia fortes indícios. Os raios de Becquerel, por sua vez, provinham do interior do núcleo atómico, de cuja existência nessa altura não se suspeitava sequer. Começou então um novo ramo da física, a física nuclear, ainda que tão-só no seu período pré-histórico. É que ainda não havia núcleo atómico nos livros de física! A história da física nuclear iniciou-se apenas alguns anos mais tarde, em 1911, quando Ernest Rutherford identificou, sem margem para dúvidas, o pequeníssimo núcleo no centro do átomo.

Quem pela primeira vez entreviu o núcleo, o objecto central não só do átomo, mas também da física do século XX, foi uma personagem típica do século XIX. Nessa altura os sábios usavam barba... Henri Becquerel, físico com barba e bigode farfalhudos, embora ligeiramente calvo, foi contemporâneo dos britânicos James Joule e Lord Kelvin, dois grandes barbudos que ajudaram a criar a ciência do calor, e de um outro cientista britânico barbudo cuja fama não é menor, Charles Darwin, o autor da revolucionária teoria da evolução.

A pré-história da física nuclear ficou marcada, além de Becquerel, por duas outras personagens, que, de resto, com ele privaram: o casal Curie. Pierre Curie fez nome na física antes da sua esposa, que hoje, porém, é mais conhecida do grande público. Tinha trabalhado em piezoelectricidade (o aparecimento de uma tensão eléctrica quando se pressiona um cristal) e em magnetismo, antes de se virar para a radioactividade. Marie, uma jovem de origem modesta que tinha emigrado da Polónia para cursar Física em Paris, na Universidade da Sorbonne, onde veio a conhecer o marido, interessou-se pela radioactividade de Becquerel, tendo sido sua assistente.

O casal Curie, trabalhando em equipa, conseguiu identificar alguns dos elementos químicos responsáveis pela radiação misteriosa. A origem da radioactividade natural residia num pequeno conjunto de elementos químicos pesados: urânio, tório, polónio e rádio. Se o urânio e o tório já eram conhecidos antes, o rádio e o polónio foram então descobertos, tendo sido baptizados pelos próprios Curie. O nome do polónio foi uma homenagem ao país natal de Marie Sklodowska Curie (Sklodowska era o seu nome de solteira). Por seu lado, o nome do rádio, cuja síntese foi completada em 1898, veio do termo latino para raio (este elemento forneceu a raiz do neologismo «radioactividade», um termo científico que entretanto se tornou comum).

Actualmente sabemos que os núcleos desses quatro elementos pertencem às séries radioactivas de elementos químicos pesados, que decaem todas no chumbo, o elemento que, entre todos os que são estáveis, é quase o mais pesado (é conhecida a anedota de um estudante do secundário que disse que era parecido com um elemento radioactivo pesado, uma vez que também ele iria dar ao «chumbo»!).

Foi um trabalho difícil, tão demorado quanto exigente, aquele que os Curie efectuaram num rudimentar barracão da École Supérieure de

Physique et de Chimie Industrielles, da rua Vauquelin, em Paris, em condições muito precárias. Para isolar um mísero miligrama de rádio tiveram de tratar toneladas de minério, proveniente de minas austríacas. Os Curie ainda hoje servem de exemplo da devoção desinteressada à causa científica. Uma boa referência sobre Madame Curie, que enfatiza essa devoção, é a comovente biografia escrita pela sua filha Ève Curie, nascida em 1900. Enquanto trabalhava incansavelmente com o marido, Madame Curie teve duas filhas, Ève e Irène, a segunda das quais seguiu uma carreira de física como a mãe. Em 1903, o casal Curie recebeu, em conjunto com Becquerel, o Prémio Nobel da Física e, em 1911, Madame Curie recebeu o seu segundo Prémio Nobel, desta vez da Química (só há até hoje dois casos de a mesma pessoa ter recebido dois prémios Nobel em áreas diferentes; o outro é o de Linus Pauling, que recebeu Prémios Nobel da Química e da Paz).

Madame Curie sucedeu na cátedra de Física da Sorbonne ao seu marido, falecido em 1906 num infeliz acidente de caleche numa rua parisiense. O *Tratado de Radioactividade* de Madame Curie, editado em 1910 pela editora francesa Gauthiers-Villars e que sumariava o conhecimento da época sobre o assunto, exibe significativamente uma fotografia de Pierre no frontispício. A memória forte do marido talvez tenha impedido que a viúva Curie se viesse de novo a casar. Mas hoje é conhecido o romance que ela teve com outro físico, Paul Langevin, um «pai de família», o autor do «paradoxo dos gémeos» da relatividade. O *affaire* foi conhecido pouco depois do segundo prémio Nobel de Madame Curie, mas tal não impediu que a famosa senhora fosse crucificada em plena praça pública. A publicação por um jornal das cartas de amor entre os dois levou não só a que Langevin desafiasse para um duelo o director do jornal (forma então habitual de lavar a honra) — um duelo que se realizou sem consequências fatais — como ao fim definitivo do namoro. Curiosamente, e não se sabe por que destino genético, dezenas de anos mais tarde, um neto de Madame Curie viria a casar-se com uma neta de Paul Langevin...

Branca Edmée Marques, discípula de Curie

Madame Curie teve uma ligação particular com Portugal. Com efeito, Mário Silva, professor de Física da Universidade de Coimbra, efectuou sob a sua orientação o doutoramento no Instituto do Rádio em Paris, tendo aí estagiado de 1925 a 1930, quando a fama da mestra já tinha proporções mundiais. Foram ainda alunos de Marie Curie outros portugueses notáveis, estes professores da Universidade de Lisboa: Manuel Valadares e Branca Edmée Marques. Branca foi uma das primeiras mulheres cientistas em Portugal: foi, por assim dizer, a nossa «Madame Curie».

Vale a pena fazer aqui um longo parêntesis para falar do físico português Mário Silva, nascido em 1901. Silva foi não só aluno de doutoramento como assistente de Madame Curie no Instituto do Rádio de Paris. Entrou no Instituto do Rádio na mesma altura que Frédéric Joliot, que um ano depois haveria de casar-se com a filha mais velha de Marie Curie, Irène Curie, acabada de se doutorar em Física (o novo casal Curie recebeu, em conjunto, o Prémio Nobel da Física em 1925). No Laboratório de Curie e na Universidade da Sorbonne, Mário Silva, além do casal Joliot-Curie, de quem foi colega e amigo, conheceu Jean Perrin (que presidiu ao seu júri de doutoramento em 1928 e que patrocinou vários dos seus trabalhos enviados à Academia de Ciências de Paris), Paul Langevin (o amante de Madame Curie que haveria, nos anos de 1930, de visitar Portugal, proferindo várias conferências sobre a teoria da relatividade) e outros nomes famosos da ciência francesa. Também conheceu outros físicos que viajaram nessa época até Paris, como o suíço Albert Einstein e o dinamarquês Niels Bohr, que lhe foram apresentados pela sua mentora. O Instituto do Rádio era, naquela época, um dos pólos da ciência mundial!

Silva relatou assim a colaboração que prestou nas aulas de Madame Curie:

> (...) Na falta de um lugar no Laboratório, foi na sua Sala de Aula que Madame Curie me instalou para a execução dos meus primeiros trabalhos. (...) Assim se explica que eu tivesse ficado em estreita colaboração com a organização do seu curso teórico e que eu tivesse tido a honra de a auxiliar nas demonstrações experimentais das suas lições magistrais. Nunca mais me foi possível esquecer a emoção que senti quando, pela primeira vez, entrei a seu lado na Sala de Aula onde, nesse dia, ela ia falar sobre a teoria das transformações radioactivas a um numeroso auditório que a recebeu de pé e, segundo o costume, com uma prolongada salva de palmas. A experiência que eu tinha previamente montado e verificado era das mais curiosas do curso: demonstração a todo o auditório do ritmo das transformações radioactivas, tornando, por assim dizer, audíveis as explosões dos átomos de rádio. (...) Respirei aliviado e quase tive a ilusão, nesse minuto para mim memorável, de que aquelas palmas também se dirigiam ao ignorado português que ali estava, sentindo que acabara de viver um dos momentos mais emocionantes da sua vida de professor.

Noutra ocasião, Silva voltou a recordar o ambiente que se vivia no Instituto do Rádio:

> Para além da actividade docente, Madame Curie vivia mais intensamente os trabalhos de investigação daqueles que, como eu, preparavam dissertações de doutoramento. O trabalho era intenso, feito numa atmosfera de entusiasmo e de expectativa. Embora nenhuma descoberta sensacional tivesse sido revelada nesse período pré-atómico de 1925-1930, sentia-se, porém, que «alguma coisa» poderia surgir de um momento para o outro.

Este período foi marcado pela criação da teoria quântica, que tão bem haveria de explicar a radioactividade e muitos outros fenómenos.

Mário Silva apresentou a sua tese doutoral sobre radioactividade em 1928. Nela descreveu um método de ionização (isto é, extracção de electrões) do árgon, um gás raro, que lhe permitiu determinar um novo valor, mais correcto, para o período de decaimento do polónio. Mas, pouco tempo volvido, era chamado à Universidade de Coimbra. Aí tentou com vigor, mas sem o conseguir tanto quanto queria, renovar o ambiente científico que se vivia em Portugal. Tentou nomeadamente criar um Instituto do Rádio em Coimbra, a cuja inauguração a sua mestra estava disposta a vir, mas que, infelizmente, nunca chegou a abrir.

Mário Silva, discípulo de Madame Curie

Mário Silva desenvolveu em Portugal alguns trabalhos sobre radioactividade e deu aulas marcadas pela sua grande actualização científica. Em virtude das suas ideias políticas (contrárias às do Presidente do Conselho de Ministros António de Oliveira Salazar), foi afastado compulsivamente da Universidade em 1947. Só 25 anos mais tarde viria a ser readmitido na função pública, sendo-lhe atribuída a direcção do Museu Nacional da Ciência e da Técnica, que findou ingloriamente em 2012. Em finais de 1910 foi finalmente descoberto, num laboratório de Manchester, o núcleo atómico. Esse resultado, embora tivesse sido obtido na prática pelo alemão Johannes Geiger e pelo neozelandês Ernest Marsden (o primeiro assistente e o segundo apenas estudante), foi obra de Ernest Rutherford, o professor grande e truculento, nascido na Nova Zelândia, que tinha trabalhado antes na Universidade de Cambridge, na Inglaterra, e que trabalharia depois na Universidade de McGill, em Montreal, no Canadá. Quando descobriu o núcleo, Rutherford já tinha nome na física dos fenómenos radioactivos: até tinha recebido o Prémio Nobel da Química em 1908. Em particular, contribuiu decisivamente para o esclarecimento da natureza da radioactividade. A aplicação de um campo magnético permitia classificar a radiação em raios alfa, carregados positivamente (e que, segundo concluiu Rutherford em 1909, mais não eram do que núcleos de hélio, o segundo elemento químico da Tabela Periódica), raios beta (que eram electrões como os que percorriam o tubo de raios catódicos) e raios gama (uma forma de radiação parecida com a de Roentgen, mas que penetra muito mais no seio da matéria). A descoberta de Rutherford foi apresentada na Manchester Literary and Philosophical Society, no dia 7 de Março de 1911. Rezava assim, no seu passo crucial, a comunicação de Rutherford intitulada «A dispersão de raios alfa e beta e a estrutura do átomo»:

> Existem, porém, algumas experiências de dispersão que indicam que uma partícula alfa ou beta sofre ocasionalmente uma deflexão de mais do que 90 graus num único encontro. Por exemplo, Geiger e Marsden (...) descobriram que uma fracção pequena

> das partículas alfa incidentes numa película fina de ouro sofre uma deflexão superior a um ângulo recto. (...) Para explicar este e outros resultados, é necessário supor que a partícula electrizada passa por um campo eléctrico intenso dentro do átomo. A dispersão de partículas electrizadas é considerada para um tipo de átomo que consiste numa carga eléctrica central concentrada num ponto e rodeada por uma distribuição esférica uniforme de carga eléctrica oposta, mas igual em valor.

Tinha sido descoberto o núcleo: este era precisamente a «carga eléctrica central concentrada num ponto». Na linguagem pitoresca usada mais tarde por Rutherford, tudo se passava como se um artilheiro tivesse arremessado um obus de quinze polegadas contra uma folha de papel e o tiro tivesse feito ricochete, para vir embater no nariz do atirador... O grande homem (grande em todos os sentidos: grande em físico e grande como físico!) gostava de frases divertidas, e alguns aforismos de Rutherford ficaram justamente célebres. Um deles definia por exclusão a ciência esclarecendo que «uma coisa é a ciência e outra uma colecção de selos». Mas talvez o melhor dos ditos de Rutherford seja aquele que proferiu quando da atribuição do Prémio Nobel da Química: «Tenho assistido a muitas transmutações radioactivas bastante rápidas, mas nenhuma foi tão rápida como a que o Comité Nobel acaba de fazer, transformando-me de físico em químico.»

A descoberta do núcleo atómico por Rutherford

Nessa altura, a distinção entre a física e a química não era muito clara e ainda hoje o não é, pois o Prémio Nobel da Química de 1998 voltou a ser dado a um físico, o norte-americano de origem austríaca Walter Kohn, por um trabalho teórico de física com profundas implicações na química. Já agora, e porque vem a talho de foice, o autor destas linhas foi, em 1983, acabadinho de doutorar na Alemanha, durante um dia inteiro, guia de Kohn em Lisboa, tendo com ele participado numa cerimónia na sinagoga de Lisboa. Lembra-se de um jovem judeu todo bem vestido, decerto um segurança à paisana, ter barrado a entrada ao futuro Nobel perguntando-lhe de onde é que ele era e de a resposta pronta ter sido: «E o que é que o senhor tem a ver com isso?» Passámos os dois.

Em 1911, uma fotografia de dois participantes no Primeiro Congresso Solvay, em Bruxelas, mostra Rutherford perto de Madame Curie (que está em diálogo ameno com Henri Poincaré). Próximo deles aparece Albert Einstein, por cuja teoria da relatividade nem Madame Curie nem Rutherford se interessaram particularmente (Rutherford, um homem prático, manifestou até um certo desdém relativamente a ela). O facto de serem os únicos físicos nucleares no retrato de grupo testemunhava que esse ramo da física estava ainda a emergir. Na figura ainda não aparece uma personagem que haveria de marcar a física do século XX, incluindo a física nuclear, e que teria um papel muito activo em vários dos Congressos Solvay que se realizaram posteriormente: Niels Bohr. Foi Bohr quem, no ano de 1913, em Manchester, consolidou a descoberta de Rutherford propondo o famoso modelo planetário do átomo, segundo o qual os electrões giravam em torno do núcleo tal e qual como os planetas em torno do Sol. Para Bohr, a luz emitida ou absorvida pelos átomos resultava de saltos entre níveis quânticos de energia dos electrões. Essa visão concordava com os espectros da luz das estrelas e da luz emitida por gases no laboratório que haviam sido recolhidos na segunda metade do século XIX. Os espectros apresentam riscas que, sabemos hoje, correspondem a saltos quânticos entre níveis de energia e que permitem identificar as diferentes substâncias químicas.

É justa uma palavra sobre Solvay, o engenheiro belga que fundou uma poderosa indústria química. Foi essa indústria que, graças aos lucros obtidos, subsidiou os congressos científicos em Bruxelas que ficaram com o seu nome. Fundou assim uma nova «indústria» que se expandiu extraordinariamente desde então e que continua actualmente florescente (não confundir com fluorescente): a «indústria» dos congressos científicos, que permite que uma das recompensas da entrega à causa científica seja a concessão de viagens para difundir os resultados alcançados. Solvay não ficou na foto de grupo atrás referida, mas essa ausência foi «reparada» mais tarde com um truque fotográfico, que acrescentou o patrocinador ao retrato de grupo. Conhecem-se na política casos de fotos em que certas figuras eram apagadas, mas poucos casos haverá, como este da ciência, em que uma figura foi acrescentada. O olho atento do observador da foto não terá dificuldade em descobrir a figura mal colocada de Solvay...

O Congresso Solvay de 1911

A primeira reacção nuclear — isto é, uma experiência de colisão em que os núcleos nela intervenientes perdem, durante o processo, a sua identidade inicial — foi observada em 1919 pelo mesmo Rutherford, que tinha descoberto o núcleo. A experiência consistiu em enviar partículas alfa contra o azoto ou nitrogénio, verificando-se que saía oxigénio e hidrogénio. Estava-se perante uma experiência moderna de alquimia! Era uma autêntica proeza, apesar de não se fazer ouro (de resto, já se conseguiu depois disso fazer ouro no laboratório através de uma reacção nuclear): entravam dois elementos e saíam outros dois completamente diferentes... Neste caso, ao contrário das reacções químicas, eram os próprios núcleos que mudavam de identidade. Repare-se na precisão e concisão, mas ao mesmo tempo cuidado, com que Rutherford procede à identificação do núcleo de hidrogénio dentro dos núcleos (mais tarde, veio a chamar protão ao núcleo do hidrogénio):

> Dos resultados obtidos até agora, é difícil evitar a conclusão de que os átomos de longo alcance que surgem da colisão de partículas alfa com o azoto não são átomos de azoto, mas, provavelmente, átomos de hidrogénio, ou átomos de massa dois. Se for este o caso, teremos de concluir que o átomo de azoto se desintegra sob as forças intensas desenvolvidas numa colisão próxima com uma partícula alfa rápida, e que o átomo de hidrogénio libertado é uma parte constituinte do núcleo de azoto.

Além dos protões, que outras partículas há no núcleo do azoto e dos outros elementos químicos? Como os electrões escapam dos núcleos nos processos radioactivos beta, pensou-se, durante algum tempo, que existiam, de facto, electrões nos núcleos, tal como existem cá fora. Diz o senso comum que, se o Senhor Fonseca aparecer à porta de sua casa, é porque, com toda a certeza, estava antes em casa. Os electrões, contudo, aparecem à porta do núcleo sem estarem antes no núcleo! São o resultado do decaimento de uma partícula, o neutrão, de cuja existência várias pessoas suspeitaram (entre elas o próprio Rutherford), mas que só foi identificada experimentalmente em 1932 por um discípulo de Rutherford.

O neutrão foi descoberto pelo inglês James Chadwick, num laboratório da Universidade de Cambridge, uma proeza que lhe valeu o Prémio Nobel da Física de 1935, três anos apenas depois da descoberta. Na experiência de Chadwick, um núcleo de berílio bombardeado com partículas alfa originava carbono e libertava um neutrão. Este neutrão era depois absorvido por azoto, saindo novas partículas alfa e ficando um núcleo de boro.

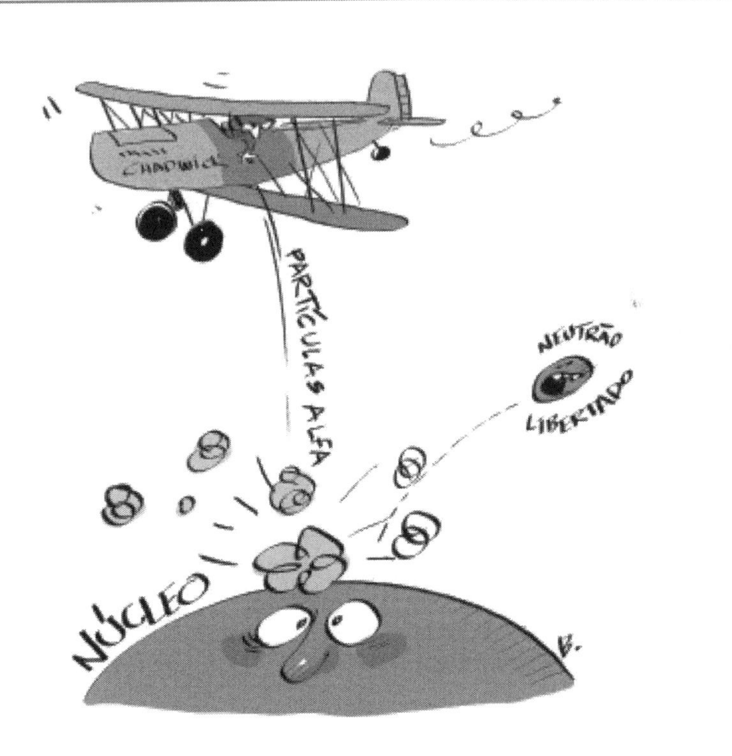

Bombardeamento do núcleo com partículas alfa

Se 1905 foi o ano milagroso da teoria da relatividade, 1932 foi o ano milagroso da física nuclear: nesse ano foi construído o primeiro acelerador circular, uma máquina para acelerar partículas carregadas como os núcleos atómicos (a obra foi de Ernest Lawrence, em Berkeley, Califórnia, nos Estados Unidos), foi realizada a primeira reacção nuclear num acelerador (por John Cockcroft e Ernest Walton, em Cambridge; note-se a «importância de se chamar Ernesto», uma vez que já é o terceiro Ernesto que aparece nesta história!) e descobriu-se, como já foi dito, o neutrão, em tudo parecido com o protão, excepto na carga eléctrica, que é nula. Se as duas primeiras proezas do ano milagroso foram precursoras de importantes técnicas experimentais para explorar os núcleos, tendo as máquinas primitivas sido antepassadas dos modernos aceleradores de partículas, a última veio completar o elenco dos principais componentes do núcleo: o núcleo atómico é uma colecção de protões e neutrões (genericamente chamados nucleões), sendo a soma deles igual ao chamado número de massa. O número de protões, ou número atómico, é igual ao número de electrões no átomo e sempre inferior ao número de massa, excepto no caso do hidrogénio comum (cujo núcleo atómico é formado por um só protão), em que coincidem.

Em 1933, reunia-se mais um Congresso Solvay em Bruxelas. Desta vez, a percentagem de físicos nucleares era bastante maior. Apareceram, da velha geração, Ernest Rutherford e Marie Curie, e, da nova, Niels Bohr, James Chadwick, Ernest Lawrence, John Cockcroft, Enrico Fermi, George Gamow, Rudolf Peierls, Irène e Frédéric Joliot-Curie, Lise Meitner, Werner Heisenberg, etc. A física nuclear entrava, com esse congresso, na sua idade adulta!

A teoria quântica, que ficou estabelecida em finais dos anos 20, explica os fenómenos não só do átomo, mas também do núcleo. A radioactividade alfa só pode ocorrer devido a um efeito quântico chamado efeito túnel, tal como foi proposto em 1928 pelo físico de origem russa George Gamow (famoso pelos seus livros de divulgação e por ter contribuído para a teoria do *Big Bang* relativa ao início do

Universo). Os processos radioactivos beta, por sua vez, foram teorizados pelo italiano Enrico Fermi em 1934, usando ainda a teoria quântica. A teoria apareceu nestes casos depois da experiência, ao contrário do que aconteceu com o neutrão... A teoria de Fermi da desintegração beta veio a ser completada nos anos de 1970 com a moderna teoria da força electrofraca, devida a Weinberg, Glashow e Salam.

Em 1934, foi descoberta a radioactividade artificial por Frédéric e Irène Joliot-Curie. Núcleos leves em configurações anormais (por exemplo, com grande excesso de neutrões) podiam ser a origem de processos radioactivos, tal como os núcleos pesados. Os novos Curie bombardearam alumínio com partículas alfa, obtendo uma modalidade radioactiva de fósforo e causando emissão de neutrões. Em 1935, Frédéric e Irène Joliot-Curie receberam o Prémio Nobel da Química, numa cerimónia em que não esteve presente a mãe de Irène, que tinha falecido de leucemia no ano anterior, em consequência do seu prolongado contacto com materiais radioactivos. Vale a pena acrescentar que Pierre Curie, um pouco ingenuamente, tinha efectuado em si próprio experiências sobre os efeitos fisiológicos da radioactividade.

De 1935 a 1945, Enrico Fermi, o professor italiano da Universidade de Roma exímio tanto na teoria como na experiência, foi um dos actores principais dos desenvolvimentos da física nuclear. Fermi é conhecido como um dos espíritos mais brilhantes na física do século XX (conseguia até, efectuando alguns cálculos simples, determinar o número aproximado de pianos que havia em Chicago sem precisar de os contar um a um). Uma vez descoberto o neutrão, Fermi começou por efectuar numerosas experiências de bombardeamento de outros núcleos com neutrões, desencadeando várias reacções nucleares. Ganhou, por toda essa actividade, o Prémio Nobel da Física de 1938.

Usando ainda a colisão de neutrões, os alemães Otto Hahn e Fritz Strassman descobriram, em 1938, a cisão do urânio, num laboratório em Berlim. O urânio 235, quando bombardeado com neutrões, dava origem a núcleos de crípton e bário, muito mais leves que o urânio, enquanto libertava neutrões. A cisão nuclear foi logo explicada por uma física sueca de origem austríaca, Lise Meitner, e por um seu sobrinho, Otto Frisch. Um tal processo pode ser induzido por neutrões ou pode mesmo aparecer espontaneamente, sendo, neste caso, tal como acontece no decaimento alfa, resultado do efeito túnel, um fenómeno de origem quântica. A cisão nuclear, descoberta no início da Segunda Guerra Mundial, viria a provocar o seu fim, como é bem sabido. Os acontecimentos entre o início e o fim da guerra foram muitos e muito rápidos. Em 1942, Enrico Fermi, que tinha atravessado o Atlântico para se fixar em Chicago, conseguia pôr a funcionar, debaixo da bancada de um estádio, a primeira reacção em cadeia no urânio.

Fermi contava pianos

O urânio bombardeado com neutrões lentos libertava novos neutrões (por cada um que entrava, saíam dois) que, por sua vez, cindiam outros núcleos de urânio. Em 15 de Julho de 1945, num sítio chamado Trinity Zero, no deserto do Novo México e no maior segredo, era realizada a primeira explosão de uma bomba atómica. O chefe científico da equipa do Projecto Manhattan, que concebeu e experimentou as primeiras bombas nucleares, foi Robert Oppenheimer, um extraordinário físico norte-americano de origem judaica que haveria, nos anos de 1950, de ser alvo de suspeita e de perseguição (há uma peça de teatro e uma série televisiva sobre o «Caso Oppenheimer» e, recentemente, surgiu *Oppenheimer*, um filme biográfico realizado por Christopher Nollan, que encheu salas de cinema e ganhou vários prémios). Foi ele quem declarou, em nome dos físicos, que «com a bomba atómica, nós, os físicos, conhecemos o pecado».

Oppenheimer, o «pai» da bomba atómica

A história do fabrico da bomba é bem conhecida. A queda de duas bombas em Hiroxima e Nagasáqui foi uma tragédia, mas o respectivo projecto incluiu episódios que mais parecem cenas de comédia, como a fuga rocambolesca de Niels Bohr da Europa com uma garrafa supostamente de água pesada, mas que afinal continha cerveja (a água pesada é uma água com deutério, uma forma pesada de hidrogénio cujo núcleo contém um neutrão e um protão, em vez de um protão apenas, como o hidrogénio comum). Ou como as travessuras do jovem Feynman, que abria os cofres secretos do Projecto Manhattan em Los Alamos apenas por acção do «pensamento».

Verdadeiramente insólito foi o facto de um dos descobridores da cisão ter tomado conhecimento da explosão sobre Hiroxima num campo de prisioneiros em Inglaterra. Otto Hahn, que tinha recebido o Nobel da Química em 1944, estava na companhia de outros prisioneiros alemães famosos, como Heisenberg, e, na altura, nenhum deles suspeitava de que as suas conversas sobre a bomba estavam a ser gravadas por uma bateria de microfones ocultos (as paredes tinham ouvidos!), a fim de se obterem os conhecimentos alemães sobre a nova e terrível arma. Curiosamente, já tinha havido uma notável premonição de Pierre Curie, no seu discurso de aceitação do Nobel em 1911, sobre os perigos do material nuclear: «Pode imaginar-se que, em mãos criminosas, o rádio se torne uma arma terrível.» No entanto, pese embora a ameaça que constitui para o mundo o poderoso arsenal nuclear que hoje continua disponível (menos que na Guerra Fria, diga-se com algum alívio), denegrir a disciplina da Física Nuclear — um dos ramos mais interessantes e ainda actuais da física moderna — com base na existência da bomba atómica é comparável a criticar a cadeira de Electromagnetismo com base na existência da cadeira eléctrica...

A história da bomba atómica tem uma relação com Portugal. Com efeito, o autor de um artigo pioneiro em que se calcula a energia libertada pela bomba foi o inglês de origem alemã Rudolf Peierls, o cientista que está na origem dos Centros de Física Teórica e Computacional da Universidade de Coimbra, hoje reunidos num único Centro de Física, por ter sido o orientador de doutoramento de João da Providência e José Urbano, dois professores de Física de Coimbra. Distinguido com o grau de doutor *honoris causa* pela Universidade de Coimbra em 1987, Peierls (que aparece na foto já referida do Congresso Solvay de 1933) visitou Portugal por diversas vezes. Numa delas, os seus amigos portugueses quiseram surpreendê-lo com um jantar num restaurante bastante rústico, um estabelecimento com bancos corridos de madeira onde se servia um bom bacalhau assado na brasa («Toca do Velhaco», para quem quiser saber o nome). Receando, porém, que o grande físico não estivesse habituado a tal rusticidade, pediram-lhe desculpa pela falta de sofisticação do local. Resposta do sábio: «Vocês esquecem-se que eu vivi a Segunda Guerra Mundial. Já comi em sítios assim!»

O jantar de Peierls na «Toca do Velhaco»

As Últimas da Física Nuclear

Os acontecimentos que marcaram a física nuclear no pós-guerra — o período em que a paz foi assegurada pelo «equilíbrio do terror» entre as duas principais potências, os Estados Unidos e a hoje extinta União Soviética, podem já considerar-se história recente, uma história que está a ser continuada nos laboratórios e institutos de todo o mundo. Podem distinguir-se duas linhas essenciais na evolução da física nuclear: uma tem a ver com a descoberta da estrutura e da dinâmica do núcleo atómico e a outra com a descoberta das partículas do núcleo e da natureza das forças nucleares. Que imagem temos hoje do núcleo atómico? A cisão nuclear tinha sido interpretada no quadro do chamado «modelo de gota líquida», um modelo clássico desenvolvido por Niels Bohr e pelo seu assistente dinamarquês Jorgen Kalckar em 1936, mas a evidência acumulada sobre a estabilidade muito elevada de alguns núcleos levou os alemães Maria Goeppert-Mayer, Otto Haxel e Hans Jensen, e o austríaco Hans Suess, em 1948, a estabelecer um outro modelo, o «modelo de camadas» ou dos nucleões independentes, um modelo microscópico que desde então tem conhecido importantes desenvolvimentos. Maria Goeppert-Mayer, depois de Madame Curie, Irène Curie e Lise Meitner, foi a quarta das grandes damas da física nuclear deste século, tendo recebido o Prémio Nobel da Física de 1963 (foi uma verdadeira injustiça que Lise Meitner não tenha sido distinguida com esse prémio porque foi ela, afinal, quem explicou a cisão nuclear). A Senhora Mayer (este nome é do marido) estava na altura a trabalhar nos Estados Unidos, mas a ideia do modelo em camadas estava tão madura que foi alcançada no seu país de origem ao mesmo tempo.

Os dois modelos não são mutuamente exclusivos: são duas visões complementares da mesma realidade física. Nos anos de 1950, o modelo de gota líquida seria relacionado com o modelo em camadas, em trabalhos realizados pelo dinamarquês Aage Bohr, filho de Niels Bohr (alguns filhos de peixes sabem nadar, pois este caso e o da família Curie não são os únicos em que pai e filho receberam o maior galardão da ciência), e pelo norte-americano estabelecido na Dinamarca Ben Mottelson (a emigração deste cientista dos Estados Unidos para a Europa não compensou o fluxo muito maior que se registou em sentido contrário). Hoje sabe-se que o comportamento do núcleo atómico tem aspectos de movimento colectivo, como a rotação, a vibração ou a cisão, mas esses movimentos colectivos explicam-se a partir de excitações de protões e neutrões individuais dentro do campo de forças que eles próprios criam.

Dois cães estão próximos por causa do osso

O conhecimento das forças nucleares também conheceu avanços. O japonês Hideki Yukawa propôs, em 1935, que no núcleo existiam os chamados mesões, partículas de vida curta com massa intermediária entre a do electrão e a dos nucleões e que serviam de meio de troca para assegurar a coesão nuclear. Por exemplo, dois protões trocavam mesões entre si, ficando assim próximos, à semelhança de dois cães que estão juntos porque trocam entre eles um osso. Essas partículas foram identificadas no laboratório em 1947.

A teoria, desta vez, aparecia à frente da experiência, dando-se até o caso curioso de se ter encontrado antes nos raios cósmicos o muão, um primo algo inútil do electrão, que foi confundido com o mesão de Yukawa por os dois terem massas parecidas... Descobriram-se depois parentes estranhos dos mesões e dos nucleões normais. Foi-lhes dado o nome de partículas «estranhas». Finalmente, em 1964, o físico norte-americano Murray Gell-Mann introduziu os constituintes fundamentais tanto dos mesões como dos nucleões — os hoje bem conhecidos *quarks* —, propostos com base em ideias de simetria. O nome foi encontrado num romance do escritor irlandês James Joyce, *Finnegans Wake*, de 1939, e não tem um significado preciso. Mas Joyce, que gostava de inventar palavras, falou de três *quarks* («*Three quarks for Muster Mark!*», «Três *quarks* para o Senhor Mark») e os *quarks* dentro dos protões e dentro dos neutrões eram três...

A força nuclear forte entre os *quarks* permite explicar os mesões e os nucleões. Só há grupos de dois e três *quarks*, porque os *quarks* têm uma propriedade chamada cor — que não tem nada a ver com as cores que os nossos olhos vêem — e os objectos naturais são brancos: o que só se consegue juntando um *quark* e um *antiquark* (com cores contrárias) ou juntando três *quarks* (cada um com cor diferente). Os *quarks* trocam cor entre si através de *quanta* chamados gluões, de tal modo que estão quase livres quando estão muito próximo uns dos outros, mas um deles não se pode afastar. Tudo se passa como em grupos de dois ou três escravos acorrentados com grilhetas: estão relativamente livres quando estão próximos, mas não se podem separar. Acrescente-se que a teoria de Yukawa está basicamente correcta: os protões e neutrões (genericamente chamados nucleões, pois são parecidos em tudo menos na carga) interagem uns com os outros trocando mesões entre si. Essa força entre os protões e neutrões é um «resíduo» da força mais fundamental que os *quarks* exercem entre si. É uma força muito complicada justamente porque não é fundamental, um pouco como a força entre duas moléculas é muito complicada por resultar da força eléctrica.

Actualmente, o estudo do comportamento do núcleo e a análise das forças nucleares prosseguem, já que, apesar de todos os avanços efectuados, ainda permanecem muitos problemas em aberto. Faz-se hoje, por exemplo, a síntese de novos núcleos e tenta-se isolar os *quarks*. Já há muitas aplicações da física clínica, apesar de as centrais nucleares serem a aplicação mais conhecida. Como aplicação muito útil da física nuclear tenta-se imitar na Terra o processo de produção de energia que ocorre no Sol e nas estrelas em geral.

Três escravos acorrentados como os quarks *de um protão*

A Tabela Periódica, que a identificação do núcleo por Rutherford e a introdução do modelo planetário por Bohr ajudaram a compreender, exibia algumas lacunas imediatamente antes da Segunda Guerra Mundial. Não eram nessa altura conhecidos os elementos com números atómicos 43, 85 e 87, assim como não eram conhecidos quaisquer elementos com número atómico superior ao do urânio

(92). No ano de 1940, o norte-americano Glenn Seaborg descobriu o neptúnio e o plutónio, os primeiros transuranianos (a inspiração é astronómica: Neptuno e Plutão, o primeiro um planeta e o segundo um planeta-anão, situam-se para além de Úrano no sistema solar). No fim da guerra já se conheciam outros transuranianos, tendo-se também identificado o elemento 87. Os outros «buracos» foram, entretanto, tapados. Nos anos 50 e 60, nos tempos da Guerra Fria, assistiu-se a uma autêntica competição entre duas equipas, uma norte-americana e outra soviética, para produzir novos elementos transuranianos (Albert Ghiorso e Georgy Flerov dirigiam respectivamente os grupos norte-americano e soviético em acesa disputa). A prioridade da descoberta dos elementos 101, 102, 103, 104 e 105 foi reclamada ora por um, ora por outro, ora pelos dois ao mesmo tempo. Em 1981, os europeus, através de experiências realizadas no Laboratório de Iões Pesados de Darmstadt, na Alemanha, entraram na corrida: descobriram o elemento 112. O elemento foi sintetizado em 2004 por cientistas do Livermore National Laboratory, nos Estados Unidos, e do Laboratório Flerov de Reacções Nucleares, em Dubna, na Rússia. Esse elemento muito pesado, tal como outros semelhantes, tem uma vida extremamente curta. O anúncio da descoberta dos elementos 116 e 118 foi efectuado pelo Berkeley National Laboratory, nos Estados Unidos, mas os seus autores tiveram de se retractar por não ter sido possível confirmar os resultados... Um dos membros da equipa foi acusado de fraude, uma grave acusação que se pode fazer a um cientista! O alarme do elemento 118 era falso, mas em 2006 passou a verdadeiro: investigadores do Laboratório Livermore, também nos Estados Unidos, e do Laboratório de Dubna, na Rússia, anunciaram, depois de terem verificado e reverificado os resultados de uma nova experiência, esse elemento, o primeiro gás raro feito pelo homem... O novo núcleo era de um gás raro muito raro: só se formaram muito poucos núcleos durante um intervalo de tempo muito pequeno. Este é, até ver, o último elemento da Tabela Periódica. Pode ser que apareçam outros ainda mais pesados.

Inspiração astral para os novos elementos

No entanto, os físicos não se contentaram em chegar a esses elementos mais pesados. Continuam actualmente a «conquistar» novos núcleos nas margens da estabilidade (núcleos com protões ou neutrões a mais), tendo até detectado novas formas de radioactividade (por exemplo, emissão de protões ou mesmo de pares de protões). Por outro lado, persistem, desde os anos de 1960, especulações sobre a existência de elementos superpesados mais estáveis, com números atómicos 114 e 164 e números de neutrões 190 e 318, respectivamente. A primeira zona está já actualmente a ser aproximada, mas a segunda ainda é ficção científica. O futuro da Tabela Periódica reserva-nos talvez surpresas, sendo necessária uma nova Madame Curie que estenda a física nuclear a novas regiões...

A corrida aos elementos mais pesados

Por outro lado, o interior dos nucleões tem sido desvendado. Os nucleões são, sabemos hoje, feitos de *quarks*. A chamada «cromodinâmica quântica» é a teoria que explica a coesão dos *quarks*, uma vez que eles trocam «cor» entre si. Mas será que os *quarks* podem ser libertados do interior dos nucleões? A realidade dos *quarks* foi reconhecida em experiências algo semelhantes à de Rutherford: electrões rápidos que batem em protões foram desviados por «grãos duros» no seu interior, aos quais de início se chamou «partões» (os partões foram estudados pelo físico brincalhão Richard Feynman). Mas procuraram-se libertar os *quarks* por meio de experiências de artilharia mais pesada, nomeadamente por colisões a alta energia entre núcleos pesados, que se realizam na Organização Europeia de Investigação Nuclear (CERN), na Suíça, e no acelerador de Brookhaven, nos Estados Unidos. No ano de 2000, foi observada pela primeira vez a formação, durante um intervalo de tempo diminuto, de um plasma de *quarks* na zona de choque entre núcleos, a chamada «sopa de *quarks* e gluões». São necessárias mais experiências e estudos... Um novo Rutherford precisa-se, embora a dificuldade extrema do empreendimento exija, em vez do génio de uma só pessoa, o esforço prolongado de equipas numerosas e com competências diversas.

À procura de quarks *livres*

Uma das aplicações mais procuradas da física nuclear é a realização na Terra da fusão nuclear controlada. Como obter a energia do núcleo imitando os processos do interior do Sol? Por volta da data em que a cisão nuclear era descoberta, o físico norte-americano de origem alemã Hans Bethe conjecturava que a energia das estrelas era obtida por meio da fusão de núcleos leves. Hoje sabe-se que uma estrela como o Sol, que tem cerca de cinco mil milhões de anos (formou-se nove mil milhões de anos depois do *Big Bang*), não é mais do que uma «fogueira» onde se queima hidrogénio, para produzir hélio, libertando-se nesse processo uma enorme quantidade de energia. Não é uma fogueira química, mas sim nuclear. Quatro núcleos de hidrogénio (protões) originam, por uma série de reacções nucleares, um núcleo de hélio, dois positrões (antipartículas do electrão, em tudo semelhantes a este excepto na carga, que é positiva em vez de ser negativa) e dois neutrinos (partículas sem carga e com uma massa pequeníssima). A partir de três núcleos de hélio 4 (que tem dois protões e dois neutrões) é possível, embora pouco provável, criar um núcleo de carbono 12 (que tem seis protões e seis neutrões). O Sol, quando se esgotar o hidrogénio, queimará, um dia, hélio para originar carbono. A partir do carbono ainda é possível, em estrelas maiores do que o Sol, fabricar, por fusão, elementos mais pesados, até ao ferro. Os elementos mais pesados que o ferro obtêm-se por sucessivas capturas de neutrões, um processo lento. No entanto, os elementos mais pesados do que o chumbo já têm de ser produzidos por um processo rápido, que ocorre na explosão de uma grande estrela, a chamada «supernova». O urânio natural, de cujo estudo partiu a física nuclear, teve de ser feito numa superestrela anterior ao Sol, que explodiu. Cada vez é mais íntima a ligação entre a física nuclear e a astrofísica, ajudando a primeira a esclarecer alguns dos mistérios do nosso passado cósmico. Esse «casamento» feliz vai previsivelmente continuar e dar mais frutos...

Actualmente, e embora as dificuldades técnicas sejam inúmeras e o preço seja por isso bastante elevado, procura-se reproduzir no laboratório os processos de fusão que ocorrem nas estrelas, de modo a aproveitar em benefício humano a energia libertada. O Laboratório Europeu de Fusão (JET), sediado na Inglaterra, deu lugar ao *International Thermonuclear Experimental Reactor* (ITER, esta sigla sugere a palavra latina que está na base de «itinerário», uma vez que há um caminho longo ainda a percorrer), em Cadarache, perto de Marselha, em França. Trata-se de um grande projecto internacional, no qual participam os países da União Europeia (incluindo, claro, Portugal), os Estados Unidos, o Japão, a China, a Índia, a Coreia do Sul e a Rússia. É um dos maiores esforços de colaboração científica internacional, reunindo várias potências rivais. O ITER só deverá operar por volta do ano de 2025, só ficando totalmente operacional em 2035. Com algum optimismo, anunciam-se para meados do século XXI reactores de fusão operacionais e economicamente rentáveis.

Reactor de fusão: o hidrogénio dá hélio

Rutherford, o genial físico que realizou as primeiras reacções nucleares, não acreditava que a energia nuclear pudesse algum dia ser usada. Mas hoje ela é já empregue em larga escala (em França a energia nuclear cobre cerca de 70 por cento do consumo de electricidade, e Portugal importa energia de redes europeias) e, como não provoca o indesejável efeito de estufa, será provavelmente usada em escala ainda maior. Mas, a longo prazo, com a domesticação da fusão quente, a física nuclear fornecerá o futuro da energia. Os génios, afinal, também se enganam, por vezes redondamente, sobre o futuro do assunto no qual se revelaram geniais!

Entre o medo e a esperança

Otto Hahn descobriu, em 1938, a cisão nuclear, isto é, a quebra do núcleo em pedaços, libertando uma formidável energia. Mas, assim como Rutherford não antecipou a aplicação dos núcleos, Hahn também não antecipou que, passados escassos seis anos, haveria uma nova e terrível arma baseada na energia nuclear que terminaria com a Segunda Guerra Mundial. Foi com o fim dessa guerra que o medo do nuclear começou a sua longa marcha que ainda hoje prossegue.

Mas o medo do nuclear foi imediatamente seguido pela esperança. Esperança obviamente de paz a seguir à guerra que tinha devastado quase todo o mundo. E esperança também na produção pacífica de energia. E esperança ainda no diagnóstico e cura de doenças, pois tornaram-se cada vez mais nítidas as possibilidades do nuclear no domínio da medicina. Para já não falar de um sem-número de outras utilidades da física nuclear, nas quais se incluem, por exemplo, as aplicações à arqueologia e a análise de obras de arte.

No pós-guerra, a construção de armas nucleares pelas superpotências conduziu ao equilíbrio pelo medo, que só a *Glasnost* soviética viria, no início dos anos de 1990, a amenizar. Ao mesmo tempo, as centrais nucleares proliferaram, não só nas superpotências vencedoras da guerra, como os EUA, a União Soviética, a França e a Inglaterra, mas também na derrotada Alemanha e um pouco por todo o mundo, como na Espanha (onde há oito centrais nucleares) e no Brasil (onde há duas). Era óbvio que o nuclear fornecia um meio «limpo» de produção de energia, se exceptuarmos o problema muito discutido e em certa medida resolvido do armazenamento dos resíduos radioactivos. Hoje existem 416 reactores nucleares em todo o mundo, a maior parte deles nos Estados Unidos (logo seguidos pela França e pela China), que fornecem cerca de dez por cento da energia eléctrica mundial. Estão em construção cerca de 60 novas centrais, em 18 países, a maior parte na China.

Hahn, descobridor da cisão nuclear

E nós por cá? Portugal não podia ficar indiferente a este movimento. Não que tivesse o desejo ou a possibilidade de ter armas nucleares, mas porque percebeu que as potencialidades civis do nuclear obrigavam a um esforço nacional de actualização científica e tecnológica. O regime português da altura, que sobreviveu incólume ao fim da guerra, não estava, no pós-guerra, nada virado para o lado da ciência (vejam-se as demissões compulsivas, em 1947, de físicos nucleares notáveis como Mário Silva, em Coimbra, e Manuel Valadares, em Lisboa). Mas não conseguiu evitar que, dentro dele, se desenvolvesse um movimento a favor da ciência e da técnica, tendo como motivação principal, precisamente, a energia nuclear.

Assim, em 1952, era criada no Instituto de Alta Cultura (o nome é curioso: haverá uma cultura baixa?) uma Comissão Provisória de Estudos de Energia Nuclear e, em 1954, era criada a Junta de

Energia Nuclear e a Comissão de Estudos de Energia Nuclear no referido Instituto. A Comissão de Estudos fundou vários centros de investigação associados às universidades então existentes e ainda ao Instituto Português de Oncologia. A palavra de ordem era «aplicações», mas a ciência básica não era de maneira nenhuma olvidada. Formaram-se vários investigadores que deram origem, de uma maneira ou de outra, a muitas das unidades de pesquisa em física ainda hoje existentes no nosso país. Bem se pode dizer que a génese de boa parte da moderna ciência portuguesa está associada à necessidade que foi sentida de investimento na área do nuclear. Isto tudo aconteceu, claro, antes de o nuclear ganhar má fama com os desastres de Chernobyl e de Fukushima.

Em 1959, começava a ser construído o primeiro (e único) reactor português, o reactor nuclear de investigação em Sacavém, que foi desmantelado em 2019. Em 1961, era inaugurado, em Sacavém, sob a égide da Junta, o Laboratório de Física e Engenharia Nuclear, criado no papel seis anos antes. O reactor começou então a funcionar. Destinava-se o Laboratório a «resolver a complexidade dos problemas nacionais inerentes à utilização de energia nuclear», falando-se da «utilização de centrais nucleares no País». Mas os tempos do nuclear acabariam progressivamente por fenecer. Nas vésperas do 25 de Abril de 1974, a Junta de Energia Nuclear já estava moribunda, tendo falecido de morte natural em 1977. Muitos estarão recordados da acalorada discussão (contaminada pelas circunstâncias políticas e ideológicas da época) em volta de uma central nuclear em Ferrel, Peniche, na época da Revolução de Abril. Escreveu-se mesmo um livro branco, mas nenhuma central se fez. Houve bastante medo e quase não houve esperança. O Laboratório de Física e Engenharia Nuclear, de Sacavém, deu lugar mais tarde ao Instituto de Tecnologia Nuclear, um Laboratório do Estado que tomou conta do reactor nuclear enquanto ele existiu.

Se há uma palavra que possa designar a actividade do Laboratório, ela é «indecisão». Nunca houve uma decisão política clara que fizesse avançar o Laboratório numa dada direcção. Apesar de vários *spin-offs* indiscutivelmente positivos (nomeadamente a formação de numerosas pessoas), o Laboratório nunca soube encontrar um trilho e percorrê-lo com determinação. Claro que foi útil, numa fase inicial, para fornecer isótopos radioactivos a centros de medicina nuclear e, numa segunda fase, a efectuar várias experiências de irradiação de materiais biológicos ou outros. Mas ficou sempre a impressão de que faltava uma decisão estratégica para se ir mais além. O reactor de Sacavém, velho, foi desactivado em 2019.

Entretanto, o nuclear definhou em Portugal, acompanhando, de resto, uma evolução no resto do mundo, nomeadamente e com mais visibilidade depois do acidente de Chernobyl, na Ucrânia (então integrada na União Soviética), em 1986 (glosado pela escritora alemã Christa Wolf, no seu romance *Acidente)*. Esse acidente trágico, devido a incompetência humana, foi, por alguns *media*, manifestamente exagerado. Na verdade, a nuvem de elementos radioactivos proveniente de Chyernobyl cobriu boa parte da Europa, semeando iodo que, facilmente absorvido pela tiróide, perturbava o seu funcionamento (essa nuvem constitui um terrível espectro no romance de Wolf). Doenças desse tipo apareceram em grande número. Contudo, têm sido controversos os números de vítimas mortais, distinguindo-se naturalmente no exagero por excesso o governo da Ucrânia. Infelizmente, o cancro é uma doença frequente. Há que recorrer a modelos, mais ou menos controversos, para calcular o acréscimo de cancros devido ao acidente nuclear. Esses modelos têm certas margens de erro. As Nações Unidas calculam que cerca de 4000 pessoas poderão ter morrido ou morrer por exposição à radiação, além das 50 que são directamente atribuídas ao desastre.

Em 2011, ocorreu em Fukushima, no Japão, um outro desastre nuclear, de menores proporções que o de Chernobyl, devido a um grande tsunami. Só uma pessoa foi considerada morta por radiação, embora se calcule em cerca de 2000 vítimas indirectas, decorrentes do processo de evacuação maciço.

Mas será que o nuclear faleceu de vez, tanto em Portugal como no mundo? Não, de maneira nenhuma. Parafraseando o escritor norte-americano Mark Twain, que leu no jornal a notícia da sua própria morte, as notícias da morte do nuclear «são bastante exageradas».

A escola da física nuclear, na qual muito boa gente se formou, foi uma grande escola e continua a sê-lo, estando muitas propriedades dos núcleos atómicos ainda por estudar com a profundidade que, sem dúvida, merecem. Por outro lado, velhas e novas aplicações (nomeadamente respeitantes às propriedades dos materiais, à medicina e ao ambiente) devem ser exploradas. O núcleo atómico não revelou ainda todos os seus segredos nem desvendou ainda todas as suas utilidades. O facto de o Acordo de Paris de 2015 exigir uma diminuição do efeito de estufa faz repensar a questão da energia nuclear em todo o mundo. A indústria da energia nuclear tornou-se uma das mais seguras do mundo (um dos problemas que persiste é a melhoria da armazenagem de produtos radioactivos de longa duração). Outras aplicações do nuclear, que já cobrem muitos hospitais e laboratórios, multiplicam-se e multiplicar-se-ão ainda mais. Para os físicos — e oxalá também para todos — o nuclear continuará a ser motivo mais de esperança do que de medo.

O imenso Universo

Uma das conclusões mais importantes da física do século XX é que o nosso Universo tem, atrás de si, uma história, uma longuíssima história. Não tem parado de se expandir desde que nasceu, há cerca de catorze mil milhões de anos. Foi a relatividade geral que nos permitiu conhecer a evolução do Universo. Os astros que povoam o Universo também têm uma história, obviamente menor do que a do Universo. Por exemplo, as estrelas começaram a nascer pouco depois do início do mundo. E, tal como os humanos observadores de estrelas, também as estrelas nascem, vivem e, finalmente, morrem.

Foi a física nuclear que nos permitiu conhecer os segredos mais íntimos da vida das estrelas.

Começámos por olhar o céu e observar as estrelas quando ainda não havia física nuclear nenhuma. A luz é o intermediário que permite o encontro à distância entre os homens e as estrelas, e a cintilação destas sempre foi motivo de encantamento. Vemos poucas centenas de estrelas à vista desarmada, mas o telescópio que foi aplicado por Galileu no início do século XVII veio armar a vida humana, revelando muito mais estrelas no céu do que aquelas que a vista sozinha conseguia ver. O céu aumentou extraordinariamente com Galileu (foi entre Galileu e Newton que o céu deixou de ser visto como finito para passar a ser considerado infinito). Toda a luz que a vista vê é, claro, luz visível (uma verdade de Monsieur de La Palisse). Mas chama-se luz visível porque há luz que não é visível, a luz invisível, como por exemplo os raios X, os raios gama ou as ondas de rádio, que é tão luz como a outra, apesar de não ser captada pelos nossos olhos. Porque é que vemos a luz visível e a outra não? O Sol envia-nos principalmente luz visível, sendo a de cor verde a mais intensa (a cor amarelo-alaranjada do Sol, visto da Terra, surge da combinação, coada pela atmosfera, da cor dominante e das outras cores emitidas) e, no decurso da evolução, os nossos olhos adaptaram-se à luz mais abundante, portanto à luz visível. Mas existem estrelas invisíveis: são as estrelas que praticamente não emitem luz visível. Os satélites artificiais que transportam telescópios de luz invisível, por exemplo de raios X ou de raios gama, vieram aumentar, nos anos de 1960, o olhar que a nossa vista alcança. Tiveram de ser colocados acima da atmosfera, pois a luz invisível, com a excepção das ondas de rádio, microondas e alguma luz infravermelha, não consegue passar a atmosfera terrestre (e ainda bem, porque certas radiações são perigosas para a vida!). Mesmo as microondas e a luz infravermelha lucram em ser recolhidas acima da atmosfera, pois assim se evitam os prejuízos para a observação que sempre acontecem quando essa luz bate nas moléculas de ar.

O Prémio Nobel da Física de 2006 foi dado a dois físicos norte-americanos, John Mather e George Smoot, que obtiveram um retrato completo do Universo quando ele era bebé por meio de microondas recolhidas num satélite da NASA, o *Cosmic Background Explorer* — COBE. Ao COBE sucederam o *Wilkinsion Microwave Anisotropy Probe* — WMAP, também da NASA, e o Planck, da Agência Espacial Europeia, ESA, com dados cada vez mais pormenorizados.

O Sol envia luz visível... e invisível

Nas décadas mais recentes, aproveitando luz de vários tipos, tanto visível como invisível, foi possível obter uma rica colecção de retratos do céu e verificar que todo o Universo, incluindo as estrelas, está em constante transformação. Há estrelas que nascem, sempre lenta e pacatamente, e há estrelas que morrem, por vezes de uma forma violenta. O céu não é, pois, um sítio de paz e tranquilidade, um sítio de anjos em nuvens fofas onde não se passa absolutamente nada, mas antes um lugar de perturbação e surpresa, palco de conturbados espectáculos da matéria e energia (só não é de *son et lumière* porque, no espaço vazio, e ao contrário do que insinuam alguns filmes de ficção científica, o som não se pode propagar).

Retrato do Universo via satélite

Pouco antes da invenção do telescópio, o astrónomo dinamarquês Tycho Brahe (mestre do astrónomo alemão Johannes Kepler e admirador do matemático português Pedro Nunes, cujo nónio utilizou) viu aparecer uma estrela nova, que naturalmente julgou ser uma estrela a nascer, mas que afinal, sabemo-lo hoje, era uma estrela a morrer. O mesmo aconteceu com Johannes Kepler, discípulo de Brahe. Chamou-lhe em latim *stella nova*, «estrela nova». Mas era uma estrela velha, muito velha, em explosão, num acontecimento a que hoje chamamos, paradoxalmente, supernova. As estrelas vivem e morrem, tal como nós!

O que vemos no céu a partir da Terra? O astro mais próximo de nós é o nosso único satélite natural, a Lua. O luar, luz do Sol reflectida na Lua, demora cerca de um segundo a viajar até à Terra. Os astronautas que foram à Lua demoraram um pouco mais — alguns dias — porque viajaram a uma velocidade muito menor do que a da luz. O sistema solar engloba a Terra, a Lua e mais sete planetas e seus satélites (Plutão é desde 2006 considerado planeta-anão). O homem ainda não foi ele próprio a outros astros além da Lua, mas já enviou sondas aos astros principais do sistema solar e até mesmo para fora dele, como a *Voyager 2*.

A estrela mais próxima da Terra depois do Sol, a Próxima do Centauro, está a quatro anos-luz de nós, isto é, a luz dela demora quatro anos a chegar (para comparação, a luz do Sol demora só oito minutos). A estrela Sirius, uma das mais brilhantes do céu, está a nove anos-luz de nós. Mas há milhões de outras estrelas só na nossa Galáxia, a Via Láctea, um conjunto de estrelas dispostas numa espiral com um diâmetro de cerca de cem mil anos-luz. Hoje conhecemos outros sistemas planetários além do nosso sistema solar: os astrónomos já identificaram várias dezenas. Na Galáxia há estrelas ainda a nascer (a partir de poeira interestelar) e outras a morrer (como as supernovas que Brahe e Kepler viram explodir).

A luz das estrelas demora a chegar

Mas há mais galáxias além da nossa. Essas, ao contrário da nossa, escrevem-se com minúscula. As mais próximas de nós são as Nuvens de Magalhães, relativamente pequenas e só visíveis do hemisfério sul. Uma bem maior é a galáxia de Andrómeda, que está a 2,5 milhões de anos-luz de nós. As galáxias estão juntas em agregados. O nosso grupo de galáxias chama-se Grupo Local. Há ainda outros grupos de galáxias, tão longe quanto os nossos instrumentos de observação permitem alcançar. Os objectos mais distantes — os misteriosos quasares — estão a cerca de treze mil milhões de anos de anos-luz.

As estrelas, tal como tudo no Universo, são feitas de átomos, constituídos, por sua vez, por núcleos atómicos e electrões. Ao pesquisar a origem da luz das estrelas, identificaram-se, no século XIX, os átomos que formam as estrelas. Os átomos das estrelas também existem na Terra, não são estranhos. As estrelas são, portanto, feitas da mesma matéria que há na Terra, embora em proporções bastante diferentes. Para o astrónomo é intrigante pensar que ele próprio é feito da mesma matéria que as estrelas... Quais são os átomos preferidos pelas estrelas? Elas são constituídas essencialmente pelos dois primeiros elementos da Tabela Periódica: o hidrogénio e o hélio. O hidrogénio, o primeiro e o mais leve dos átomos, é também e de longe o primeiro em abundância nos elementos do cosmos. Cerca de 92 por cento dos átomos do Universo são de hidrogénio: existem nas estrelas e na poeira interestelar. Abunda também na Terra, uma vez que existe na água, a substância que caracteriza o nosso belo planeta azul. O hélio, que foi visto pela primeira vez no Sol (vem daí o seu nome: «hélio» significa «Sol», em grego), é não só o segundo elemento da Tabela Periódica como o segundo elemento mais abundante no cosmos. Também existe na Terra, em particular na atmosfera, mas não é comum: é um dos chamados gases raros. É abundante no gás natural no interior da Terra, mas escapa-se pouco para a atmosfera. O hélio no Universo existe tanto nas estrelas como fora delas (hélio produzido no decorrer do *Big Bang*, quando ainda não havia estrelas) e existe também na poeira interestelar. Cerca de 7 por cento dos átomos do Universo são de hélio. Sobra uma percentagem residual para os restantes átomos, incluindo o carbono, que é essencial para a vida na Terra, e o oxigénio, que é um constituinte da água.

A poeira interestelar

Nem sempre, porém, hidrogénio e hélio existiram no Universo nas proporções em que os conhecemos hoje. Houve um tempo em que nem sequer existiam estrelas e houve um tempo em que nem sequer existiam átomos. Nem de hidrogénio, nem de hélio, nem de coisíssima nenhuma!

Como é que o astrónomo de hoje conhece a história do Universo? A primeira prova consiste no afastamento das galáxias. Em primeiro lugar, ele observa que as galáxias, os grupos de estrelas (muitas estrelas, é normal haver mais de um milhão de estrelas numa galáxia), estão a fugir umas das outras: a força universal da gravidade, que Newton descreveu, é atractiva, mas, apesar disso, as galáxias estão, na sua grande maioria, a afastar-se umas das outras... Esse afastamento foi, pela primeira vez, descoberto pelo astrónomo norte-americano Edwin Hubble (que, já falecido, deu o nome ao telescópio espacial) nos anos de 1920, no Observatório de Mount Wilson, na Califórnia. O Universo está, portanto, em expansão a partir de uma prodigiosa, inimaginável, concentração inicial de energia. O momento inicial — o chamado *Big Bang*, que traduzido para português poderia ser o «Grande Pum», embora a expressão *Big Bang* também se use para designar todo o processo histórico do cosmos e não apenas o início desse processo — deu-se há cerca de catorze mil milhões de anos..

Hubble, descobridor da fuga das galáxias

Contemos a história em três penadas. As estrelas começaram a nascer umas centenas de milhões de anos desde o instante zero do Universo, pois só nessa altura a força da gravidade conseguiu vencer a agitação desordenada dos átomos. Os átomos, por sua vez, apareceram antes das estrelas, 380 mil anos depois do instante zero. Antes, os constituintes dos átomos, tanto electrões como núcleos, viviam vadios, alegremente separados uns dos outros. E antes... Um momento, que já lá vamos. Paremos no instante da formação dos átomos, um instante cujo testemunho chegou até nós.

A segunda prova da história do Universo está associada ao nascimento dos átomos. Os astrónomos observam da Terra, com o auxílio de radiotelescópios, uma radiação de fundo de microondas, que é igual para todos os lados onde olhem (não vem, pois, de nenhuma estrela ou de nenhuma galáxia em particular). É como se vivêssemos imersos num forno cósmico de microondas. Essa energia espalhou-se quando surgiram os primeiros átomos, no instante em que os electrões e os núcleos deixaram de vadiar e se «casaram» uns com os outros por todo o lado para viverem felizes para sempre. O Universo era opaco antes desse evento, porque a radiação era continuamente emitida e absorvida pelos electrões e núcleos atómicos e passou, de repente, a ser transparente, uma vez que os átomos não podem emitir nem receber quaisquer quantidades de energia. Os primeiros cientistas a observar esta radiação «fóssil» foram, nos anos de 1960, os norte-americanos Arnio Penzias e Robert Wilson, que estavam a montar e testar uma grande antena de microondas por contra da sua empresa, a Bell Telephone. A radiação cósmica de fundo pode ser vista como «ruído» num aparelho antigo de televisão.

Mas, mais recentemente, vários receptores de microondas colocados em balões e em satélites, como o COBE, o WMAP e o Planck, em órbita da Terra, obtiveram um retrato pormenorizado do «casamento» de electrões e núcleos, ocorrido quando o Universo tinha apenas 380 mil anos. O pormenor é tal que, apesar de a radiação vir quase uniformemente de todo o lado, é possível ver os sítios onde ela, ainda que por pequeníssima margem, é diferente. Esses são os sítios onde a matéria era mais abundante e onde as galáxias se vieram a formar.

O Big Bang pode ser visto na TV

A terceira prova da história do Universo tem a ver com a proporção de átomos existentes à escala cósmica. As percentagens de hidrogénio e de hélio são explicadas pela física nuclear. Tal como a química estuda as reacções dos elementos e compostos, determinando as percentagens de produtos, a física nuclear permite prever de forma quantitativa a formação dos núcleos atómicos no universo primitivo. Note-se que o tipo de partículas em reacção é muito diferente na química (moléculas e os seus átomos constituintes) e na física nuclear (núcleos atómicos e os nucleões seus constituintes). Também muito diferente é a escala de energia das reacções, que é seis ordens de grandeza maior na física nuclear do que na química.

Percentagens dos elementos químicos no Universo

Sem ovos não se fazem omeletas e, antes de haver átomos, tiveram de se formar os núcleos atómicos (tal aconteceu quando tinham decorrido escassos três minutos depois do instante zero). O livro *Os Três Primeiros Minutos*, do físico norte-americano laureado com o Prémio Nobel em 1979 Steven Weinberg, explica, em poucas páginas, o que aconteceu até haver núcleos. Antes dos núcleos, tiveram de se formar os protões e neutrões (tal aconteceu ao fim de um milionésimo de segundo depois de o Universo ter começado a existir). Mas o que é que havia no princípio, antes dos protões e neutrões? No princípio eram os *quarks* (os constituintes dos protões e dos neutrões), os electrões e ainda os neutrinos. Estas últimas partículas estão por todo o lado, atravessando facilmente a matéria. E antes? Bem, é lícito perguntar, mas a resposta de um físico não pode ser muito precisa: no princípio do princípio, era o reino da energia pura... do qual pouco ou nada sabemos. Provavelmente, existia de início uma força única, a força unificada com que sonhava Einstein, que depois se foi desdobrando nas quatro forças fundamentais hoje conhecidas: nuclear forte, nuclear fraca, electromagnética e gravitacional. Foi a era do despertar das forças, finda a qual a energia se converteu em matéria, num processo descrito pela célebre equação de Einstein que relaciona energia e matéria. E antes desse antes? É ainda lícito perguntar, mas um físico não pode responder, porque ele só pode falar daquilo que observa, e a energia do *Big Bang* foi tão grande, tão grande, que apagou qualquer informação de qualquer coisa que tivesse existido antes. Embora haja físicos que gostem de especular e falem de um Universo cíclico, que se contraiu completamente antes de entrar em expansão (o romance de José Rodrigues dos Santos, *A Fórmula de Deus,* aborda o assunto), o certo é que os físicos, em geral, se abstêm de falar daquilo que não sabem, e ainda mais daquilo que não sabem nem podem saber. A pergunta sobre o «antes do antes» é legítima, mas os físicos não podem responder-lhe (os escritores de ficção podem decerto fazê-lo).

Havendo átomos, há material para fazer estrelas. As estrelas nasceram ou nascem todas mais ou menos da mesma maneira quando, no Universo, a força da gravidade fez ou faz juntar os átomos. As estrelas que vemos já nasceram, como é óbvio, mas ainda hoje há estrelas a nascer. Logo que os núcleos dos átomos se aproximam o suficiente, entram em acção as poderosas forças nucleares (não é por acaso que se chama forte a essa força), iniciam-se violentas reacções nucleares. São reacções de fusão que libertam muita energia, bastante mais do que as reacções de cisão nuclear. A energia, que aparece sob a forma de raios gama, surge por a massa dos núcleos-filhos ser menor do que a massa dos núcleos-pais. Mais uma vez, a famosa fórmula de Einstein está em acção, mas no início do Universo foi a energia que deu lugar à matéria, ao passo que depois, no interior das estrelas, é a matéria que dá lugar à energia. São essas reacções que mantêm as estrelas muito quentes e que permitem a excitação dos átomos na superfície solar e a emissão da luz que chega até nós. Mas o destino das estrelas depende, dramaticamente, do seu tamanho...

Imaginando o Big Bang

O tamanho importa! As estrelas podem classificar-se, de acordo com a sua massa, em pequenas, médias e grandes. O Sol é o padrão dessa escala, o fiel dessa balança. A massa das estrelas relaciona-se directamente com a sua temperatura e com a sua luminosidade. O Sol é uma estrela com um aspecto amarelo e, por isso, nem muito quente nem muito fria quando comparada com as outras. A cor de uma estrela permite conhecer logo a respectiva temperatura à superfície: no caso do Sol, essa temperatura é de 5500 graus Celsius. A temperatura, muitíssimo maior no interior, só se consegue saber através de modelos teóricos, pois obviamente não se pode colocar um termómetro no interior do Sol. As estrelas normais, entendendo-se por normais as estrelas de meia-idade, com um tamanho maior do que o do Sol, são mais quentes e emitem mais luz: são azuis. As estrelas ainda normais, mas com um tamanho menor do que o Sol são mais frias e emitem menos luz: são vermelhas. Existem, no entanto, estrelas anormais, estrelas que se encontram numa fase inicial ou terminal da sua vida. A morte dos vários tipos de estrelas é bem diferente, consoante a sua massa... A piada é de humor negro, mas apetece dizer que também nas estrelas a qualidade do funeral é uma questão de massa!

A cor das estrelas tem a ver com o seu tamanho

As estrelas pequenas têm sempre uma temperatura relativamente baixa. Começam por emitir mais luz, vivem algum tempo como estrelas normais e acabam cada vez mais pequenas (dizem-se então anãs vermelhas) e cada vez menos luminosas.

O Sol, uma estrela de tamanho médio e de meia-idade, tem cerca de cinco mil milhões de anos. No século XIX, não se sabia porque é que as estrelas brilhavam, e só a partir dos anos de 1930, com os avanços da física nuclear e a compreensão dos processos de fusão nuclear, foi possível perceber o funcionamento das estrelas. A reacção principal no seu interior, que transforma núcleos de hidrogénio em núcleos de hélio, faz diminuir continuamente a quantidade do primeiro e aumentar também continuamente a quantidade do segundo. Portanto, há muito hélio nas estrelas além do hélio que se formou antes, ao longo do *Big Bang*. A vida da nossa estrela só se começará a extinguir quando faltar o «combustível» hidrogénio, tal e qual como uma fogueira que se apaga quando não há mais lenha. Mas, atenção: as reacções da estrela não são químicas, mas sim nucleares; são um milhão de vezes mais energéticas. Quando o período da sua estabilidade terminar, o Sol arrefecerá e aumentará de luminosidade, tornando-se uma «gigante vermelha». Adquirirá cor vermelha e aumentará de tamanho. O raio do sol dilatar-se-á até acabar por «engolir» a órbita da Terra e, possivelmente, até a órbita de Marte! Nessa altura, se a Terra ainda estiver na órbita actual e nós ainda existirmos sobre ela, estaremos literalmente fritos! Contudo, não tem o leitor motivos para alarme: isso só acontecerá daqui a cerca de cinco mil milhões de anos... A temperatura do Sol aumentará então progressivamente, diminuindo a sua luz. Tal se deve ao estabelecimento de uma nova reacção nuclear: a junção de três átomos de hélio para originar carbono. A simples presença do carbono auxiliará a consumir o que resta de hidrogénio. O Sol evoluirá lentamente para uma estrela de carbono (a mesma matéria da grafite e dos diamantes) e também de oxigénio (formado pela junção de carbono e hélio). Acabará como uma «anã branca», isto é, uma estrela pálida, cada vez mais pálida, menor que a Terra. Com o decorrer do tempo, a anã branca diminuirá a sua luz de uma forma gradual até se apagar de vez...

Para quem estiver a ver o Sol nessa altura, será decerto um bom espectáculo. Mas uma estrela grande tem um destino mais espectacular que o Sol. Pode alimentar dentro de si não só a reacção de formação do carbono, como várias outras reacções que originam núcleos atómicos sucessivamente mais pesados. No centro da estrela vão ficando camadas concêntricas com os núcleos mais pesados. A estrela — chamada «supergigante vermelha» (o nome não tem nada a ver com o Benfica!) — vai crescendo e, depois de uma vida bastante acidentada, acabará por explodir, projectando para o exterior o seu invólucro. É como uma cebola que rebenta deitando fora a casca (dá para chorar). O nome «supernova» designa, precisamente, uma supergigante vermelha que explodiu. Antes de Brahe e Kepler, cerca do ano 1000 da nossa era, um grupo de monges chineses teve a sorte de ver uma supernova na constelação do Touro (o seu nome é Nebulosa de Caranguejo, pois o astrónomo que a descobriu achou que a nuvem era semelhante a esse animal) e hoje, com a ajuda de bons telescópios, conseguimos identificar não só a estrela que ficou no seu interior, que é uma estrela de neutrões ou pulsar, como a nuvem de material à volta. Kepler, o assistente de Brahe, também teve a sorte de ver uma supernova. Mas elas são raramente vistas da nossa posição na Galáxia (e ainda bem: a explosão de uma supernova é um acontecimento tão brutal que não convém nada estar perto dela).

Mais recentemente, em 1987, foi possível ver a olho nu, do hemisfério sul da Terra, uma supernova, de algum modo semelhante às novas descobertas por Brahe, por Kepler e, antes deles, pelos chineses. A sorte calhou a um astrónomo que estava de serviço nocturno no Observatório Europeu do Sul e o telescópio viu a supernova antes dele: as fotografias tiradas antes e depois a uma mesma porção do céu distinguiam-se muito bem, por haver uma «estrela nova».

Monges chineses observam a supernova

Uma vez que há elementos pesados na Terra e que estes só podem ser fabricados, pelo menos de modo natural, nas estrelas, a conclusão só pode ser que existiu uma supernova anterior ao Sol. O Sol é, portanto, uma estrela de segunda geração, feita, assim como todo o seu sistema solar, de restos de uma estrela mais antiga. É de lá que vimos! Somos descendentes, ainda que remotos, de uma supernova que não foi nova para ninguém, uma estrela que ninguém viu explodir porque no Universo ainda não existiam seres humanos.

O interior de uma supernova pode, se a massa do caroço que ficar for suficientemente grande, ser uma estrela de neutrões, isto é, um gigantesco núcleo atómico, já que é formado essencialmente por neutrões. As estrelas de neutrões também são chamadas «pulsares» porque rodam com grande velocidade, emitindo luz. Parecem, por isso, faróis no espaço sideral, rodando a sua luz com um ritmo muito preciso. São objectos não do tamanho da Terra, mas do tamanho de uma cidade, com uma massa que é várias vezes a do Sol. Foram descobertos nos anos de 1970 por uma aluna de doutoramento inglesa, Jocelyne Burns-Smith, que teve a desdita de ver atribuído o Prémio Nobel ao seu supervisor, o inglês Anthony Hewish, e a um colega deste (não foram apenas as feministas que ficaram incomodadas com a flagrante injustiça). O interior remanescente de uma supernova pode também ser um «buraco negro», se a sua massa for muito maior do que a do Sol. O nome, sem dúvida curioso, deve-se ao físico norte-americano John Wheeler. Já havia o corpo negro e passou a haver um buraco negro, que, ao contrário do primeiro, não radia. Não se trata propriamente de um buraco, mas de um objecto cósmico muito denso que atrai tudo à sua volta. De um buraco negro nada sai, nem mesmo a própria luz. De acordo com a teoria da relatividade geral de Einstein, os buracos negros são sítios onde o espaço-tempo acaba, extremamente distorcido pela enorme concentração de massa. Mas esses locais de perdição existirão mesmo? Registamos hoje os buracos negros, embora só indirectamente, com base na observação de estrelas binárias (ou duplas) em que só uma das parceiras é visível. Os raios X recolhidos por satélites em órbita da Terra testemunham o sorvedouro veloz de matéria pela estrela invisível que vem a ser, afinal, o buraco negro. O astrofísico inglês, confinado por doença incurável a uma cadeira de rodas, Stephen Hawking, apostou um dia com um amigo (a aposta não era em dinheiro, mas sim uma assinatura da revista *Penthouse*...) que os buracos negros não existiam. Teve de pagar a aposta! Portanto, existem mesmo... O próprio Hawking colocou a expressão «buraco negro» no subtítulo de um dos livros de ciência mais vendidos de sempre: *Breve História do Tempo*.

Os pulsares são faróis cósmicos

Dentro da supernova avistada pelos monges chineses ficou uma estrela de neutrões. Demorou vários anos desde a supernova de 1987 até a poeira ter assentado e termos ficado a saber que lá dentro está uma estrela de neutrões (foi identificada em 2019), tal como na supernova da Nebulosa do Caranguejo.

Os humanos que construíram telescópios e satélites, habitantes de um planeta médio em torno de uma estrela média, são feitos da matéria das estrelas, de matéria que veio de uma ou de mais estrelas. Muitos dos átomos do seu corpo, incluindo o carbono, que tão precioso é para a vida, foram «cozinhados» no interior de uma ou de várias estrelas. É, por isso, um reencontro feliz aquele que se realiza quando um astrónomo observa uma estrela. Já alguém disse, numa bela metáfora, que um físico é o meio que o átomo encontrou para se compreender a si próprio. No mesmo sentido figurado, um astrónomo é o modo que uma estrela encontrou para se compreender a si própria, para conhecer o modo como nasceu, como vive e como um dia há-de morrer...

A descoberta de um buraco negro

O CERNE DA MATÉRIA

A anedota é bem conhecida, pelo menos entre os físicos. Um dia a senhora Elsa, segunda mulher de Einstein, foi convidada a visitar um grande observatório astronómico na Califórnia, no Mount Wilson, onde um telescópio enorme com muitos aparelhos à volta intimidava o visitante mais incauto. Elsa Einstein era prima do grande cientista e não sabia nada de física, ao contrário da primeira mulher, Mileva Marić, que fora sua colega de curso no Politécnico de Zurique (dela já se disse, embora injustificadamente, ser co-autora da teoria da relatividade restrita). Curiosa, a senhora Einstein, talvez porque tivesse sido contagiada pelo marido «apaixonadamente curioso», perguntou para que servia toda aquela parafernália, ao que o director do Observatório respondeu, muito orgulhoso: «Aqui descobrimos os segredos do Universo!» Réplica pronta da inteligente senhora: «Tem graça, o meu marido também faz isso, mas nas costas de um envelope...»

O astrónomo é o meio que uma estrela encontrou para se compreender

O visitante que entre numa das grandes instalações laboratoriais onde hoje se descobrem os segredos do Universo, não pode deixar de ter uma sensação de surpresa, uma sensação semelhante à da Senhora Einstein, ao deparar com os meios extraordinários que se revelam necessários para confirmar (ou infirmar) uma mão-cheia de equações da física. Passa a ver as mesmas aparentemente inofensivas equações com um olhar mais reverencial.

O CERN, situado ao lado do aeroporto internacional de Genebra, na Suíça, bastante perto da fronteira com a França, é um laboratório internacional de investigação onde se congregam os esforços de vários países (europeus e não só) e as capacidades de muitos cientistas e técnicos em ir ao «cerne» das coisas e procurar responder às questões mais fundamentais sobre a constituição da matéria.

Por baixo de um cenário idílico, coberto por erva verde e vacas a pastar, com um fundo formado pelas montanhas do Jura encapuçadas por neve, já circularam, a uma velocidade quase igual à da luz, electrões, para um lado, e positrões (antipartículas dos electrões ou antielectrões), para o outro, num grande anel do *Large Electron Positron Collider* (LEP) com cerca de 30 quilómetros de perímetro (fica como exercício para o leitor saber quantas voltas por segundo dava o electrão do CERN, se supusermos que a velocidade deste é a da luz). Nos anos de 1980, os electrões e as suas antipartículas podiam sair, em cada segundo, milhares de vezes da Suíça para entrar em França e vice-versa. Depois, já cansados por tantas voltas, eram forçados a colidir uns contra os outros, concentrando, numa pequena região do espaço, uma quantidade imensa de energia. Dessa energia pode sair todo o género de partículas e de luz, de acordo com a fórmula $E = mc^2$, de Einstein (da senhora Mileva Marić já se disse que era a *Frau* $\frac{1}{2} mc^2$): matéria, tanto normal como estranha, e radiação, tanto visível como invisível. Liberta-se energia suficiente para permitir a criação de todo o tipo de partículas conhecidas e, com alguma sorte, algumas desconhecidas. É essa sorte que os investigadores do CERN têm procurado e continuam a procurar activamente. Em 1998, começou a funcionar o *Large Hadron Collider* (LHC), no qual protões têm sido enviados uns contra os outros onde antes os electrões e os antielectrões tinham chocado. Disse um dos físicos de CERN laureados com um Prémio Nobel: «Estamos sempre à espera que aconteça algo de que não se esteja espera.» Um dos acontecimentos de que se estava à espera e que acabou por acontecer em 2012 foi a detecção da «partícula de Higgs», uma partícula que a teoria previa para explicar o mecanismo da força nuclear fraca (uma das quatro forças fundamentais, que faz um neutrão desintegrar-se num protão). De facto, só a sua não-aparição teria sido verdadeiramente surpreendente. De então para cá tem-se examinado o Higgs, impropriamente chamada «partícula de Deus», com muito mais precisão. Mas não houve mais surpresa de monta.

A Senhora Einstein visita o observatório

O CERN fez-se não só para confirmar a existência dos constituintes conhecidos da matéria, mas também para descobrir novos constituintes, sejam estes ou não previstos pela teoria. Em 1982, os físicos do CERN encontraram uma partícula prevista, sem carga, a que tinha sido dado o nome de Z^0, que é intermediária da força nuclear fraca. Sabe-se hoje que todas as forças ou interacções são semelhantes a «jogos de bola». As forças fundamentais (a força nuclear forte, a força nuclear fraca, a força electromagnética e a força gravitacional) são actualmente compreendidas a partir de trocas de partículas terminadas em «ões»... Assim como os fotões ou «grãos de luz» são as bolas no jogo da força electromagnética, os Z^0 e os seus parceiros carregados W^+ e W^- (também descobertos no CERN) são as bolas do jogo da força fraca. Há quem lhes chame «fracões» por terem a ver com a força fraca. Atendendo às grandes semelhanças entre a força electromagnética e a força nuclear fraca, elas foram reunidas no mesmo quadro teórico, o chamado «modelo-padrão». A própria força nuclear forte já foi acrescentada ao modelo, uma vez que os *quarks* trocam gluões entre si. Desde que o grande anel do LEP entrou em funcionamento, em 1989, até ter parado, em 2000, foi identificada uma multidão de «fracões», incluindo mais de uma centena de milhares de Z^0, quando antes apenas se conheciam umas escassas dezenas. O CERN produziu uma tão grande fartura de Z^0 que há quem lhe tenha chamado uma «fábrica de Z^0»!

Os quarks *trocam gluões entre si*

Não é por acaso que o CERN se estabeleceu na Suíça. Genebra, cidade elegante com os seus jardins à beira do lago, é, desde o tempo da antiga Sociedade das Nações, um ponto de encontro de pessoas de todo o mundo. Nas cantinas do CERN ouve-se, a certas horas, uma polifonia de línguas: apesar do domínio do inglês e do francês, é facílimo ouvir falar espanhol e italiano e, apurando o ouvido, consegue-se ouvir português. À superfície passa-se da França para a Suíça quase com a mesma facilidade dos electrões. As máquinas automáticas de bebidas engolem num sítio francos suíços e noutro sítio euros. O CERN é um centro privilegiado de «contrabando» de cientistas e de ideias científicas. Portugal é membro associado do CERN desde 1985, e o Laboratório de Instrumentação e Partículas (LIP) corporiza o esforço português no domínio da física experimental de altas energias. Muitos jovens investigadores e técnicos têm passado pelo CERN, participando em experiências internacionais e aprendendo a fazer ciência com colegas de todo o mundo.

O CERN é atravessado por avenidas com nomes de cientistas, num cenário que, de vez em quando, surpreende pela presença de peças de arte que, à primeira vista, parece abstracta, mas que, à segunda vista, revela serem máquinas que, tendo deixado de funcionar para a ciência, passaram a funcionar para a arte. Existem avenidas largas de nomes bem conhecidos, como a Avenida Einstein ou a Avenida Rutherford. E existem outras artérias, como a Avenida Adams, com nomes menos conhecidos, mas cujos homenageados foram dirigentes e impulsionadores do CERN.

Encontro de países no CERN

É preciso percorrer essas avenidas para ir de um lado a outro. Para descer ao túnel que se situa uma centena de metros abaixo da erva e das vacas, podem utilizar-se quatro poços, que dão acesso a um espaço de grandes experiências. As quatro experiências do LEP disputaram a primazia na identificação do tal Z^0. Os europeus do CERN estavam em competição com norte-americanos, que conseguiram detectar alguns Z^0 do outro lado do Atlântico, em Stanford, perto de São Francisco, Califórnia, e no Fermilab, perto de Chicago, Illinois. É consolador saber que a física é a mesma em todo o lado... Os físicos acreditam que, se um dia fizerem um acelerador em Marte, ele vai revelar precisamente os mesmos resultados que aqueles que se obtêm na Terra.

Classificando partículas novas

Com a experiência DELPHI, situada no fundo de um dos poços de acesso ao LEP, e na qual Portugal participou, pretendeu-se determinar com exactidão o tempo de vida do Z^0. O valor da massa dessa partícula tinha sido previsto com papel e lápis, quiçá nas costas de um envelope, pelos teóricos brilhantes que fizeram a unificação da força nuclear fraca com a força electromagnética: os norte-americanos Steven Weinberg e Sheldon Glashow e o britânico, de origem paquistanesa, Abdul Salam (todos eles laureados com o Nobel em 1979 por causa da sua certeira previsão). Mais tarde, esse valor foi confirmado experimentalmente por uma equipa chefiada pelo controverso físico italiano Carlo Rubbia, no ano de 1983, na experiência UA2, no acelerador SPS, não muito longe do poço do DELPHI (o acelerador SPS servia de entrada no LEP; no CERN há um labirinto de abreviaturas...). Certamente Weinberg, Glashow e Salam ficaram felizes, mas não surpreendidos, ao verem a experiência confirmar as suas previsões teóricas, tal como Einstein, em 1919, ficou feliz, mas não surpreendido, quando lhe trouxeram da ilha do Príncipe as notícias que confirmavam a sua teoria da relatividade geral. Os experimentalistas fazem a felicidade dos teóricos, quando tudo bate certo. Uma diferença entre os físicos teóricos e os experimentais de altas energias (assim se chama o tipo de física que se faz no CERN, dado estarem em causa as maiores energias que o ser humano jamais alcançou) reside no respectivo suporte de trabalho: costas de um envelope (bem, hoje os teóricos já precisam de poderosos computadores, assim como de papéis grandes para imprimir resultados) e aceleradores gigantes em túneis circulares, que suscitarão talvez o espanto dos arqueólogos do futuro, daqui por milhares e milhares de anos, quando encontrarem essa «maravilha do mundo moderno». Outra diferença é que, quando Weinberg e companhia ganharam o respectivo Prémio Nobel, terão porventura convidado uma dúzia de amigos, ao passo que Rubbia, por via do prémio, que foi aliás partilhado com o holandês Simon van der Meer (um engenheiro autor de uma maneira ardilosa de guardar antiprotões), teve, em

1983, de oferecer de comer a uma equipa de quase mil pessoas! Todos tinham ajudado e todos mereciam o almocinho...

Os experimentalistas fazem a felicidade dos teóricos

«O que está em baixo é igual ao que está em cima», dizia a antiga sabedoria alquímica. Hoje sabe-se que a alquimia das partículas se relaciona de perto com a alquimia dos céus. No túnel do CERN faz-se luz sobre a forma como a energia primordial um dia, no início do cosmos, deu lugar às partículas de matéria de que são feitas, no cerne, todas as coisas. E sobre o modo como essas partículas se organizaram para formar outras partículas, mais complexas. Poder-se-á talvez fazer luz sobre o modo como a força única presente no momento original do *Big Bang* se foi desdobrando nas quatro forças fundamentais actualmente conhecidas. A certa altura da história do Universo estavam, de facto, disponíveis as energias prodigiosas que se conseguem hoje no CERN. Mas, como não podemos recuar no tempo, os aceleradores de partículas são os laboratórios que nos permitem saber hoje, na Terra, como eram, no início dos tempos, os céus. Conhecer a história remota do cosmos é algo ao nosso alcance na Terra e, se mais razões não houvesse, essa razão bastaria para justificar os investimentos que se fazem hoje, à escala internacional, na física de altas energias. Mas, se se quiser justificar de forma mais prosaica os investimentos, atente-se num dos resultados inesperados que partiu do CERN e abrangeu todo o mundo: a *World Wide Web*, que é a forma popular de se ter acesso à Internet, foi desenvolvida em 1989 no CERN. A ideia não era fazer negócios ou namorar à distância, mas pura e simplesmente partilhar os dados do LEP com cientistas de vários laboratórios.

Um superacelerador futurista

Claro que fazer um grande acelerador é muito caro. O sonho final dos engenheiros de aceleradores seria um acelerador que desse a volta à Terra, tal como os anéis dão volta a Saturno... Mas isso é obviamente impossível, por ser demasiado caro. O acelerador do CERN ainda terá alguns anos de vida, mas já se fala de um novo acelerador circular maior (há planos para novos instrumentos desse tipo não só na Europa como na China). E existirão, um dia, provavelmente, grandes aceleradores lineares, no CERN e no Japão, que evitarão as perdas energéticas devidas ao encurvamento da trajectória, em torno dos quais se deverão desenvolver grandes projectos internacionais.

Ninguém sabe ao certo quais serão os mais poderosos instrumentos da física do século XXI e quais serão as teorias que esses instrumentos virão propiciar. O século XXI ainda é relativamente jovem e nós temos responsabilidades no seu crescimento. O que se pode desde já prever — e eu vou apostar, contrariando um conselho da minha avó — é que, graças aos avanços da ciência e da tecnologia, o século XXI vai ser tão diferente do anterior pelo menos quanto o anterior foi daquele que o antecedeu!

BIBLIOGRAFIA

Física Divertida

Introdução

Os livros referidos expressamente na «Introdução» e que serviram de base e motivação para a *Física Divertida* foram:

R. DE CARVALHO, *Física para o Povo,* 2 vols., Coimbra: Atlântida Editora, 1968, reeditado num só volume — Lisboa: Relógio d'Água, 2013.
L. EPSTEIN, *Thinking Physics,* São Francisco: Insight Press, 1975.
R. FEYNMAN, R. LEIGHTON e M. SANDS, *The Feynman Lectures on Physics,* 3 vols., Reading Mass.: Addison-Wesley, 1963-1965.
G. HOLTON, *Introduction to Concepts and Theories in Physical Science,* 2.ª ed. (revista e acrescentada por S. Brush), Princeton: Princeton University Press, 1985.
Y. PERELMAN, *Physics for Entertainment,* 2 vols., Moscovo: Mir, 1975.
E. ROGERS, *Physics for the Inquiring Mind. The Methods, Nature, and Philosophy of Natural Science,* Princeton: Princeton University Press, 1960.
J. WALKERS, *O Grande Circo da Física*, Lisboa: Gradiva, 1990.

Além desses, foram úteis os seguintes:

C. BERNARDINI, *O Que É Uma Lei Física?,* Lisboa: Editorial Notícias, 1988.
A. EINSTEIN e L. INFELD, *A Evolução da Física. De Newton até à Teoria dos Quanta,* Lisboa: Livros do Brasil, s.d.
R. FEYNMAN, *O Que É Uma Lei Física,* Lisboa: Gradiva, 1989; reed., 2023.
J. M. GAGO, *Homens e Ofícios,* ed. do autor, 1978.

G. HOLTON, J. F. RUTHERFORD e F. WATSON, *Projecto de Física,* vários volumes, Lisboa: Fundação Calouste Gulbenkian, 1978 e anos seguintes.

L. LANDAU e A. KITAIGORODSKI, *Manual de Física Elementar,* 4 vols, Lisboa: Editorial Estampa, 1975.

J. LÉVY-LÉBLOND, *A Mecânica em Perguntas,* Lisboa: Gradiva, 1991.

J. LÉVY-LÉBLOND, *A Electricidade e o Magnetismo em Perguntas,* Lisboa: Gradiva, 1991.

K. SIMONYI, *Kulturgeschichte der Physik,* Frankfurt am Main: Harri Deutsch, 1990 (tradução alemã do original húngaro de 1986).

R. L. WEBER (ed.), *A Random Walk in Science,* Bristol: The Institute of Physics, 1973.

R. L. WEBER (ed.), *More Random Walks in Science,* Bristol: The Institute of Physics, 1982.

Referem-se de seguida alguns livros e artigos que podem servir de referência e complemento para os assuntos dos vários capítulos.
A lista bibliográfica está muito longe de ser exaustiva, servindo apenas para ajudar alguns leitores que pretendam saber mais.
Em especial, recomendam-se os excelentes artigos de revisão da revista norte-americana *Scientific American.*

1 *Questões que metem muita água e também algum chumbo*

E. DIJKSTERHUIS, *Archimedes,* Princeton: Princeton University Press, 1987.

M. GARDNER, *Ah, Descobri!,* Lisboa: Gradiva, 1990.

O. HALLIDAY e R. RESNICK, *Fundamentals of Physics,* 2.ª ed. rev. e aumentada, Nova Iorque: John Wiley, 1986.

P. HEWITT, *Conceptual Physics, a New Introduction to Our Environment,* 5.ª ed., Boston: Little Brown, 1985.

J. PETIT. *As Aventuras de Anselmo o Curioso — A Aventura de Voar,* Lisboa: Publ. Dom Quixote, 1982.

E. QUEIROZ, *Uma Campanha Alegre,* Lisboa: Livros do Brasil, s.d.

D. WALLENCHINSKY, I. WALLACE e A. WALLACE, *The Book of Lists,* Londres: Corgi, 1978.

2 *Da queda dos graves à queda da Lua*

F. BALIBAR, *Einstein: Uma Leitura de Galileu e Newton*, Lisboa: Edições 70, 1988.

A. BROTAS, *O Essencial sobre a Teoria da Relatividade,* Lisboa: Imprensa Nacional-Casa da Moeda, Lisboa, 1988.

R. CARVALHO, *A Física Experimental em Portugal no Século XVIII*, Lisboa: Instituto de Cultura e Língua Portuguesa, 1982.

I. COHEN, «Newton's discovery of gravity», *Scientific American* 244 (1981) n.º 3, 166.

I. COHEN, *O Nascimento de Uma Nova Física*, Lisboa: Gradiva, 1988.

DIAGRAM GROUP, *The Book of Comparisons*, London: Sidgwick & Jackson with Penguin, 1980.

DIÁRIO DE NOTÍCIAS, «Torre de Pisa encerrou ao público devido à sua extrema degradação», *Diário de Notícias,* 8/1/1990, p. 17.

S. DRAKE, «Newton's apple and Galileo's Dialogue», *Scientific American* 243 (1980) n.º 2, 150.

U. ECO, O *Pêndulo de Foucault,* Lisboa: Difel, 1989. Reed. Lisboa: Gradiva, 2017.

C. FIOLHAIS e J. FONSECA, «A Aventura do pêndulo de Foucault», Futuro, ano III (1989), n.º 30, 16.

J. FAUVEL, R. FLOOD, M. SHORTLAND e R. WILSON (eds.), *Let Newton be! A new perspective of his life and works*, Oxford: Oxford University Press, 1988.

A. FRENCH, *Newtonian Mechanics,* Nova Iorque: Norton, 1971.

G. GALILEI, *Diálogo dos Grandes Sistemas (primeira jornada),* Lisboa: Gradiva, 1980.

O. GINGERICH, «The Galileo Affair», *Scientific American* 247 (1982) n.º 2, 118.

H. GOLDSTEIN, *Classical Mechanics,* 2.ª ed., Reading Mass.: Addison Wesley, 1980.

S. LERNER e E. GOVELIN, «Galileo and the spectrum of Bruno», *Scientific American* 255 (1986) n.º 5, 126.

M. MCCLOSKEY, «Intuitive physics», *Scientific American,* 248 (1983), n.º 4, 122.

H. NEWSOM e S. TAYLOR, «Geochemical implications of the formation of the moon by a single giant impact», *Nature* 338 (1989) 29.

J. PEARSON, «The lonely life of a double planet», *New Scientist,* 25 de Agosto de 1988, p. 38.

J. PIAGET e R. GARCIA, *Psicogénese e História das Ciências,* Lisboa: Publ. Dom Quixote, 1987.

3 *Da ordem ao caos no sistema solar*

J. BARROW e F. TIPPLER, *The Anthropic Cosmological Principle*, Oxford: Oxford University Press, 1986.

R. BINZEL, «Pluto», *Scientific American* 262 (1990) n.º 6, 50.

J. DAVIES, *O Impacto Cósmico,* Lisboa: Edições 70, 1989.

A. G. CARVALHO, «Extinções em massa», *Colóquio - Ciências,* n.º 5 (1989) 32.

G. GALE, «The anthropic principle», *Scientific American* 245 (1981) n.º 6, 114.

J. GLEICK, *Caos,* Lisboa: Gradiva, 1989.

J. GLEICK, «O sistema solar vive em caos e completa desordem», exclusivo *DN-New York Times*, *Diário de Notícias*, 31 de Janeiro de 1987, p. 28.

R. GRIEVE, «Impact cratering on the Earth». *Scientific American* 262 (1990) n.º 4, 66.

A. INGERSOLL, «Jupiter and Saturn», *Scientific American* 245 (1981) n.º 6, 66.

C. JEKELI, D. ECKHARDT e A. ROAMIDES, «Tower gravity experiment: no evidence for non-newtonian gravity», *Physical Review Letters* 64 (1990) 1204.

P. LANGLEY, H. SIMON, G. BRADSHAW e J. ZYTKOW, *Scientific Discovery. Computational Explorations of the Creative Process,* Cambridge Mass.: MIT Press, 1987.

J. LASKAR, «Orbites planétaires: La fin des cértitudes», *Science et Vie,* Hors série, «L'Univers aujoud'hui», Março de 1990, 32.

M. LEMONICK, «Ai, foi por pouco! Uma enorme massa de rocha passou a zumbir pela Terra» exclusivo *Time-Tal e Qual, Tal e Qual,* 5 de Maio de 1989, p. 17.

C. MURRAY, «Is the solar system stable», *New Scientist*, 25 de Novembro de 1989, p. 60.

B. PARKER, *Concepts of the Cosmos — An Introduction to Astronomy,* Nova Iorque: Harcourt B. Jovanovich, 1984.

G. PETTENGILL, D. CAMPBELL e H. MASURSKY, «The surface of Venus», *Scientific American* 243 (1980), n.º 2, 46.

J. POLLACK e J. CUZZI, «Rings in the solar system», *Scientific American* 245 (1981) n.º 5, 104.

D. RAUP, *O Caso Némesis. História da Morte dos Dinossauros e dos Caminhos da Ciência,* Mem Martins: Publ. Europa América, 1989.

D. RUSSELL, «The mass extinctions of the late Mesozoic», *Scientific American* 246 (1982) nº. 1, 58.

C. SAGAN e A. DRUYAN, *O Cometa,* Lisboa: Gradiva, 1985.

A. SAINT-EXUPÉRY, *O Pequeno Príncipe,* Lisboa: Ed. Aster, s.d.

N. SLEEP *et al.,* «Annihilation of ecosystems by large asteroid impacts on the early Earth», *Nature,* 342 (1989) 129.

L. SODERBLOM e T. JOHNSON, «The moons of Saturn», *Scientific American* 246 (1982) n.º 1, 100.

I. STEWART, *Deus joga aos dados?* Lisboa: Gradiva, 1991.

J. STRNAD, «The planet of the little prince», *Physics Education* 23 (1988) 224.

J. WISDOW, «Chaotic dynamics in the solar system», *Icarus* 72 (1987) 241.

4 *Da luz visível à luz invisível*

A. CHAPPERT, «Onde et lumière», *Science et Vie,* separata 166, 200 ans de science, Março de 1989, 54.

R. FEYNMAN, *QED. A Estranha Teoria da Luz e da Matéria,* Lisboa: Gradiva, 1988; ed. revista e aumentada, 2015.

A, FRENCH, *Vibrations and Waves,* Nova Iorque: Norton, 1971.

M. GODMAN, *The Demon in the Aether: The Story of James Clerk Maxwell,* Edimburgo: P. Harris e A. Hilger, 1983.

G. G. MÁRQUEZ, *Cem Anos de Solidão,* Mem Martins: Publ. Europa-América, s.d.

J. MULLIGAN, «Heinrich Hertz and the development of physics», *Physics Today* 42 (1989) n.º 3, 50.

K. NASSAU, «The causes of color», *Scientific American* 243 (1980) n.º 4, 106.

R. LA TAILLE, «Huygens: 300 ans de lumière ondulatoire», *Science et Vie,* n.º 871, Abril de 1990, 26.

D. E. THOMAS, «Mirror images», *Scientific American* 243 (1980) n.º 6, 158.

S. WEINBERG, *Os Três Primeiros Minutos,* Lisboa: Gradiva, 1987; ed. rev. e aumentada 2023.

5 *Da pedra que ama à electricidade industrial*

L. ALBUQUERQUE, *As Navegações e a sua Projecção na Ciência e na Cultura,* Lisboa: Gradiva, 1987.

J. BLOXHAM e D. GUBBINS, «The evolution of the earth's magnetic field», *Scientific American* 261 (1989), n.º 6, 68.

R. CARRIGAN e W. TROWER, «Superheavy magnetic monopoles», *Scientific American* 246 (1982) n.º 4, 106.

O. I. FRANKSEN, *H. C. Oersted, a Man of Two Cultures*, Birkerod: Bang & Olufsen, 1981.

R. FRIEDEL e P. ISRAEL, *Edison's Electric Light: a Biography of an Invention*, New Brunswick: Rutgers University Press, 1986.

W. GILBERT, *De Magnet*, Nova Iorque: Dover.

K. HOFFMAN, «Ancient magnetic reversals: clues to the geodynamo», *Scientific American* 258 (1988), n.º 5, 78.

S. RUNCORN, «The moon's ancient magnetism», *Scientific American* 257 (1987) n.º 6, 60.

J. WEINER, *O Planeta Terra*, Lisboa: Gradiva, 1987.

L. P. WILLIAMS, «André-Marie Ampère», *Scientific American* 260 (1989) n.º 1, 90.

L. P. WILLIAMS, *Michael Faraday, a Biography*, Londres: Chapman & Hall, 1965.

6 *Do calórico às máquinas de São Nunca*

R. ARNHEIM, *Entropy and Art, an Essay on Disorder and Order*, Berkeley: University of California Press, 1971.

P. W. ATKINS, *The Second Law*, São Francisco: Freeman, 1984.

C. BENNETT, «Demos, Engines and the Second Law», *Scientific American* 257 (1987) n.º 5, 108.

J. BERGIER, *As Fronteiras do Possível*, Lisboa: Edit. Verbo, s.d.

J. L. BORGES, *Ficções*, Lisboa: Livros do Brasil, s.d.

H. CALLEN, *Thermodynamics and an Introduction to Thermostatistics*, 2.ª ed., Nova Iorque: J. Wiley, 1985.

M. DE CARVALHO, *A Inaudita Guerra da Avenida Gago Coutinho*, Lisboa: Rolim, 1983.

U. ECO, *Obra Aberta*, Lisboa: Difel, 1989.

M. EIGEN e R. WINKLER, *O Jogo*, Lisboa: Gradiva, 1989.

J. B. FENN, *Engines, Energy and Entropy*, São Francisco: Freeman, 1982.

I. KRITCHEWSKI e I. PETRIANOV, O *Que É a Termodinâmica,* Moscovo: Mir, 1984.
R. LOCQUENEUX, «Carnot ou les métamorphoses du feu», *Science et Vie,* separata 166, Março de 1989, 60.
I. PRIGOGINE e I. STENGERS, *A Nova Aliança,* Lisboa: Gradiva, 1989.
C. J. WEINBERG e R. WILLIAMS, «Energy from the Sun», *Scientific American* 263 (1990), n.º 3, 146.
S. WILSON, «Sadi Carnot», *Scientific American* 245 (1981) n.º 2, 134.

NOVA FÍSICA DIVERTIDA

Só se indicam livros das colecções «Ciência Aberta» (CA) e «Aprender/Fazer Ciência» (AFC) da Gradiva. Mas esses apontam para outros.

Introdução

C. FIOLHAIS, *Física Divertida,* colecção Aprender/Fazer Ciência (AFC) n.º 3, 1990.
C. FIOLHAIS, *Universo, Computadores e Tudo o Resto,* colecção Ciência Aberta (CA) n.º 64, 1994.
C. FIOLHAIS, *A Coisa Mais Preciosa que Temos,* CA n.º 120, 2002.
C. FIOLHAIS, *Curiosidade Apaixonada,* CA n.º 145, 2005.

1 *A paradoxal física quântica*

C. ALLÈGRE, *Um Pouco de Ciência para Todos,* CA n.º 143, 2005.
D. BOHM e F. DAVID PEAT, *Ciência, Ordem e Criatividade,* CA n.º 34, 1989.
L. M. BROWN e J. S. RIGDEN, *O Melhor de Feynman,* CA n.º 69, 1994.
F. CRICK, *Vida — O Mistério da Sua Origem e Natureza,* CA n.º 23, 1988.
P. DAVIES e J. R. BROWN, *O Átomo Assombrado — Uma Discussão dos Mistérios da Física Quântica,* CA n.º 45, 1991.
A. K. DEWDNEY, *A Máquina Mágica — Um Manual de Magia Computacional,* CA n.º 68, 1994.

M. EIGEN e R. WINKLER, *O Jogo — As Leis Naturais Que Regulam o Acaso*, CA n.º 28, 1989.

R. P. FEYNMAN, *«Está a Brincar, Sr. Feynman!» — Retrato de Um Físico Enquanto Homem*, CA n.º 21, 1988; ed. revista, 2022, com o subtítulo «Aventuras de um personagem curioso.»

R. P. FEYNMAN, *QED — A Estranha Teoria da Luz e da Matéria*, CA n.º 25, 1988; ed. revista e aumentada, 2015.

R. P. FEYNMAN, *O Que É Uma Lei Física*, CA n.º 35, 1989; reed., 2023.

R. P. FEYNMAN, *«Nem Sempre a Brincar, Sr. Feynman!» — Novos Elementos para o Retrato de Um Físico Enquanto Homem*, CA n.º 37, 1989.

R. P. FEYNMAN, *O Significado de Tudo — Reflexões de Um Cidadão-Cientista*, CA n.º 110, 2001.

M. GELL-MANN, *O Quark e o Jaguar*, CA n.º 86, 1997.

J. GLEICK, *Caos — A Construção de Uma Nova Ciência*, CA n.º 38, 1989.

J. GLEICK, *Feynman — A Natureza do Génio*, CA n.º 61, 1993.

M. GUILLEN, *Cinco Equações Que Mudaram o Mundo*, CA n.º 96, 1998.

J. H. HOLLAND, *A Ordem Oculta*, CA n.º 89, 1997.

T. LACHAND-ROBERT, *A Informática do Quotidiano*, AFC n.º 8, 1993.

P. LASZLO, *A Palavra das Coisas ou a Linguagem da Química*, CA n.º 74, 1995.

H. MORAVEC, *Homens e Robôs — O Futuro da Inteligência Humana e Robótica*, CA n.º 57, 1992.

H. R. PAGELS, *Simetria Perfeita*, CA n.º 39, 1990.

H. R. PAGELS, *Os Sonhos da Razão — O Computador e a Emergência das Ciências da Complexidade*, CA n.º 41, 1990.

A. PAIS, *Os Génios da Ciência*, CA n.º 118, 2002.

R. PENROSE, *A Mente Virtual — Sobre Computadores, Mentes e as Leis da Física*, CA n.º 93, 1997.

R. PENROSE, *O Grande, o Pequeno e a Mente Humana*, CA n.º 124, 2003.

A. PENZIAS, *Ideias e Informação*, CA n.º 55, 1992.

I. PRIGOGINE e I. STENGERS, *A Nova Aliança*, CA n.º 14, 1987.

I. PRIGOGINE, *O Fim das Certezas*, CA n.º 84, 1996.

H. RHEINGOLD, *A Comunidade Virtual*, CA n.º 79, 1996.

I. STEWART, *Deus Joga aos Dados?*, CA n.º 53, 1991.

M. TELO DA GAMA (coord.), *O Código Secreto — À Descoberta dos Padrões da Natureza,* CA n.º 137, 2005.

J. VARELA, *O Século dos Quanta,* CA n.º 83, 1996.

J. D. WATSON, *A Dupla Hélice,* CA n.º 19, 1987.

2 *A fantástica relatividade*

A. EINSTEIN, *O Significado da Relatividade,* CA n.º 128, 2003.

D. BODANIS, *$E = mc^2$ — A Biografia da Equação Mais Famosa do Mundo,* CA n.º 114, 2001.

J. DIAS DE DEUS, *Viagens no Espaço-Tempo,* CA n.º 101, 1998.

J. DIAS DE DEUS e T. PEÑA, *Einstein... Albert Einstein — Homem, Cidadão, Cientista,* CA n.º 142, 2005.

P. GALISON, *Os Relógios de Einstein e os Mapas de Poincaré — Impérios do Tempo,* CA n.º 138, 2005.

G. GAMOW, *As Aventuras do Sr. Tompkins,* AFC n.º 2, 1990.

G. HOLTON, *A Cultura Científica e os seus Inimigos — O Legado de Einstein,* CA n.º 100, 1998.

M. KAKU, *O Cosmos de Einstein — Como a Visão de Albert Einstein Transformou a Nossa Concepção do Espaço e do Tempo,* CA n.º 139, 2005.

J. MAGUEIJO, *Mais Rápido Que a Luz — A Biografia de Uma Especulação Científica,* CA n.º 127, 2003.

A. PAIS, *Subtil É o Senhor — Vida e Pensamento de Albert Einstein,* CA n.º 59, 1993; reed., 2024.

A. PAIS, *Einstein Viveu Aqui,* CA n.º 76, 1996.

R. RUCKER, *A Quarta Dimensão,* CA n.º 52, 1991.

J. STACHEL (ed.), *O Annus Mirabilis de Einstein — Cinco Artigos que Revolucionaram a Física,* CA n.º 140, 2005.

C. M. WILL, *Einstein Tinha Razão? — Testando a Teoria da Relatividade Geral,* CA n.º 29, 1989.

3 *Dos núcleos às estrelas*

J. D. BARROW, *O Mundo Dentro do Mundo*, CA n.º 99, 1998.
J. D. BARROW e J. SILK, *A Mão Esquerda da Criação*, CA n.º 31, 1989.
O. BERTOLAMI, *O Livro das Escolhas Cósmicas*, CA n.º 146, 2006.
P. DAVIES, *Superforça — Em Busca de Uma Teoria Unificada da Natureza*, CA n.º 24, 1988.
P. DAVIES, *Como Construir Uma Máquina do Tempo*, CA n.º 123, 2003.
F. DYSON, *Infinito em Todas as Direcções*, CA n.º 44, 1990.
B. GREENE, *O Universo Elegante*, CA n.º 108, 2000.
B. GREENE, *O Tecido dos Cosmos — Espaço, Tempo e Textura da Realidade*, CA n.º 150, 2006.
S. HAWKING, *Breve História do Tempo — Do Big Bang aos Buracos Negros*, CA n.º 27, 1988.
S. HAWKING, *O Fim da Física*, CA n.º 63, 1994.
R. JASTROW, *Viagem às Estrelas*, CA n.º 42, 1990.
T. LAGO (coord.), *Descobrir o Universo*, CA n.º 152, 2006.
H. R. PAGELS, *O Código Cósmico — A Física Quântica Como Linguagem da Natureza*, CA n.º 10, 1986.
I. PRIGOGINE e I. STENGERS, *Entre o Tempo e a Eternidade*, CA n.º 40, 1990.
M. REES, *O Nosso Habitat Cósmico*, CA n.º 117, 2002.
H. REEVES, *Um Pouco Mais de Azul — A Evolução Cósmica*, CA n.º 2, 1983. Reed., 2023.
H. REEVES, *A Hora do Deslumbramento — Terá o Universo um Sentido?*, CA n.º 13, 1986.
H. REEVES, *Malicorne*, CA n.º 43, 1990.
H. REEVES, *Últimas Notícias do Cosmos — De Regresso ao Primeiro Segundo*, CA n.º 70, 1995.
H. REEVES, *Poeiras de Estrelas*, CA n.º 73, 1995.
H. REEVES, O *Primeiro Segundo — Últimas Notícias do Cosmos*, CA n.º 78, 1996.
H. REEVES *et al.*, *A Mais Bela História do Mundo — Os Segredos das Nossas Origens*, CA n.º 82, 1996.
C. SAGAN, *Cosmos*, CA n.º 5, 1984.

C. SAGAN, *Biliões e Biliões*, CA n.º 95, 1998.

C. SAGAN, *As Ligações Cósmicas — Uma Perspectiva Extraterrestre*, CA n.º 115, 2001.

C. SAGAN e A. DRUYAN, *Sombras de Antepassados Esquecidos — Em Busca do Que Somos,* CA n.º 77, 1996.

C. SAGAN e R. TURCO, *O Caminho Que Nenhum Homem Trilhou — O Inverno Nuclear e o Fim da Corrida ao Armamento*, CA n.º 48, 1991.

A. SALAM, P. DIRAC e W. HEISENBERG, *Em Busca da Unificação*, CA n.º 50, 1991.

R. SHAPIRO, *Origens — A Criação da Vida na Terra — Um Guia para o Céptico*, CA n.º 18, 1987.

S. WEINBERG, *Os Três Primeiros Minutos do Universo — Uma Análise Moderna da Origem do Universo,* CA n.º 20, 1987; ed. rev. e aumentada, 2023.

S. WEINBERG, *Sonhos de Uma Teoria Final,* CA n.º 81, 1996.

F. L. ZHI e L. S. XIAN, *A Criação do Universo*, CA n.º 67, 1994.

ca
ciência aberta

69. O MELHOR DE FEYNMAN
Organização de Laurie M. Brown e John S. Rigden

70. ÚLTIMAS NOTÍCIAS DO COSMOS
Hubert Reeves

71. A VIDA É BELA
Stephen Jay Gould

72. OS PROBLEMAS DA MATEMÁTICA
Ian Stewart

73. POEIRAS DE ESTRELAS
Hubert Reeves

74. A PALAVRA DAS COISAS
Pierre Laszlo

75. A EXPERIÊNCIA MATEMÁTICA
Philip J. Davis/Reuben Hersh

76. EINSTEIN VIVEU AQUI
Abraham Pais

77. SOMBRAS DE ANTEPASSADOS ESQUECIDOS
Carl Sagan/Ann Druyan

78. O PRIMEIRO SEGUNDO
Hubert Reeves

79. A COMUNIDADE VIRTUAL
Howard Rheingold

80. UM MODO DE SER
João Lobo Antunes

81. SONHOS DE UMA TEORIA FINAL
Steven Weinberg

82. A MAIS BELA HISTÓRIA DO MUNDO
Hubert Reeves/Joël de Rosnay/ /Yves Coppens/Dominique Simonnet

83. O SÉCULO DOS QUANTA
João Varela

84. O FIM DAS CERTEZAS
Ilya Prigogine

85. A PRIMEIRA IDADE DA CIÊNCIA
António Manuel Baptista

86. O QUARK E O JAGUAR
Murray Gell-Mann

87. A DIVERSIDADE DA VIDA
Edward O. Wilson

88. A LIÇÃO ESQUECIDA DE FEYNMAN
David L. Goodstein/Judith R. Goodstein

89. ORDEM OCULTA
John H. Holland

90. UM MUNDO INFESTADO DE DEMÓNIOS
Carl Sagan

91. O RATINHO, A MOSCA E O HOMEM
François Jacob

92. O ÚLTIMO TEOREMA DE FERMAT
Amir D. Aczel

93. A MENTE VIRTUAL
Roger Penrose

94. SOBRE O FERRO NOS ESPINAFRES
Jean-François Bouvet (org.)

95. BILIÕES E BILIÕES
Carl Sagan

96. CINCO EQUAÇÕES QUE MUDARAM O MUNDO
Michael Guillen

97. A CIÊNCIA NO GRANDE TEATRO DO MUNDO
António Manuel Baptista

98. CONCEITOS FUNDAMENTAIS DA MATEMÁTICA
Bento de Jesus Caraça

99. O MUNDO DENTRO DO MUNDO
John D. Barrow

100. A CULTURA CIENTÍFICA E OS SEUS INIMIGOS O LEGADO DE EINSTEIN
Gerald Holton

101. VIAGENS NO ESPAÇO--TEMPO
Jorge Dias de Deus

102. IMPOSTURAS INTELECTUAIS
Alan Sokal/Jean Bricmont

103. O ESTRANHO CASO DO GATO DA SR.ª HUDSON
Colin Bruce

104. AVES, MARAVILHOSAS AVES
Hubert Reeves

105. O HOMEM QUE SÓ GOSTAVA DE NÚMEROS
Paul Hoffman

106. DECOMPONDO O ARCO-ÍRIS
Richard Dawkins

107. FULL HOUSE
Stephen Jay Gould

108. O UNIVERSO ELEGANTE
Brian Greene

109. GÖDEL, ESCHER, BACH
Douglas R. Hofstadter

110. O SIGNIFICADO DE TUDO
Richard P. Feynman

111. GENOMA
Matt Ridley

112. ZERO
Charles Seife

113. O MISTÉRIO DO BILHETE DE IDENTIDADE E OUTRAS HISTÓRIAS
Jorge Buescu

114. $E = mc^2$
David Bodanis

115. AS LIGAÇÕES CÓSMICAS
Carl Sagan

116. O DISCURSO PÓS-MODERNO CONTRA A CIÊNCIA
António Manuel Baptista

117. O NOSSO HABITAT CÓSMICO
Martin Rees

118. OS GÉNIOS DA CIÊNCIA
Abraham Pais

119. NOVE IDEIAS MALUCAS EM CIÊNCIA
Robert Ehrlich

120. A COISA MAIS PRECIOSA QUE TEMOS
Carlos Fiolhais

121. FEITICEIROS E CIENTISTAS
Georges Charpak/Henri Broch

122. A ESPÉCIE DAS ORIGENS
António Amorim

123. COMO CONSTRUIR UMA MÁQUINA DO TEMPO
Paul Davies

124. O GRANDE, O PEQUENO E A MENTE HUMANA
Roger Penrose

125. COMO RESOLVER PROBLEMAS
G. Polya

126. DA FALSIFICAÇÃO DE EUROS AOS PEQUENOS MUNDOS
Jorge Buescu

127. MAIS RÁPIDO QUE A LUZ
João Magueijo

128. O SIGNIFICADO DA RELATIVIDADE
Albert Einstein

129. FRONTEIRAS DA CIÊNCIA
Rui Fausto, Carlos Fiolhais, João Queiró (coords.)

130. DA CRÍTICA DA CIÊNCIA À NEGAÇÃO DA CIÊNCIA
Jorge Dias de Deus

131. CONVERSAS COM UM MATEMÁTICO
Gregory J. Chaitin

132. Y: A DESCENDÊNCIA DO HOMEM
Steve Jones

133. CRÍTICA DA RAZÃO AUSENTE
António Manuel Baptista

134. TEIAS MATEMÁTICAS
Maria Paula S. Oliveira (coord.)

135. A RAINHA DE COPAS
Matt Ridley

137. O CÓDIGO SECRETO
Margarida Telo da Gama (coord.)

138. OS RELÓGIOS DE EINSTEIN E OS MAPAS DE POINCARÉ
Peter Galison

139. O COSMOS DE EINSTEIN
Michio Kaku

140. O ANNUS MIRABILLIS DE EINSTEIN
John Stachel

141. DESPERTAR PARA A CIÊNCIA
T. Lago, A. Coutinho, J. Calado, C. Fiolhais, F. Barriga, J. Buescu, A. Quintanilha, C. Fonseca, C. Salema, J. L. Antunes e J. Caraça

142. EINSTEIN... ALBERT EINSTEIN
Jorge Dias de Deus e Teresa Peña

143. UM POUCO DE CIÊNCIA PARA TODOS
Claude Allègre

144. O GÉNIO DA GARRAFA
Joe Schwarcz

145. CURIOSIDADE APAIXONADA
Carlos Fiolhais

146. O LIVRO DAS ESCOLHAS CÓSMICAS
Orfeu Bertolami

147. FLATTERLAND – O PAÍS AINDA MAIS PLANO
Ian Stewart

148. A IDADE NÃO PERDOA?
Luis Bigotte de Almeida

149. TEMPO E CIÊNCIA
Rui Fausto e Rita Marnoto (coords.)

150. O TECIDO DO COSMOS
Brian Greene

151. O PRAZER DA DESCOBERTA
Richard P. Feynman

152. DESCOBRIR O UNIVERSO
Teresa Lago (coord.)

153. PORQUE É QUE O GANSO NÃO É OBESO
Eric P. Widmaier

154. O ACASO
Joaquim Marques de Sá

155. A AGONIA DA TERRA
Hubert Reeves e Frédéric Lenoir

156. AS ORIGENS DA VIDA
John Maynard Smith e Eörs Szathmáry

157. A VINGANÇA DE GAIA
James Lovelock

158. O RELOJOEIRO CEGO
Richard Dawkins

159. O COLAR DO NEANDERTAL
Juan Luis Arsuaga

160. O FIM DO MUNDO ESTÁ PRÓXIMO?
Jorge Buescu

161. O DEDO DE GALILEU
Peter Atkins

162. LAVOISIER NO ANO UM
Madison Smartt Bell

163. GRANDES QUESTÕES CIENTÍFICAS
Harriet Swain (org.)

164. A CRIAÇÃO
Edward O. Wilson

165. QUE FUTURO?
Filipe Duarte Santos

166. PASSEIO ALEATÓRIO
Nuno Crato

167. DESPERTAR PARA A CIÊNCIA
A. Castro Caldas, R. Agostinho, M. Barbosa, J. Ferrão, N. Crato, A. Hespanha, A. Damásio, I. Ribeiro, P. Almeida, A. Barroso, F. D. Santos, M. S. Simões, D. Pestana, R. V. Mendes, M. N. da Ponte, M. C. Pereira, A. M. Eiró

168. CRÓNICAS DOS ÁTOMOS E DAS GALÁXIAS
Hubert Reeves

169. UM UNIVERSO DIFERENTE
Robert B. Laughlin

170. A CONJECTURA DE POINCARÉ
George G. Szpiro

171. A QUÍMICA INORGÂNICA DO CÉREBRO
J. J. R. Fraústo da Silva e José Armando L. da Silva

172. O UNIVERSO ELÉCTRICO
David Bodanis

173. OS PROBLEMAS DO MILÉNIO
Keith Devlin

174. MATEMÁTICA
Timothy Gowers

175. A ORIGEM DAS ESPÉCIES, DE CHARLES DARWIN
Janet Browne

176. A EVOLUÇÃO PARA TODOS
David Sloan Wilson

177. INCOMPLETUDE
Rebecca Goldstein

178. MUTANTES
Armand Marie Leroi

179. O PATRIMÓNIO GENÉTICO PORTUGUÊS
Luísa Pereira e Filipa M. Ribeiro

180. O JACKPOT CÓSMICO
Paul Davies

181. A IMPORTÂNCIA DE SER ELECTRÃO
José Lopes da Silva e Palmira Ferreira da Silva

182. MORTE POR BURACO NEGRO
Neil deGrasse Tyson

183. BIG BANG
Simon Singh

184. TUDO É RELATIVO
Tony Rothman

185. JÁ NÃO TEREI TEMPO
Hubert Reeves

186. A TEORIA DE TUDO
Stephen W. Hawking

187. O CÉREBRO DO MATEMÁTICO
David Ruelle

188. O GRANDE DESÍGNIO
Stephen W. Hawking e Leonard Mlodinow

189. O GRANDE INQUISIDOR
João Magueijo

190. DARWIN AOS TIROS
Carlos Fiolhais e David Marçal

191. CASAMENTOS E OUTROS DESENCONTROS
Jorge Buescu

192. DIÁLOGO
Primo Levi e Tullio Regge

193. POEIRA DA ALMA
Nicholas Humphrey

194. A ESPIRAL DA VIDA
Nick Lane

195. O NÚMERO DE OURO
Mario Livio

196. PIPOCAS COM TELEMÓVEL
David Marçal e Carlos Fiolhais

197. OUTRAS TERRAS NO UNIVERSO
Nuno Cardoso Santos, Luís Tirapicos e Nuno Crato

198. CICLOS DE TEMPO
Roger Penrose

ROMPER DAS CORDAS
Lee Smolin

0. CIÊNCIA E LIBERDADE
Timothy Ferris

201. COMO MENTIR COM A ESTATÍSTICA
Darrell Huff

202. O DIABO NO MUNDO QUÂNTICO
Luís Alcácer

203. O INÍCIO DO INFINITO
David Deutsch

204. COMO RESPIRAM OS ASTRONAUTAS
Manuel Paiva

205. ONDE CRESCE O PERIGO SURGE TAMBÉM A SALVAÇÃO
Hubert Reeves

206. A MINHA BREVE HISTÓRIA
Stephen Hawking

207. EXPERIÊNCIA ANTÁRCTICA
José Xavier

208. A PARTÍCULA NO FIM DO UNIVERSO
Sean Carroll

209. JARDINS DE CRISTAIS — QUÍMICA E LITERATURA
Sérgio Rodrigues

210. PRIMOS GÉMEOS, TRIÂNGULOS CURVOS
Jorge Buescu

211. UMA BIOGRAFIA DA LUZ
José Tito Mendonça

212. OS MARCIANOS SOMOS NÓS
Nuno Galopim

213. QED — A ESTRANHA TEORIA DA LUZ E DA MATÉRIA
Richard P. Feynman

214. A PAIXÃO DA FÍSICA — DA PONTA DO ARCO-ÍRIS AOS CONFINS DO TEMPO — UMA VIAGEM PELAS MARAVILHAS DA FÍSICA
Walter Lewin e Warren Goldstein

215. CIÊNCIA COSMOLÓGICA
Jorge Dias de Deus

216. 90% DO CARO LEITOR FOI FEITO NAS ESTRELAS
Alexandre Aibéo

217. O JAZZ DA FÍSICA — A LIGAÇÃO SECRETA ENTRE A MÚSICA E A ESTRUTURA DO UNIVERSO
Stephon Alexander

218. SUPERPREVISÕES — A ARTE E A CIÊNCIA DA PREVISÃO
Philip E. Tetlock e Dan Gardner

219. UM UNIVERSO VINDO DO NADA
Lawrence M. Krauss

220. SIMETRIA
Hermann Weyl

221. ASTROFÍSICA PARA GENTE COM PRESSA
Neil deGrasse Tyson

222. TECNOLOGIA *VERSUS* HUMANIDADE
Gerd Leonhard

223. PARA O INFINITO — HORIZONTES DA CIÊNCIA
Martin Rees

224. A CIÊNCIA E OS SEUS INIMIGOS
Carlos Fiolhais e David Marçal

225. ZOMBIES & CÁLCULO
Colin Adams

226. POÇÕES E PAIXÕES — QUÍMICA E ÓPERA
João Paulo André

227. O GENE EGOÍSTA
Richard Dawkins

228. O BANCO DO TEMPO QUE PASSA
Hubert Reeves

229. VISÃO, OLHOS E CRENÇAS
Luís Miguel Bernardo

230. COMO SURGIU O UNIVERSO — AS ORIGENS DAS LEIS NATURAIS
Peter Atkins

231. CURVAS IDEAIS, RELAÇÕES DESCONHECIDAS — E OUTRAS HISTÓRIAS DA MATEMÁTICA
Jorge Buescu

232. GALILEU E A PARÁBOLA
Jorge Dias de Deus

233. O CÁLCULO DA FELICIDADE — COMO UMA ABORDAGEM MATEMÁTICA DA VIDA DÁ SAÚDE, DINHEIRO E AMOR
Oscar E. Fernandez

234. O HOMEM DE NEANDERTAL — EM BUSCA DOS GENOMAS PERDIDOS
Svante Pääbo

235. O PEQUENO LIVRO DOS BURACOS NEGROS
Steven S. Gubser/Frans Pretorius

236. PORQUE CONFIAR NA CIÊNCIA?
Naomi Oreskes

237. EXPLICAR OS HUMANOS
Camilla Pang

238. A CHAVE, A LUZ E O BÊBADO — COMO SE DESENVOLVE A INVESTIGAÇÃO CIENTÍFICA
Giorgio Parisi

239. O PEQUENO LIVRO DE COSMOLOGIA
Lyman Page

240. IRMÃS DE PROMETEU — A QUÍMICA NO FEMININO
João Paulo André

241. AMOR, MATEMÁTICA E OUTROS PORTENTOS
Jorge Buescu

242. GALILEU EM PÁDUA — OS DEZOITO MELHORES ANOS DA MINHA VIDA
Alessandro De Angelis

243. A FÍSICA DE PARTÍCULAS EM PORTUGAL — ORIGEM E DESENVOLVIMENTO
Gustavo Castelo-Branco, Margarida Nesbitt Rebelo e João Varela

244. OS DIÁRIOS DE VIAGEM DE ALBERT EINSTEIN
Ze'ev Rosenkranz (ed.)

245. UMA TARDE COM O SR. FEYNMAN
Richard P. Feynman

246. INTELIGÊNCIA ARTIFICIAL E CULTURA
D. Innerarity, P. Akester, J. Barata-Moura, C. Fiolhais, J. P. Pereira, P. Abrunhosa e J. G. Vicén

247. EU VI UMA FLOR SELVAGEM — O HERBÁRIO DO ASTROFÍSICO
Hubert Reeves

248. TODA A FÍSICA DIVERTIDA
Carlos Fiolhais

Impresso na Prime Graph
em papel offset 75 g/m²
outubro / 2024